Laser in der Materialbearbeitung
Forschungsberichte des IFSW

S. Borik
Einfluß optischer Komponenten
auf die Strahlqualität
von Hochleistungslasern

Laser in der Materialbearbeitung
Forschungsberichte des IFSW

Herausgegeben von
Prof. Dr.-Ing. habil. Helmut Hügel, Universität Stuttgart
Institut für Stahlwerkzeuge (IFSW)

Das Strahlwerkzeug Laser gewinnt zunehmende Bedeutung für die industrielle Fertigung. Einhergehend mit seiner Akzeptanz und Verbreitung wachsen die Anforderungen bezüglich Effizienz und Qualität an die Geräte selbst wie auch an die Bearbeitungsprozesse. Gleichzeitig werden immer neue Anwendungsfelder erschlossen. In diesem Zusammenhang auftretende wissenschaftliche und technische Problemstellungen können nur in partnerschaftlicher Zusammenarbeit zwischen Industrie und Forschungsinstituten bewältigt werden.

Das 1986 gegründete Institut für Strahlwerkzeuge der Universität Stuttgart (IFSW) beschäftigt sich unter verschiedenen Aspekten und in vielfältiger Form mit dem Laser als einer Werkzeugmaschine. Wesentliche Schwerpunkte bilden die Weiterentwicklung von Strahlquellen, optischen Elementen zur Strahlführung und Strahlformung, Komponenten zur Prozeßdurchführung und die Optimierung der Bearbeitungsverfahren. Die Arbeiten umfassen den Bereich von physikalischen Grundlagen über anwendungsorientierte Aufgabenstellungen bis hin zu praxisnaher Auftragsforschung.

Die Buchreihe „Laser in der Materialbearbeitung – Forschungsberichte des IFSW" soll einen in Industrie wie in Forschungsinstituten tätigen Interessentenkreis über abgeschlossene Forschungsarbeiten, Themenschwerpunkte und Dissertationen informieren. Studierenden soll die Möglichkeit der Wissensvertiefung gegeben werden. Die Reihe ist auch offen für Arbeiten, die außerhalb des IFSW, jedoch im Rahmen von gemeinsamen Aktivitäten entstanden sind.

Einfluß optischer Komponenten auf die Strahlqualität von Hochleistungslasern

Von Dr.-Ing. Stefan Borik
Universität Stuttgart

B. G. Teubner Stuttgart 1993

D 93

Als Dissertation genehmigt von der Fakultät für Konstruktions- und Fertigungstechnik der Universität Stuttgart.

Hauptberichter: Prof. Dr.-Ing. habil. H. Hügel
Mitberichter: Prof. Dr. phil. H. Tiziani

Die Deutsche Bibliothek – CIP-Einheitsaufnahme

Borik, Stefan:
Einfluss optischer Komponenten auf die Strahlqualität von Hochleistungslasern / von Stefan Borik. – Stuttgart : Teubner, 1993
(Laser in der Materialbearbeitung)
Zugl.: Stuttgart, Univ., Diss.
ISBN 978-3-519-06209-7 ISBN 978-3-322-96728-2 (eBook)
DOI 10.1007/978-3-322-96728-2

Gesamtherstellung: Präzis-Druck GmbH, Karlsruhe
Einband: E. Kretschmer, Leipzig

Kurzfassung

Diese Arbeit behandelt die Eigenschaften und Einsatzmöglichkeiten optischer Elemente, die zur Strahlformung und -führung von Hochleistungslasern eingesetzt werden. Entsprechend der Bedeutung dieser Klasse von Lasern, auch am Institut für Strahlwerkzeuge (IFSW), die insbesondere CO_2-Laser mit einer Wellenlänge von 10,6 Mikrometern und Strahlleistungen bis zu mehreren Kilowatt beinhaltet, werden die Komponenten untersucht, die für diesen Anwendungsfall von Interesse sind. Die aufgezeigten Methoden, sowohl experimenteller wie auch numerischer Art, sind jedoch geeignet, auf die Charakterisierung und Beurteilung von Komponenten für die Verwendung bei anderen Wellenlängen übertragen zu werden. Bei den vorgestellten Experimenten und den Rechnungen zur numerischen Simulation wurde besonderes Augenmerk auf die Relevanz der gewonnenen Aussagen für den praxisgerechten Einsatz gelegt. Als Beispiel hierfür seien die Untersuchungen zu den Anforderungen an die Justiergenauigkeit optischer Elemente und die Experimente an Umlenkspiegeln genannt, die mit Originalteilen des am IFSW entwickelten Strahlführungssystems ausgerüstet waren.

Aus dieser Aufgabenstellung heraus ergeben sich drei Schwerpunkte: Erstens die Formulierung einer physikalisch begründeten Beschreibung für die Strahlausbreitung auf der Basis der bekannten Ausbreitungsgesetze für ungestörte Laserstrahlmoden, die es erlaubt, die Gegenheiten bei Hochleistungslasern zu berücksichtigen. Diese Betrachtungen sind die Grundlage für die Aussagen in den folgenden Teilen der Arbeit. Zweitens sind darauf aufbauend die optischen Eigenschaften, insbesondere die Aberrationen optischer Elemente zu untersuchen, wobei es notwendig ist, die für den Bereich der klassischen Bildfehlertheorie in der Literatur abgeleiteten Formeln auf die Situation bei Laserstrahlen zu übertragen und neu zu formulieren. Daraus ergeben sich unter anderem die Anforderungen an die Justage für optische Komponenten. Als dritter Punkt werden die Aspekte beleuchtet, deren Bedeutung sich aus den verwendeten hohen Strahlleistungen ergibt. Im Unterschied zu optischen Komponenten für Meßzwecke treten dadurch neue Kriterien in den Vordergrund. Bedingt durch die Absorption eines Teils der Strahlung, erwärmt sich die Komponente und ändert dabei ihre optischen Eigenschaften. Die aus anderen Bereichen der Strahlanalyse bekannten Prinzipien zur Beschreibung werden hierbei weiterverfolgt und ersetzen die bisher verwendeten Angaben zur Charakterisierung des Verhaltens bei Bestrahlung.

Inhaltsverzeichnis

Verwendete Symbole und Einheiten

Symbol	Einheit	Bedeutung
lateinische Buchstaben		
a	m	Extinktionskoeffizient der Absorption
$A_{B,S,T}$	1	Absorptionsgrad (Beschichtung, Substrat, totaler)
A	1	Element der ABCD-Matrix
B	m	Element der ABCD-Matrix
c	$m\ s^{-1}$	Lichtgeschwindigkeit
c_p	$J\ kg^{-1}\ K^{-1}$	spezifische Wärme
C	m^{-1}	Element der ABCD-Matrix
d	m	Dicke
D	m	Durchmesser
D	1	Element der ABCD-Matrix
e	1	Eulersche Zahl
E	$kg^{1/2}\ s^{-1/2}$	Amplitude
E_K	J	Energieinhalt des Kühlmediums
E_Y	$N\ m^{-2}$	Youngscher Modul
f	m	Brennweite
G	1	Quotient zwischen unterschiedlich definierten Strahlradien
h	m	Höhe
i	-	imaginäre Einheit
I	$W\ m^{-2}$	Intensität
I_E	A	elektrischer Strom
k	m^{-1}	Wellenzahl
K	m	Konturfehler
K^*	1	Vergleichswert der Fokussierbarkeit
K_{sA}	1	Koeffizient der sphärischen Aberration
l	m	Abstand
l_L	1	azimutaler Koeffizient der Laguerreschen Moden
L	m	optischer Weg
L_{sA}	1	Skalierungsparameter der sphärischen Aberration
m_H	1	Koeffizient der Hermiteschen Moden
M_I	1	Faktor für mehrfachen Durchgang (bei der Interferometrie)

$M_{(H,L)}$	1	Korrekturfaktor für höhere Hermitesche bzw. Lagurresche Moden, bzw. allgemein ohne Index
$\underline{M}$	-	Matrix des ABCD-Gesetzes
n	1	Brechungsindex (Realteil)
n^*	1	komplexer Brechungsindex
n_H	1	Koeffizient der Hermiteschen Moden
N	1	Anzahl (allg.) bzw. Ordnung der Interferenzstreifen
p	$N\ m^{-2}$	Druck
p_L	1	radialer Koeffizient der Laguerreschen Moden
P	W	Leistung
q	-	komplexer Strahlparameter
$q_{B,H}$	m	Abstand zweier Interferenzstreifen
r	m	Radius, radiale Koordinate
R	m	Krümmungsradius
R_e	1	Reynolds-Zahl
$R_{G,T}$	1	Reflexionsgrad (einer Grenzfläche, totaler)
R_E	Ω	elektrischer Widerstand
s	m	Schnittweite
S	m	Oberflächenkontur
$S_{G,T}$	1	Streuungsgrad (einer Grenzfläche, totaler)
t	s	Zeit
T	K	Temperatur
$T_{A,sA}$	1	tolerierte Abweichung bei Aberrationen (Astigmatismus, sphärische Aberration)
$T_{G,T}$	1	Transmissionsgrad (einer Grenzfläche, totaler)
u	$W^{0,5}\ m^{-1}$	Amplitude
U_B	1	Integralwert zur Charakterisierung einer Strahlverteilung
U_E	V	elektrische Spannung
v	$m\ s^{-1}$	Geschwindigkeit
V	m^3	Volumen
V_B	m	Integralwert zur Charakterisierung einer Strahlverteilung
$w_{(0)}$	m	Strahlradius (Index 0: in der Strahltaille)
W	1	Wertigkeit der Interferenzstreifen
W_B	m	Integralwert zur Charakterisierung einer Strahlverteilung
x	m	Koordinate senkrecht zur optischen Achse

y	m	Koordinate senkrecht zur optischen Achse
z	m	Koordinate auf der optischen Achse
z_R	m	Rayleighlänge

griechische Buchstaben:

α	K^{-1}	Koeffizient der thermischen Ausdehnung
δ	1	tolerierte Abweichung
ε	1	Elliptizität (bei Strahlen)
ζ	1	Abbildungsparameter
η	$kg\ m^{-1}\ s^{-1}$	kinematische Zähigkeit
ϑ	rad	Winkel
Θ	rad	Divergenzwinkel
$\varkappa$	1	Brechungsindex (Imaginärteil)
λ	m	Wellenlänge
Λ	$W\ m^{-1}\ K^{-1}$	Wärmeleitfähigkeit
σ^2	m^2	Varianz einer Verteilung
ν	1	Poissonsche Zahl
ξ	1	Formparameter (bei Linsen)
ϱ	$kg\ m^{-3}$	Dichte
φ	rad	Einfallswinkel, Winkelabweichung
Φ	grad	nomineller Einfallswinkel außeraxialer Parabolspiegel
Ψ	1	Phase einer Welle bzw. Wellenfrontfehler

Andere Großbuchstaben bezeichnen Punkte und werden an den jeweiligen Stellen im Text erklärt.

Die Funktion abs(x) bildet den Betrag einer reellen Zahl x:

$\mathrm{abs}(x) = x$ für $x \geq 0$ und

$\mathrm{abs}(x) = -x$ für $x < 0$.

Vorzeichenkonvention:

Entsprechend den in der Literatur und der DIN-Norm 1335 zu findenden Vorzeichenregeln wird festgelegt, daß Strecken in Richtung der optischen Achse (z-Koordinate) und senkrecht nach oben dazu positiv einzusetzen sind; Krümmungsradien werden vom Scheitel zum Mittelpunkt hin gemessen. Daraus folgt, daß konvergierende Wellenfronten mit $R > 0$ bezeichnet werden. Bei der Definition des komplexen Strahlparameters q muß daher konsequenterweise von der üblichen Notation abweichend der Term R^{-1} mit negativem Vorzeichen versehen werden. Bei Spiegeln wird wegen der Richtungsumkehr des Lichtes und um die Analogie zu Linsen, die sich in einem optisch dünneren Medium befinden, zu erhalten (bildseitige Brennweite $f' > 0$ bedeutet sammelnde Wirkung), eine konkave Flächen durch einen positiven Krümmungsradius gekennzeichnet.

1 Einleitung

In diesem Abschnitt sollen einige einleitende Worte vorausgeschickt werden, um die Ziele dieser Arbeit zu verdeutlichen und die Vorgehensweise bei der Behandlung der verschiedenen Aspekte zu motivieren.

1.1 Überblick über die Anwendungsgebiete

Zunächst sei ein Blick auf die verschiedenen Laserarten und Anforderungsprofile an das Meßgerät bzw. Werkzeug Laserstrahl geworfen. Die primären Eigenschaften des Laserstrahls, die ihn von den konventionellen Lichtquellen unterscheiden und die sich aus dem Wesen der Lichterzeugung durch stimulierte Emission begründen, sind:

- Schmalbandigkeit / zeitliche Kohärenz und
- räumliche Kohärenz und daher minimale Erfüllung der Heisenbergschen Unschärferelation erreichbar.

Alle anderen Gesichtspunkte, wie die Fokussierbarkeit oder die damit korrelierte Möglichkeit, den Strahl über Distanzen zu transportieren, die anderen Quellen wegen ihrer Abstrahlcharakteristik verwehrt sind (z.B. Entfernungsmessung Erde – Mond) sind sekundäre Eigenschaften, die sich aus den oben genannten ableiten lassen.

In welchem Maße ein Laser im Hinblick auf diese Eigenschaften optimiert wird, hängt von den für die gewünschte Wellenlänge zur Verfügung stehenden Elementen (insbesondere vom laseraktiven Medium) sowie von den letztlich für die vorgesehene Anwendung relevanten Größen ab. An einigen Beispielen sei dies erläutert:

- Anwendungen im Bereich der *Längenmeßtechnik* verlangen eine extreme Schmalbandigkeit, um Meßfehler durch Phasensprünge zu verhindern. Hier helfen frequenz-selektierende Elemente, die unter Ausnutzung schmalbandiger Absorptionslinien oder der Wirkung optischer Gitter, gegebenenfalls mit Unterstützung einer Längenregelung für den Resonator, eine Beeinflussung der frequenzabhängigen Verstärkung bzw. der Resonatorverluste erlauben. Bei der Messung großer Distanzen ist es ferner notwendig, daß der Strahl über die zu vermessende Strecke hinweg noch hinreichend gut "gebündelt" werden kann. Physikalisch betrachtet heißt das nichts anderes als die möglichst minimale Erfüllung der Unschärferelation, um den Impuls quer zur Ausbreitungsrichtung, der für das Aufweiten des Strahls verantwortlich ist, zu minimieren. Dies verlangt, daß der Laser im sogenannten Gaußschen Grundmode schwingt. Die Leistung solcher Laser ist meist gering und beträgt typischerweise wenige Milliwatt. Dieser niedrige Wert hat vor allem zwei Vorteile: der Wärmehaushalt durch Anregung und Kühlung liegt auf niedrigem Niveau und vereinfacht damit die Einhaltung einer konstanten Betriebstemperatur. Ferner reduziert eine niedrige Strahlleistung die Gefährdung der mit dem Meßsystem arbeitenden Personen.

- Beim Einsatz in der *interferometrischen Meßtechnik* ist primär eine einheitliche Phasenfront des Lichtes wichtig, also die räumliche Kohärenz, weil nur dann Wellen in ausgedehnten Bereichen miteinander interferenzfähig sind und so eine Aussage über die Phasenbeeinflussung durch ein zu untersuchende Objekt erlaubt. Durch eine geeignete Geometrie wird darauf geachtet, das Verstärkungsprofil so zu wählen, daß der Laser nur im Gaußschen Grundmode strahlt, um die Einhaltung der Kohärenzbedingung zu gewährleisten. Die Leistung ist hierbei auf wenige Milliwatt beschränkt.
- Bei Lasern in der *Nachrichtentechnik* sind die beiden Kohärenzeigenschaften insofern wichtig, als daß bei der Übertragung durch Glasfasern die Strahleinkopplung (daher räumliche Kohärenz nötig) und die Laufzeitkonstanz (Vermeidung der Dispersion durch Schmalbandigkeit) von Bedeutung ist, neben der notwendigen schnellen Modulierbarkeit.
- Die chemische und physikalische Anwendung als *Nachweismittel* in der spektroskopischen Analysetechnik für Substanzen bzw. Zustände der Materie basieren auf der Schmalbandigkeit, die eine hohe Selektivität gestattet, ähnlich anderen Verfahren, die auf Resonanzeffekten (z.B. Mikrowellen) beruhen, da auch der Laserstrahl in einem Resonanzraum erzeugt wird.
- Im *medizinischen Bereich* kommt, bedingt durch die Vielzahl der Anwendungen, ein breites Spektrum von Lasern zum Einsatz. Für den Einsatz innerhalb des Körpers kommen nur solche in Frage, die sich durch Lichtleitfasern transportieren lassen, also insbesondere Festkörperlaser. Außerhalb hingegen entscheidet die Art der Absorption des Lichtes, die je nach Wellenlänge auf verschiedenen Mechanismen (thermisch oder photochemischer Prozeß) beruht, über die Wahl. Die durch die gezielte Energieeinbringung mögliche selektive Bestrahlung kleiner Bereiche, die nur diese und nicht das Gewebe in der unmittelbaren Nachbarschaft schädigt, ist der entscheidende Vorteil des Lasers. Ferner können damit Blutgefäße durchtrennt werden, ohne daß es zu Blutungen kommt, da unter der Wärmeeinwirkung das Eiweiß in der geschnittenen Zone koaguliert und das Blutgefäß verschließt. Der Leistungsbereich der hierbei eingesetzten Laser reicht von wenigen Watt bis zu einigen zehn Watt.
- Wegen des besonderen Stellenwertes, den die *Materialbearbeitung* mit dem "Werkzeug" Laser (und damit als Hintergrund für die vorliegende Arbeit) einnimmt, wird ihr eigens der nun folgende Abschnitt gewidmet.

1.2 Laser in der Materialbearbeitung

Nachdem der Laser nach seiner Entdeckung im Jahre 1960 zunächst nur in der Forschung benutzt wurde, dauerte es bis Ende der siebziger Jahre, bevor man begann, die Laserstrahlung auch zur gezielten Materialbearbeitung einzusetzen, zunächst mit Lasern der Wellenlängen um 1 und 10 μm. Seit Mitte der achtziger Jahre stehen auch leistungsfähige Geräte im UV-Bereich mit Wellenlängen von 200 bis 400 nm zur Verfügung. Die leistungsstärksten Laser für Dauerbetrieb (engl. cw für continous wave, im Gegensatz zu Lasern die im gepulsten Betrieb arbeiten) sind solche mit CO_2 als Medium, das bevorzugt bei 10,6 μm strahlt. Die kommerziellen Laser erreichen z.Z. bis zu 20 kW; höhere Leistungen sind wenig verbreitet und müssen derzeit mit wesentlichen Einbußen bei der Strahlqualität, d.h. der Fokussierbarkeit bezahlt werden. Während bei den zuvor diskutierten Anwendungen des Lasers die Leistung relativ gering ist und sich das Augenmerk auf Aspekte wie Stabilität der Strahlparameter konzentrieren kann, ist für die Materialbearbeitung Leistung eine entscheidende Größe, wobei sich die Möglichkeit, Strahlquellen höherer Leistung bereitzustellen und der Wunsch nach Anwendungen, die solche Leistungen erfordern, gegenseitig forcieren.

Mit zunehmender Akzeptanz des Lasers für die Materialbearbeitung wuchs auch der Wunsch, die spezifischen Vorteile des Lasers auszunutzen. Dies sind insbesondere:

- berührungslose Bearbeitung,
- schnelle Schaltbarkeit der Leistung (bei CO_2-Lasern bis zu einigen zehn Kilohertz) und
- gezielte Wärmeeinbringung in das Werkstück im Bereich weniger zehntel Millimeter.

Diesbezügliche Verbesserungen forcierten die Weiterentwicklungen der Laserstrahlquelle hinsichtlich Optimierungen am laseraktiven Medium und Verbesserungen der optischen Komponenten, und noch immer ist die Entwicklung im Fluß, wie zahlreiche Projekte belegen.

Abgesehen von Applikationen mit großflächiger Bestrahlung bei niedriger Intensität (Umwandlungshärten großer Flächen) entsteht dabei ein Spannungsdreieck zwischen Leistung, Strahlqualität und Effizienz. Die Korrelationen sind dabei durch folgendes gegeben: eine Steigerung der Leistung auf Kosten der Strahlqualität ist nicht sinnvoll, da dann zwar die ins Werkstück eingebrachte Energie steigt, jedoch der Vorteil des Lasers gegenüber den konventionellen Verfahren, nämlich die räumlich enge Begrenzung der Wärmeeinbringung, teilweise wieder aufgehoben wird. Strahlqualität und Effizienz stehen sich, je nach verwendeter Resonatorkonfiguration, ebenfalls konträr gegenüber, da eine ungestörte Strahlausbreitung nach großen Aperturen verlangt, was die Anregung von nicht genutzten Volumina erfordert und sich damit negativ auf den Wirkungsgrad der Anlage auswirkt. Ein Überblick über verschiedene Konzepte betreffend Effizienz und Strahlqualität sich z.B. in [1]. Die gewünschten hohen Leistungen wiederum verlangen nach einer effizienten Umsetzung der eingesetzten Energie in Laserstrahlung. Ein schlechter Wirkungsgrad kostet unter mehreren Gesichtspunkten Geld: nicht nur die Betriebskosten steigen durch den erhöhten Bedarf an elektrischer Energie, sondern auch der Preis des Gerätes, weil die Bereitstellung von mehr Energie und auch die Abführung des ungenutzt gebliebenen Anteils in Form von Wärme durch größere und damit teurere Systeme erfolgen muß.

Ein wichtiger Aspekt bei der Weiterentwicklung des Lasers ist die Bereitstellung der notwendigen optischen Elemente, mit deren Hilfe der Strahl geformt und geführt werden kann. Mit der wachsenden Leistung treten dabei neue Fragestellungen in den Vordergrund, die sich erst durch die damit zusammenhängende Erwärmung der Komponenten ergeben. Um die auf diesem Gebiet notwendigen Kenntnisse zu erarbeiten und aus diesem Wissen heraus die heutigen und zukünftigen Anforderungen abdecken zu können, befaßt sich das Institut für Strahlwerkzeuge mit diesem Aspekt. Durch dessen Einbindung in die Fakultät für Konstruktions- und Fertigungstechnik soll dabei auch die Brücke zum Anwender geschlagen werden durch gegenseitiges Verständnis der physikalischen Gegebenheiten und der praktischen Erfordernisse.

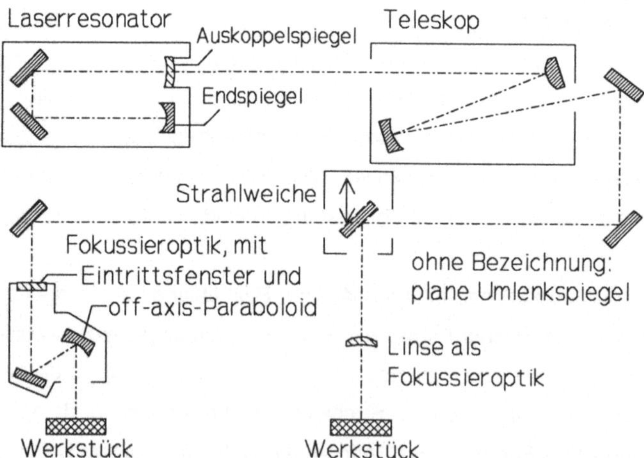

Abb. 1.1 Schematische Darstellung einer Anlage zur Materialbearbeitung mit Laserstrahlung, bestehend aus dem Laserresonator, Teleskop zur Strahldurchmesseranpassung, Strahlführungssystem mit Umlenkspiegeln, Strahlweiche zur Bedienung von zwei Bearbeitungsstationen mit Linsen- bzw. Spiegelfokussieroptik.

Die Abbildung 1.1 verdeutlicht den Stellenwert der optischen Komponenten, die aus der Strahlquelle Laser erst das Werkzeug Laser formen. Man erkennt die Bedeutung der optischen Elemente bei der Entstehung des Strahls im Resonator, der Formung mittels Teleskop, der Umlenkung im Strahlführungssystem bis hin zur fokussierenden Optik. Die Strahleigenschaften und damit die Qualität der Materialbearbeitung hängen also letztlich von der Summe aller Einflüsse der reflektierenden und transmittierenden Komponenten ab.

Ziel der vorliegenden Arbeit ist es, die Eigenschaften der Elemente zu verstehen und aus ihrem Einfluß auf die Fokussierbarkeit des Laserstrahls die Anforderungen abzuleiten, die man bei ihrer Konstruktion und im praktischen Einsatz beachten muß.

1.3 Anforderungen an die optischen Komponenten

Nachdem im Vorangegangenen einige allgemeine Gesichtspunkte zur Anwendung von Lasern diskutiert worden sind, sollen nun einige Aspekte aus dem Bereich der optischen Komponenten aufgezeigt werden. An dieser Stelle wird die Betrachtung rein qualititativ erfolgen, um nicht der detaillierten Untersuchung in den Kapiteln drei und fünf vorzugreifen. Vielmehr soll nur auf einige Punkte aufmerksam gemacht werden, die dann an anderer Stelle wieder aufgegriffen werden, um die später gezogenen Schlußfolgerungen verständlich zu machen.

Noch vor wenigen Jahren waren Untersuchungen auf dem Gebiet optischer Komponenten im Zusammenhang mit Hochleistungslasern nur im militärischen Bereich erfolgt und daher nicht zugänglich. Die wenigen publizierten Arbeiten befaßten sich mit niedrigeren Leistungsbereichen [2] oder tasteten sich erst an die Fragestellungen heran [3]. Veröffentlichungen aus neuerer Zeit [4,5] belegen das rapide gewachsene Interesse an Forschung auf diesem Sektor.

Die Gewichtung der Kriterien, die optische Elemente für den Einsatz in Systemen zur Materialbearbeitung erfüllen müssen, wandelt sich mit zunehmender Leistung des Laserstrahls immer mehr. Während für meßtechnische Aufgaben die optische Qualität (Formtreue, minimale Streuung) die ausschlaggebenden Kriterien sind, verschiebt sich die Bedeutung mit steigender Leistung zu Aspekten wie Absorption und bei höchsten Leistungen, wie sie in gepulsten Systemen auftritt, hin zur Zerstörschwelle. Dabei müssen dann Abstriche an anderen Stellen gemacht werden, zumal bei der kommerziellen Materialbearbeitung auch der Preis eine wichtige Rolle spielt. Diese Arbeit soll daher nicht zuletzt auch eine Hilfestellung bieten, die richtige Auswahl optischer Komponenten treffen zu können, unter Bewertung von vorhandener

Strahlleistung und -qualität. Die wichtigsten Aspekte hierbei sind:

- an die Strahlqualität des Lasers angepaßte optische Qualität,
- an der Laserleistung orientierte Materialauswahl hinsichtlich der Absorption und dem damit zusammenhängenden Verhalten bei Bestrahlung.

Diese Punkte sind korreliert mit der Verfügbarkeit entsprechender Grundmaterialien und Beschichtungen und der Herstellbarkeit der notwendigen Konturen. Nicht zuletzt müssen auch der Preis und die Folgekosten (für Wiederaufarbeitung bzw. Entsorgung) beachtet werden. Die Tabelle 1.1 zählt für vier wichtige Materialien Vor- und Nachteile auf.

Material	Vorteile	Nachteile	Einsatzmöglichkeit
Kupfer	gute Reflexions- und Wärmeleiteigenschaften, hohe Zerstörschwelle, hoch reflektierende Beschichtungen verfügbar	weich (verkratzt leicht), schlecht zu reinigen, relativ hohes Gewicht	Umlenk- und Fokussierspiegel auch für höchste Leistungen
Si	Formstabil durch hohe Steifigkeit, hoch reflektierende Beschichtungen verfügbar	Reflektivität nur bei intakter Beschichtung gegeben (Gefahr der Zerstörung)	Umlenkspiegel für mittlere Leistungen
ZnSe	gute optische Qualität, chemisch stabil, weitentwickelte Beschichtungstechnologie	Absorption nicht optimal niedrig, bei Zerstörung entstehen giftige Substanzen	Fokussierlinsen für mittlere Leistungen
KCl	sehr geringe Absorption und daher unempfindlich gegen hohe Leistungen, ungiftig, billig	keine Antireflexbeschichtung verfügbar, wasserlöslich	Schutzfenster gegen die Verschmutzung anderer Elemente

Tab. 1.1 Vergleich von Materialen, die für optische Komponenten für Hochleistungs-CO_2-Laser verwandt werden: je zwei Materialien für reflektierende bzw. transmittierende Optiken.

Im weiteren Verlauf dieser Arbeit werden einige der hier nur qualitativ angeführten Punkte noch genauer definiert, jedoch soll diese Tabelle bereits hier eine Vorstellung von den Fragestellungen geben, mit denen sich der Anwender einer Lasermaterialbearbeitungsanlage auseinanderzusetzen hat.

1.4 Strukturierung der Arbeit

Die Arbeit ist folgendermaßen gegliedert: in diesem ersten Teil wurde eine Übersicht über die Anwendungen des Lasers und die unterschiedlichen Anforderungen gegeben, die je nach Einsatzgebiet in den Vordergrund treten. Damit sollten auch die Hintergründe aufgezeigt werden für die folgenden, auf den Hochleistungs-CO_2-Laser zugeschnittenen Ausführungen.

Der zweite Teil befaßt sich mit den theoretischen Aspekten der Strahlausbreitung und vermittelt eine Vorstellung der verschiedenen Theorien dazu. Dabei wird insbesondere auf eine im Rahmen dieser Arbeit entwickelte Darstellung abgehoben, um die Ausbreitung der Strahlung von Hochleistungslasern zu beschreiben. Die vorgestellten Berechnungen und Ergebnisse basieren auf der Ausbreitung Gaußscher Strahlen, der Hermiteschen und Laguerreschen Moden. Laser, die zum Einsatz in der Materialbearbeitung konzipiert sind, müssen nicht nur auf Strahlqualität (möglichst Emission des Gaußschen Grundmode), sondern auch auf Leistung (und damit auf Wirkungsgrad) optimiert werden. Dieser Zielkonflikt bedingt, daß solche Laser, wie Untersuchungen vielerorts gezeigt haben, keine reinen Moden abstrahlen. Jedoch lassen sich beliebige Feldverteilungen als Überlagerungen von zwei oder mehreren Moden darstellen, da letztere ein mathematisch vollständiges Funktionensystem bilden. Damit werden die Strahlverteilungen von Hochleistungslasern aber wieder der Berechnung nach den elementaren Gesetzen der Ausbreitung für Gaußsche Strahlen zugänglich. Ferner wird noch auf Gesichtspunkte zum Einfluß optischer Elemente auf das Licht durch Brechung und Absorption hingewiesen.

Im dritten Teil werden diejenigen optischen Elemente, die für CO_2-Laser zur Materialbearbeitung von besonderer Bedeutung sind, auf ihre Eigenschaften und Aberrationen im unbelasteten Zustand, d.h. ohne Bestrahlung, hin untersucht. Insbesondere handelt es sich um fokussierende Elemente sowie um Teleskope zur Strahlformung. Bei den Betrachtungen und der Auswahl der Parameter wird immer auch die Relevanz der Aussagen für den praktischen Einsatz berücksichtigt.

Den Methoden, um die Eigenschaften optischer Elemente zu untersuchen, widmet sich der vierte Teil, der einen Einblick in die interferometrische Meßtechnik, die Interpretation von Interferogrammen und die Messung der Absorption optischer Elemente gibt. Ferner wird das Prinzip der numerischen Berechnung mittels der Methode der finiten Elemente zur Simulation des Verhaltens optischer Komponenten bei Bestrahlung diskutiert. Mit Hilfe dieses Verfahrens lassen sich dann aufwendige Versuche z.T. vermeiden und Parameterstudien über Einflußgrößen wie Leistung, Strahldurchmesser etc. schnell und kostengünstig durchführen. Dies setzt natürlich voraus, daß die numerischen Resultate an Hand von Experimenten beispielhaft verifiziert werden konnten.

Basierend auf den numerischen und meßtechnischen Methoden wird im fünften Teil das Verhalten verschiedener ausgewählter Komponenten bei Bestrahlung untersucht und dabei Theorie und Experiment miteinander verglichen.

Im sechsten Teil werden die Ergebnisse der durchgeführten Untersuchungen zusammengefaßt und die Schlußfolgerungen für heutige wie auch künftige Hochleistungs-CO_2-Laser gezogen sowie Hinweise und Anregungen für weitere Untersuchungsmöglichkeiten gegeben. Ferner werden Ergebnisse aus der Literatur zu diesem Themenbereich und dessen Umfeld aufgezeigt.

Den Schluß bilden die Zusammenfassung, das Verzeichnis der verwendeten Literatur sowie der Anhang, der einige ergänzende Betrachtungen zu den Lasermoden und die Fehlerbetrachtungen zu den Messungen enthält sowie Anregungen für weitergehende Experimente gibt.

2 Strahlausbreitung

In diesem Kapitel werden einige Gesichtspunkte zur Ausbreitung von Strahlen und ihrer Wechselwirkung mit Materie vorgestellt. Dabei wird besonders auf die im Hinblick dieser Arbeit relevanten Aspekte bezüglich der Hochleistungslaser eingegangen. Verschiedene, in der Literatur angegebene Ansätze werden dabei erläutert und auf dieser Grundlage ein Modell mit zwei Darstellungsvarianten entwickelt, das die Beschreibung der Ausbreitungsphänomene ermöglicht. Die Behandlung eines Beispiels, anhand dessen die Umsetzung aufgezeigt wird, untermauert den praktischen Nutzen dieser Betrachtungen.

2.1 Natur der elektromagnetischen Strahlung

Die Natur der elektromagnetischen Strahlung wird in den einschlägigen Lehrbüchern der Physik [6,7,8] ausführlich beschrieben. Ausgehend von den Maxwellschen Gleichungen erhält man die Wellengleichung einer sich mit der Lichtgeschwindigkeit c ausbreitenden, transversalen elektromagnetischen Welle der Wellenlänge λ [9]. Im Vakuum ist c gleich der Vakuumlichtgeschwindigkeit c_0, einer fundamentalen physikalischen Konstanten. Medien, die durch ihre Polarisierbarkeit das elektrische Feld der Welle beeinflussen (der Einfluß auf das magnetische Feld braucht im allgemeinen nicht berücksichtigt zu werden), haben einen Brechungsindex n $\neq 1$ und das Licht breitet sich darin mit der Phasengeschwindigkeit $c = c_0 / n$, also im allgemeinen langsamer als im Vakuum, aus. Die Amplitude der elektrischen Feldstärke E einer Lichtwelle als Funktion des Ortes z auf der optischen Achse und der Zeit t wird durch die Wellengleichung beschrieben. Eine spezielle Lösung ist die ebene Welle:

$$E(z,t) = E_0 \cdot \cos(\omega \cdot t - k \cdot z + \Psi) \quad . \tag{2.1}$$

Rechentechnisch zweckmäßiger ist die Darstellung in komplexer Schreibweise, wobei die physikalisch relevante Größe der Realteil Re(E) ist, während der Imaginärteil Im(E) nur zur Vereinfachung der Berechnung hinzugefügt wird:

$$E(z,t) = E_0 \cdot e^{i \cdot (\omega \cdot t - k \cdot z + \Psi)} \quad . \tag{2.2}$$

Die Ausbreitungsrichtung ist hierbei in positiver z-Richtung angenommen. Die Kreisfrequenz berechnet sich zu $\omega = 2 \cdot \pi \cdot c_0 / \lambda_0$ (der Index 0 kennzeichnet die Vakuumwerte) und die Wellenzahl zu $k = 2 \cdot \pi / \lambda$. Der Summand Ψ bezeichnet dabei die Phasenlage des Lichtes am Ort $z = 0$ zur Zeit $t = 0$. Der Vektorcharakter der Amplitude beschreibt die Polarisation des Lichtes, d.h. die Schwingungsebene der Feldstärke senkrecht zur Ausbreitungsrichtung. Der einfachste Fall ist gegeben durch eine Schwingung in einer Ebene; man spricht dann von linearer Polarisation. Weist die Feldstärke in zwei zu einander orthogonalen Richtungen Anteile auf, die zueinander phasenverschoben sind, so liegt im allgemeinen Fall elliptische Polarisation vor, zirkulare bei Gleichheit der Komponenten der Amplituden und einer Phasenverschiebung von $\pi / 2$. Anschaulich kann dies so verstanden werden, daß die Spitze des Feldstärkevektors im Laufe einer Schwingungsperiode eine Ellipse bzw. einen Kreis beschreibt. Die Strahlung, von der hier die Rede ist, besitzt Wellenlängen im Bereich von Bruchteilen von Mikrometern bis hin zu zehn Mikrometern. Dies entspricht Frequenzen von 10^{13} bis 10^{15} Hz, die der direkten Messung entzogen sind, so daß nur der zeitliche Mittelwert der Intensität (gleich Betragsquadrat der Amplitude) registriert werden kann.

2.1.1 Interferenz und Kohärenz

Die Wellennatur des Lichtes hat zur Folge, daß die Eigenschaft der Kohärenz und der Effekt der Interferenz auftreten. Diese sind u.a. die Voraussetzung für die Ausbreitung der unten diskutierten Moden. Interferenz tritt allgemein bei der Überlagerung von zwei oder mehr Wellen auf. Die resultierende Intensität I zweier Wellen mit den Amplituden E_1, E_2 und der Phasenverschiebung $\Delta\Psi$ wird beschrieben durch folgende Gleichung:

$$I = I_1 + I_2 + 2 \cdot \sqrt{I_1 \cdot I_2} \cdot \cos \Delta\Psi \quad \text{mit} \quad I_{1,2} = \frac{1}{2} \cdot |E_{1,2}|^2 \quad . \tag{2.3}$$

Entscheidend für die Beobachtung eines Interferenzeffektes ist der dritte, phasenabhängige Term. Bei Lichtquellen ohne feste Phasenbeziehung oszilliert dieser Anteil mit einer Frequenz von der Größenordnung der Lichtfrequenz und ist aufgrund der hohen Frequenz weder visuell noch meßtechnisch erfaßbar. Der Beitrag dieses Terms verschwindet dann im zeitlichen Mittel und nur die Summe der Einzelintensitäten ist meßbar. Das Licht aus Glühlampen beispielsweise, wo die Emission der Atome ohne Korrelation untereinander abläuft, zeigt diese Eigenschaft. Bei Licht, das von einem Laser emittiert wird, ist ein anderes Verhalten zu beobachten. Das Charakteristische am Laser ist die nicht spontane sondern stimulierte Emission und die damit verbundene Gleichheit der daraus entstehenden beiden Wellen in Frequenz und Phasenlage. Man sagt auch, daß die beiden Wellen kohärent sind. Die spontane Emission liegt vor, wenn die Strahlungsaussendung eines Ensembles von Atomen oder Molekülen ohne Korrelation untereinander geschieht. In allen "normalen" Strahlungsquellen ist dies der Fall. Bei der stimulierten Emission hingegen erfolgt die Aussendung der Strahlung durch Wechselwirkung des Strahlungsfeldes mit den Atomen. Anschaulich kann die Emission dabei als erzwungene Schwingung aufgefaßt werden, die mit gleicher Frequenz und in Phase mit der bereits vorhandenen Welle abläuft. Da hierzu ein Strahlungsfeld vorhanden sein muß, geht jeder Lasertätigkeit eine Phase der spontanen Emission voraus. Im Vergleich zu anderen Strahlungsquellen sind daraus zwei gravierende Unterschiede erkennbar: das entstehende Strahlungsfeld muß erhalten bleiben, was durch die Reflexion an Spiegeln, die den Resonator bilden, geschieht und die Lebensdauer der angeregten Atome muß lang genug sein, um eine größere Wahrscheinlichkeit für die stimulierte Emission durch das Feld als durch die immer vorhandene spontane zu erreichen.

Liegt Kohärenz vor, dann ist der zeitliche Mittelwert des Interferenzterms der obigen Gleichung ungleich Null und für zwei Wellen mit $|E| = |E_1| = |E_2|$ kann I in Abhängigkeit von $\Delta\Psi$ die Werte Null bis $2 \cdot |E|^2$ annehmen. Die interferometrische Meßtechnik macht sich diesen Effekt zunutze, in dem z.B. Weglängen- oder Höhenunterschiede in Objekten in Phasendifferenzen und damit Helligkeitsdifferenzen umgesetzt werden. Es ist anzumerken, daß Interferenz nur zwischen Wellen mit gleicher Schwingungsrichtung (Polarisation) auftritt. Andernfalls addieren sich bei der Beobachtung nur die Intensitäten der Wellen.

2.1.2 Ausbreitungsgesetze

Auf der Basis der allgemeinen Gesetzmäßigkeiten der geometrischen Optik lassen sich die Gesetze für die Ausbreitung der elektromagnetischen Strahlung finden. Wendet man dabei das Prinzip der kleinsten Wirkung auf die Ausbreitung der Strahlen an, so erhält man als Ergebnis der Variationsrechnung das Fermatsche Prinzip, welches besagt, daß die Strahlung den jeweils kürzesten *optischen* Weg zwischen den betrachteten Punkten zurücklegt. Dabei ist zwischen dem geometrischen und dem optischen Weg zu unterscheiden. Während der geometrische Weg sich aus der kürzesten Linienlänge zur Verbindung der Punkte ergibt, beinhaltet der optische Weg auch den Brechungsindex. Mit Hilfe dieser allgemeinen physikalischen Gesetzmäßigkeiten folgen dann die bekannten optischen Gesetze [9,10]. Es sei insbesondere an das Snellius'sche Brechungsgesetz und das Reflexionsgesetz erinnert, aus denen wiederum Abbildungsgesetze etc. folgen.

2.1.2.1 Geometrische Optik

Die einfachste Art der Beschreibung der Ausbreitung ist die der geometrischen Optik mit der Annahme der geradlinigen Ausbreitung der Strahlen, wobei an Grenzflächen und in inhomogenen Medien die Geradlinigkeit zwar nicht mehr gegeben ist, jedoch die Eindeutigkeit des Lichtweges erhalten bleibt. Dies entspricht physikalisch dem Grenzfall einer unendlich kurzen Wellenlänge: $\lambda \rightarrow 0$. Die geometrische Optik kann daher keine Aussagen über Dimensionen machen, die vergleichbar oder kleiner als die Wellenlänge sind. Im sichtbaren Bereich beträgt die Wellenlänge 0,38 bis 0,78 µm, Laser für die Materialbearbeitung reichen von 0,193 µm (ArF-Excimer-Laser) über 1,06 µm (Nd:YAG-Festkörper-Laser) bis zu 10,6 µm (CO_2-Laser). Daraus folgt, daß insbesondere über den Bereich im Fokus einer Linse keine Aussage getroffen werden kann. Auch können die Verhältnisse im Laserresonator nicht beschrieben werden, da quantenmechanische Effekte, die zur Verstärkung des Lichtes durch stimulierte Emission führen, nicht erfaßt werden.

2.1.2.2 Berücksichtigung der Wellennatur

Das "Prinzip von Huygens und Fresnel" schließt die Beachtung der Wellennatur ein, indem es das Licht als die Überlagerung von Kugelwellen beschreibt. Die mathematische Berechnung erfolgt dann mit der Integralform nach Kirchhoff-Fresnel, die sich insbesondere zur numerischen Ermittlung der Strahlungsfelder in Resonatoren eignet. Aus dieser strikten Beachtung der Wellennatur lassen sich jedoch, wenn bestimmten Bedingungen erfüllt sind, einfachere Gesetze herleiten.

Es ist das Verdienst von Kogelnik und Li [11], die Ausbreitungsgesetze für die von Laserresonatoren erzeugte Strahlung auf analytischer Basis als eine spezielle Lösung der Wellengleichung hergeleitet zu haben. Das Strahlungsfeld wird dabei durch die sogenannten Moden, die anschaulich als Eigenvektoren zu transversalen Eigenfrequenzen verständlich sind, beschrieben. Das Besondere an diesen Lösungen ist, daß sich bei der Propagation ihre Form reproduziert und sich nur ihre Skalierung ändert. Die Grundform wird als der Gaußsche Grundmode bezeichnet. Die Beschreibung in kartesischen Koordinaten lautet für den Betrag der Feldstärke E_{00}:

$$E_{00}(x,y) = E_0 \cdot e^{-\frac{x^2+y^2}{w^2}} \quad . \tag{2.4}$$

Die Abhängigkeit von der Position auf der optischen Achse, also der z-Koordinate ist implizit in w enthalten und wird im folgenden Abschnitt bei der Besprechung der Propagation erläutert. Darauf bauen die sog. höheren Moden auf, die durch Multiplikation mit Hermiteschen Polynomen H_{mn} bzw. Laguerreschen L_{pl} entstehen. Erstere treten bei Laserresonatoren mit Rechtecksymmetrie und letztere in solchen mit Radialsymmtrie auf [12,13]. Es gilt:

$$E_{mn}(x,y) = E_{00} \cdot H_m\left(\sqrt{2}\,\frac{x}{w}\right) \cdot H_n\left(\sqrt{2}\,\frac{y}{w}\right) \tag{2.5}$$

und

$$E_{pl}(r,\theta) = E_0 \cdot \left(\sqrt{2}\,\frac{r}{w}\right)^l \cdot L_p^l\left(2\,\frac{r^2}{w^2}\right) \cdot e^{-\frac{r^2}{w^2}} \cdot \sin(l \cdot \theta) \quad . \tag{2.6}$$

Im Wellenbild stellt der Grundmode die fundamentale Schwingung dar und wird daher als transversale elektromagnetische Schwingung, kurz TEM, mit doppeltem Index Null gekennzeichnet, um die Abwesenheit von Knotenlinien anzuzeigen, also TEM_{00}-Mode. Die Hermiteschen Moden besitzen eine oder mehrere Knotenlinien in der Ebene senkrecht zur Ausbreitungsrichtung (Gesamtzahl m + n) und werden durch TEM_{mn} bezeichnet, die Laguerreschen analog mit TEM_{pl}. Neben der Intensitätsverteilung muß auch die räumliche Verteilung der Phasenlage der Wellen beachtet werden, die an den Knotenlinien jeweils um eine halbe Wellenlänge springt. Für Meßzwecke wie z.B. in der Interferometrie, sind daher nur solche Laser brauchbar, die im Grundmode schwingen.

2.1.2.3 Beschreibung der Propagation

Die beugungstheoretische Beschreibung der Propagation ist nichts anderes als eine ortsabhängige Betrachtung der Interferenz zwischen allen von einer Strahlquelle ausgesandten Wellen am Beobachtungsort. Die Besonderheit der Moden liegt darin, daß sich ihre transversale Intensitätsverteilung bei der Ausbreitung an jedem Ort wieder reproduziert, lediglich neu skaliert mit dem Parameter w, der ein Maß für die Breite der Verteilung ist. Dies ermöglicht eine wesentlich einfachere, analytische Beschreibung ihrer Propagation auf die beiden folgenden Arten [12,13]. Zum einen durch Charakterisierung mittels komplexem Strahlparameter q

$$\frac{1}{q(z)} = -\frac{1}{R(z)} - i \cdot \frac{\lambda}{\pi \cdot w(z)^2} , \tag{2.7}$$

oder zum anderen über die folgenden Beziehungen für den Strahlradius w

$$w(z - z_0) = w_0 \cdot \sqrt{1 + \left(\frac{z - z_0}{z_R}\right)^2} \tag{2.8}$$

und für den Krümmungsradius R der Wellenfront

$$R(z - z_0) = -1 \cdot (z - z_0) \cdot \left(1 + \left(\frac{z_R}{z - z_0}\right)^2\right) . \tag{2.9}$$

Hierbei bezeichnet z_0 den Ort der Strahltaille ($w(z_0) = w_0$ gleich minimaler Wert von w). Die Abbildung 2.1 veranschaulicht die Situation. Die Phase Ψ auf der optischen Achse ist durch die Guoy-Shift gegeben zu

$$\Psi(z - z_0) = (m + n + 1) \cdot \arctan \frac{z - z_0}{z_R} \tag{2.10}$$

für die Hermiteschen Moden. Bei Laguerreschen ist der Term (m + n + 1) durch (2·p + l + 1) zu ersetzen. Für die Rayleighlänge z_R gilt

$$z_R = \frac{\pi \cdot w_0^2}{\lambda} \quad . \tag{2.11}$$

Die Rayleighlänge hat auch eine anschauliche Bedeutung: an dieser Stelle vor und hinter der Strahltaille beträgt der Strahlradius das $\sqrt{2}$-fache des Wertes w_0. Der Betrag des Krümmungsradius R der Wellenfront ist für große Abstände von der Taille ($|z - z_0| \gg z_R$) gleich diesem Abstand, was konzentrischen Kugelflächen mit dem Mittelpunkt in z_0 entspricht (bei Gültigkeit der geometrischen Optik wäre dieser Fall für alle z gegeben). In der Taille ($z = z_0$) liegt eine Planwelle (Krümmungsradius unendlich) vor und bei $|z - z_0| = z_R$ nimmt $|R|$ den Minimalwert $2 \cdot z_R$ an.

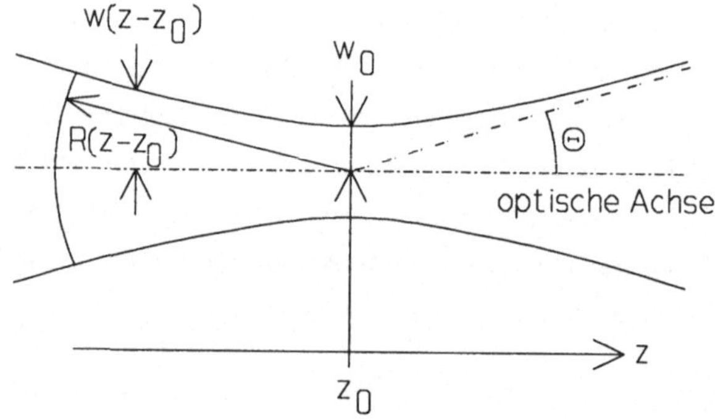

Abb. 2.1 Skizze zum Strahlverlauf eines Lasermode als Funktion des Ortes z auf der optischen Achse mit Strahlradius w und Krümmungsradius R der Phasenfront und dem Divergenzwinkel $\Theta = w_0/z_R$ im Fernfeld für $z \to \infty$.

Die vorangegangenen Betrachtungen sind zunächst auf die durch die Gln. (2.4) bis (2.6) definierten Moden beschränkt. Für allgemeine Feldverteilungen läßt sich jedoch eine integrale Beschreibung der Ausbreitung formulieren [14]. Dort wird gezeigt, daß, ausgehend von der Beschreibung über die zweiten Momente der Verteilung, eine Invariante der Propagation existiert. Insbesondere gilt, daß die Größen

$$U_B = \left(\frac{\lambda}{\pi}\right)^2 \int_{-\infty}^{\infty} \left|\frac{\partial u(x)}{\partial x}\right|^2 dx \tag{2.12}$$

und

$$V_B = 4 \int_{-\infty}^{\infty} x \, \frac{\partial \Psi(x)}{\partial x} \, u^2(x) \, dx \tag{2.13}$$

sowie

$$W_B^2 = 4 \int_{-\infty}^{\infty} x^2 \, |u(x)|^2 \, dx \tag{2.14}$$

(mit u als der Amplitude und Ψ als der Phase des Feldes) die invariante Größe

$$W_B^2 \cdot U_B - V_B^2 = \left(\frac{\lambda}{\pi} \, M^2 \right)^2 \tag{2.15}$$

bilden. Der Faktor M ist dabei gemäß

$$M^4 = W_B^2 \int_{-\infty}^{\infty} \left(\frac{\partial u_0(x)}{\partial x} \right)^2 dx \tag{2.16}$$

gegeben, wobei der Index 0 darauf hinweist, daß dies für eine Ebene mit ebener Phasenfront gilt. Im Falle der oben betrachteten Moden läßt sich dieses Integral ausführen und es ergibt sich für M der Hermiteschen Moden in zweidimensionaler Darstellung [15]:

$$M_H^2 = m_H + n_H + 1 \tag{2.17}$$

sowie für die Laguerreschen:

$$M_L^2 = 2 \cdot p_L + l_L + 1 \quad . \tag{2.18}$$

Die Invariantengleichung und die Einführung des M-Faktors beinhalten wichtige Aussagen zu den Propagationseigenschaften von Strahlung, die in [16] ausführlich dargelegt sind und die in den folgenden Abschnitten sowie im Anhang kurz erläutert werden.

2.1.2.4 Physikalische Bedeutung der Invarianten

In dem Faktor M ist das fundamentale physikalische Prinzip der Heisenbergschen Unschärferelation verkörpert, das anschaulich formuliert besagt, daß das Produkt aus der Unschärfe, mit der Ort und Impuls eines Objektes bestimmt werden, einen minimalen Wert nicht unterschreiten kann. Die Unschärfen beider Größen sind dabei physikalisch über das zweite Moment σ^2 ihrer Verteilungsfunktion f(x) gegeben, welches im eindimensionalen Fall als

$$\sigma^2 = \int_{-\infty}^{+\infty} (x - x_S)^2 \cdot f(x) \, dx \tag{2.19}$$

zu berechnen ist (x_S ist der Erwartungswert von x bezüglich der Verteilungsfunktion). Für die oben angeführten Moden gilt insbesondere der Zusammenhang (zweidimensionale Beschreibung)

$$2 \cdot \sigma^2 = w^2 \cdot M^2 \tag{2.20}$$

mit w als dem in den Gleichungen (2.4) bis (2.8) eingeführten Parameter zur Skalierung der Hermiteschen und Laguerreschen Polynome, weshalb diese Größe im folgenden auch der *Parameterradius* genannt wird. Der durch das Produkt w·M gegebene "Strahlradius" wird im weiteren als *effektiver Strahlradius* bezeichnet, wobei die Begründung für diese Bezeichnung im Zusammenhang mit der Tabelle 2.3 gegeben wird. Analog hierzu ist zwischen dem *Parameterdivergenzwinkel* Θ, der sich aus dem Parameterradius in der Strahltaille mittels

$$\Theta = \frac{w_0}{z_R} \tag{2.21}$$

berechnen läßt, und dem *effektiven Divergenzwinkel* Θ·M zu unterscheiden.

Übertragen auf die Situtation von Laserstrahlen ist "Ortsunschärfe" als "Strahlradius" und "Impulsunschärfe" als "Divergenz" zu verstehen. Dies bedeutet: Je genauer der Ort des Lichtes bestimmt wird, umso ungenauer ist die Richtung bekannt, in der sich das Licht anschließend weiter ausbreitet. Die bekannteste Veranschaulichung hierzu ist die Beugungsfigur, die nach Durchlaufen einer Blende entsteht und deren Breite umso größer wird, je kleiner der Blendendurchmesser (Festlegung des Ortes) ist [17]. Für die über die zweiten Momente definierten Werte von effektivem Strahlradius und effektiver Divergenz gilt, daß deren Produkt mit dem Faktor M^2 für höhere Moden skaliert wird, vgl. Gl. (2.15):

$$(w_0 \cdot M)^2 \cdot (\Theta \cdot M)^2 = \left(\frac{\lambda}{\pi} \cdot M^2\right)^2 . \tag{2.22}$$

Der Index 0 weist darauf hin, daß der Wert in der Strahltaille gemeint ist (dort ist $V_B = 0$). Der Gaußsche Grundmode zeichnet sich dadurch aus, daß er die minimal mögliche Unschärfe (λ/π) besitzt, der Faktor M^2 also gleich 1 ist, während die höheren Hermiteschen und Laguerreschen Moden eine größere Unschärfe aufweisen gemäß Gln. (2.17) und (2.18). Diese ist, solange der Strahl nicht durch äußere Eingriffe (Blenden, Phasenstörungen etc.) gestört wird, eine konstante Größe, wie oben ausgeführt wurde. Aus Gleichung (2.22) folgt weiterhin, daß das Produkt der Parameterwerte w_0 und Θ unabhängig von M ist:

$$w_0 \cdot \Theta = \frac{\lambda}{\pi} . \tag{2.23}$$

Dies bedeutet, daß der Gaußsche Bestandteil (Gl. (2.4)) für alle nach Gl. (2.5) und (2.6) definierten Moden gleich propagiert und in einer betrachteten Ebene durch Hinzunahme der Polynomanteile mit Hilfe des Parameterradius w die Intensitätsverteilung zu berechnen ist. Im Anhang sind diese Aspekte nochmals ausführlicher aufgezeigt.

2.1.2.5 Berechnung der Propagation mit Hilfe der Invarianten

Mathematisch kann $\lambda \cdot M^2$ als eine Pseudowellenlänge der höheren Moden betrachtet werden, und mit dieser Interpretation kann die Beschreibungsweise für die Propagation auf der Basis des zweiten Moments vom Gaußschen Grundmode auf diese Moden übertragen werden.

An diesem Punkt stellt sich die Frage, wie die vom Laser emittierte Strahlung zu beschreiben ist, sowohl im Hinblick auf ihre laterale Verteilung als auch bezüglich des zeitlichen Verhaltens. Dabei stehen, ohne alle denkbaren Fälle erfassen zu können, folgende mögliche Zustände des Strahlungsfeldes zur Diskussion, die von Aspekten wie Geometrie des laseraktiven Mediums, zeitliche Stabilität der Anregung etc. abhängen:

- Das Feld ist zeitlich konstant und durch einen Mode beschreibbar. Dieser Fall ist z.B. in Lasern für interferometrische Längenmessung realisiert.
- Das Feld ist ebenfalls zeitlich konstant, aber nicht durch einen Mode erfaßbar. Die Zerlegung der Feldverteilung nach den Moden führt auf eine Überlagerung mehrerer kohärenter Moden. Über ein solches System wird z.B. in [18] berichtet.
- Es sind gleichzeitig mehrere Moden vorhanden, die unterschiedliche Wellenlängen aufgrund verschiedener effektiver Resonatorlängen (vgl. Gleichung (2.10)) aufweisen. Die Zerlegung der Intensitätsverteilung führt auf eine Überlagerung inkohärenter Moden. Das Feld variiert wegen der auftretenden Schwebungsfrequenzen zeitlich.
- Es schwingen zeitlich versetzt verschiedene Moden an. Dies entspricht einer inkohärenten Überlagerung.

Betrachtet man insbesondere den Fall von CO_2-Hochleistungslasern mit den noch unvollständig erforschten Zusammenhängen zwischen Feldverteilung und Verstärkungsprofil des laseraktiven Mediums (so daß sich im allgemeinen eine komplizierte Feldstärkeverteilung einstellt) sowie ihrer Gasströmung und der daraus resultierenden permanenten Änderung der optischen Weglängen im Resonator durch Fluktuationen der Gasdichte, so ist die Annahme einer Feldverteilung, die durch eine inkohärente Überlagerung von Moden beschrieben wird, eine plausible Hypothese.

Da sich die Betrachtungen in [14] nicht auf die Berechnung eines reinen Modes beschränken, kann auch die Überlagerung verschiedener Moden damit erfaßt und ein M zugeordnet werden, so daß dieses nicht auf die oben genannten diskreten Werte beschränkt ist [16]. Mit der Kenntnis dieser Größe läßt sich die Propagation also auch für Modengemische ausführen. Die Beschreibung über einen einzigen Skalierungsfaktor, der aus einer Integralgleichung gewonnen wird, bedeutet jedoch einen erheblichen Informationsverlust. Dies hat zur Konsequenz, daß wegen der nicht gegebenen Eineindeutigkeit der Zuordnung von M nur die

Propagation des Parameterradius und der übrigen, über die Integralformen erfaßbaren Werte beschrieben werden kann (zweites Moment der Verteilung, effektiver Strahlradius). Alle anderen Größen (die z.B. Kenntnis der Intensitätsverteilung voraussetzen) können mit dieser Berechnungsmethode nicht bestimmt werden, und umgekehrt eignen sich diese Größen nicht zur Bestimmung der Invarianten. Dies trifft für alle diejenigen "Strahlradien" zu, deren Bestimmung vom lateralen Verlauf der Intensität abhängt. Als Beispiel für eine solche Größe ist der Wert für den Strahlradius zu nennen, durch den 86,5% der Energie fließen und auf den sich einige kommerzielle Meßgeräte beziehen. Diese und alle anderen ähnlich definierten Strahlkenngrößen (z.B. Abfall der Intensität auf 10% des maximalen Wertes) können also nur am Ort ihrer Messung eine lokale Aussage über den Strahl machen. Bei einem reinen Mode kommt einer solchen Größe selbstverständlich wieder globale Bedeutung zu, jedoch ist dann über die Aussage, um welchen Mode es sich handelt, ohnehin eine grundlegendere Information gegeben, aus der alle anderen wieder abgeleitet werden können.

Außer dem Modenspektrum ist der Aspekt der Beugung zu beachten. Aus der Tatsache, daß die Felder der in den Gleichungen (2.4) bis (2.6) beschriebenen Moden lateral unendlich ausgedehnt, die Aperturen aber immer endlich sind, folgt, daß das von einem Laser emittierte Strahlungsfeld in keinen Fall ausschließlich durch einen dieser Moden vollständig charakterisiert sein kann. Es tritt also notwendigerweise Beugung auf, wobei die gebeugten Strahlanteile kohärent zu dem Mode sind, der sie verursacht. Durch genügend große Bemessung der Aperturen kann jedoch erreicht werden, daß der Anteil der Beugung hinreichend klein ist.

2.1.2.6 Charakterisierung von Laserstrahlen

Aus dem zuvor gesagten können letztlich die Schlußfolgerungen gezogen werden, welche Größen bekannt sein müssen, um die Propagation eines Laserstrahls berechnen zu können. Die Tabelle 2.1 führt die Methoden in absteigender Reihenfolge des Informationsgehaltes auf. Um den Strahl, den ein Laser emittiert, auf qualifizierte Weise charakterisieren zu können, muß also eines der in Tabelle 2.1 genannten Verfahren angewendet werden. Von dieser Darstellung nicht erfaßt werden diejenigen Strahlen, deren Intensitätsverteilung nicht im obigen Sinne integrierbar sind, was insbesondere für Blenden mit harten Rändern (und damit auch für die von einem Laser emittierten Beugungsanteile) zutrifft. Für deren Beschreibung hinsichtlich ihres Propagationsverhaltens sind die bekannten Darstellungsweisen [17] anzuwenden, die Intensität für $z \rightarrow \infty$ über ihre Winkelverteilung $I(\Theta)$ zu charakterisieren. Die Strahlen aus optisch instabilen Resonatoren stellen gemäß dem Babinetschen Prinzip ebenfalls beleuchtete Lochblenden dar und sind in der gleichen Weise zu behandeln [16].

Größen des Strahls, die bestimmt werden	Charakteristische Größen des Strahls, die ermittelt werden	Parameter, die in einer gewünschten Zielebene berechnet werden können	Aussagen, die über den Strahl gemacht werden können
laterale Verteilung von Intensität und Phase an einem Ort	einzelne Moden und Beugungsanteile	laterale Verteilung, Intensität und Phase einschießlich Beugungsanteilen	Parameter der Moden und der Beugung
laterale Verteilung der Intensität an mehreren Orten	einzelne Moden und ihre Parameter	laterale Verteilung Intensität und Phase, ohne Beugung	Parameter der Moden
Bestimmung der zweiten Momentes an mehreren Orten	Varianz der Strahlverteilung	effektive Wellenlänge, Varianz der Strahlverteilung	zweites Moment der Verteilung, keine Aussage über die laterale Verteilung

Tab. 2.1 Möglichkeiten zur Charakterisierung von Laserstrahlen und Aussagekraft für die Propagationseigenschaften.

Für die praktische Umsetzung im Bereich der Hochleistungslaser mit stabilem Resonator kann die zweite Methode die günstigste Kombination aus Aufwand für die Datengewinnung und Aussagekraft der Werte sein. Sie umgeht die Schwierigkeit der Messung der Phase, ohne den großen Informationsverlust in Kauf zu nehmen, der bei Beschränkung auf die Ermittlung des zweiten Moments der Verteilung entsteht. Die notwendige ortsaufgelöste Messung der Intensität kann bei CO_2-Lasern mit kommerziellen Geräten oder Einbränden z.B. in Plexiglas (mit Einschränkungen) geschehen. Bei Lasern mit einer Wellenlänge kürzer als etwa ein Mikrometer können vorteilhaft Kamerasysteme eingesetzt werden. Auf der so gewonnen Datenbasis kann die Propagation im Strahlführungssystem für die einzelnen Moden getrennt berechnet werden und an den interessierenden Stellen jede gewünschte Umrechung des Strahlradius vorgenommen werden. Zur Ermittlung der notwendigen Aperturen wird man einen Radius definieren, in dem sich ein bestimmter Prozentsatz der Leistung (z.B. 95% der Gesamtleistung) befindet und daraus unter Berücksichtigung eines geeigneten Sicherheitsfaktors die Größe der Spiegel oder Linsen festlegen. Für die Materialbearbeitung kann dann im Fokus die Intensitätsverteilung und auch deren Spitzenwert errechnet werden, was mit der Definition über die Varianz des Strahls nicht möglich ist. Ist auch die Berücksichtigung der Beugung, die am Auskoppelspiegel des Lasers und der weiteren Aperturen entsteht, erforderlich, so versagt diese Methode und es ist unumgänglich, Intensität und Phase zu messen. Gegebenfalls ist außerdem die Abhängigkeit der Strahlparameter von der Ausgangsleistung des Lasers zu beachten.

Neben dieser vollständigen Beschreibung des Strahls, wie sie zur Auslegung von Strahlführungssystemen unabdingbar ist, besteht noch eine andere, praxisnahe Methode zur Charakterisierung des Strahls, bei der die im Fokus einer Bearbeitungoptik gemessene mittlere Intensität mit derjenigen verglichen wird, die gegeben wäre, wenn es sich bei dem untersuchten Strahl um den Gaußschen Grundmode handeln würde [19]. Das Vorgehen ist dabei auf die Eigenschaften des Grundmode ausgerichtet und folgendermaßen durchzuführen:

- Bestimmung des Radius des 86,5%-Energieinhalts w(86,5%,Linse) am Ort der Fokussieroptik. Für den Grundmode ist dieser identisch mit dem Parameterradius, für alle anderen Strahlen ist der Energieinhaltsradius um einen modenabhängigen Faktor G(Linse) größer als der Parameterradius, also w(86,5%) = G·w(Parameter).
- Bestimmung des Radius des 86,5%-Energieinhalts w(86,5%,Fokus) im Fokus. Für den Grundmode ist dieser wiederum identisch mit dem Parameterradius, ansonsten über einen Faktor G(Fokus) mit diesem verknüpft. Handelt es sich um einen einzelnen Mode, so gilt G(Linse) = G(Fokus). Im allgemeinen Fall trifft dies nicht zu, da diese Zahl keine Invariante der Propagation ist, weil sie von der Intensitätsverteilung abhängt.

Die folgenden Formeln lassen sich nur dann in der vorliegenden einfachen Form analytisch darstellen, wenn die einfallende Welle eine ebene Phasenfront am Ort der Linse aufweist und der Abstand des Fokus von der Linse groß gegen die Rayleighlänge des fokussierten Strahls ist, andernfalls ist die konkrete Situation mit Hilfe der Propagations- und Linsenformeln zu berechnen. Für die in der Materialbearbeitung üblichen Konfigurationen sind diese Voraussetzungen, auch im Hinblick auf die erzielbare Meßgenauigkeit, hinreichend gut erfüllt. Zur Berechnung der Qualitätskennzahl K* vergleicht man den Fall des Grundmode

$$w(TEM_{00},Fokus) = \frac{\lambda}{\pi} \cdot \frac{f}{w(TEM_{00},Linse)} \tag{2.24}$$

mit dem der Messung

$$w(86{,}5\%,Fokus) = \frac{\lambda}{\pi} \cdot \frac{f}{w(86{,}5\%,Linse)} \cdot G(Linse) \cdot G(Fokus) \tag{2.25}$$

und erhält mit der Definition

$$K^* = \frac{w(TEM_{00},Fokus) \cdot w(TEM_{00},Linse)}{w(86{,}5\%,Fokus) \cdot w(86{,}5\%,Linse)} \tag{2.26}$$

also

$$K^* = \frac{\lambda}{\pi} \cdot f \cdot \frac{1}{w(86{,}5\%,Linse) \cdot w(86{,}5\%,Fokus)} = \frac{1}{G(Linse) \cdot G(Fokus)} \quad . \tag{2.27}$$

Für den Grundmode ist K* = 1, ansonsten kleiner als Eins. Man erkennt, daß K* keine Invariante des Systems sein kann, da nur M, nicht aber G eine Konstante ist, es sei denn, es liegt ein einzelner Mode vor und kein Modengemisch. Zur lokalen Qualifizierung der Fokussierbarkeit ist der Wert jedoch geeignet. Dieses Verfahren liefert also in Form einer Zahl einen "Qualitätswert der Fokussierbarkeit", der an der betrachteten Stelle und für die verwendete Fokussieroptik gilt. Dieses Ergebnis ist umso ähnlicher für verschiedene Stellen innerhalb eines Strahlführungssystems und für Optiken unterschiedlicher Brennweiten, je weniger die Strahlparameter der beteiligten Moden innerhalb des Systems variieren. Betrachtet man verschiedene Orte z_i eines Strahlführungssystems, so stellen die einzelnen $K^*(z_i)$ eine Qualifizierung der lokalen Fokussierbarkeiten und die Variation als Funktion des Ortes (dK*/dz) ein Maß für die Qualität des Strahlführungssystems selbst dar: je geringer die Änderungen der Fokussierbarkeit, desto besser ist das System konzipiert (Auslegung der Teleskope und Wahl der Aperturen). Die Tabelle 2.2 enthält einige Werte für K* und bei der Betrachtung eines Beispiels (siehe Abschnitt 2.1.3.3) wird auf diesen Wert nochmals eingegangen.

Mode	Grundmode TEM_{00}	Hermite TEM_{01^*}	Laguerre TEM_{10}	Laguerre TEM_{20}	Laguerre TEM_{30}
G	1	1,32	1,64	2,11	2,51
K*	1	0,574	0,372	0,225	0,159

Tab. 2.2 Quotient G zwischen Radius des 86,5%-Energieinhalts und Parameterradius sowie Qualitätskennzahl K* für einige Moden.

Die Charakterisierung eines Strahls durch den 86,5%-Energieinhaltsradius hat mit den darauf ausgelegten kommerziellen Meßgeräten Verbreitung gefunden und ist, wie das Beispiel der Bestimmung von K* zeigt, auf den lokalen Vergleich mit dem Gaußschen Grundmode abgestimmt. Für die Ermittlung der Parameter, die zur Berechnung der Propagation einer aus mehreren Moden zusammengesetzten Intensitätsverteilung benötigt werden, ist diese Größe jedoch unbrauchbar, da sie, wie oben ausgeführt, keine Konstante der Strahlpropagation ist.

Um bei den in den weiteren Teilen dieser Arbeit durchgeführten Betrachtungen eine konsistente Betrachtungsweise zu verwenden, werden die Vergleiche verschiedener Moden daher grundsätzlich des auf der Basis des zweiten Momentes definierten effektiven Strahlradius durchgeführt. Nur so ist es möglich, die für die reinen Moden gewonnenen Daten auf die in der Realität anzutreffenden Modengemische zu übertragen: bei reinen Moden ist das zweite Moment analytisch gegeben, bei Modengemischen ist es aus der Intensitätsverteilung bestimmbar. So wird z.B. bei der Diskussion des Zusammenhangs zwischen Wellenfrontfehler und Fokussierbarkeit der Fehler auf diesen Radius zu beziehen sein und damit konsistent beschreibbar sein. Um dem Anwender den Anschluß zu vertrauten Bezugsgrößen zu erleichtern, enthält die Tabelle 2.3 einen Vergleich zwischen dem durch Gl. (2.20) definierten Radius und dem Anteil an der Gesamtleistung, der darin enthalten ist.

Mode	Grundmode TEM_{00}	Hermite TEM_{01^*}	Laguerre TEM_{10}	Laguerre TEM_{20}	Laguerre TEM_{30}
M	1	1,414	1,732	2,236	2,646
Anteil [%]	86,5	91	91	92	93

Tab. 2.3 Anteil der Gesamtleistung, der in dem durch w·M definierten Radius enthalten ist.

Aus der Tabelle 2.3 wird auch der oben eingeführte Begriff des effektiven Strahlradius für den Wert w·M ersichtlich. Da dieser mindestens 86,5% der Gesamtleistung enthält, bezeichnet er eine zweckmäßige Größe für den im Sinne des Anwenders "tatsächlichen" Strahlradius und dementsprechend eignet er sich auch zur Festlegung der benötigten Aperturen, indem ein Sicherheitsfaktor von typischerweise 1,5 bis 2 auf diesen effektiven Strahldurchmesser multipliziert wird.

2.1.3 Beschreibung realer Laserstrahlen

Während sich der vorangegangene Abschnitt mit idealen, ungestörten Moden befaßt hat, wird nun beschrieben, wie die dort angeführten Erkenntnisse auf einen realen Laserstrahl anzuwenden sind. Welche Grundsätze für Laser gelten, die in der Materialbearbeitung eingesetzt werden, wurde im Abschnitt 1.2 bereits erläutert. Die Gründe, warum zwischen Modenordnung des Strahls und Wirkungsgrad des Lasers ein Zusammenhang besteht, sind vielfältig. Es sei daher an dieser Stelle nur auf folgende Aspekte hingewiesen: die Moden, die ein Laser abstrahlt, ergeben sich aus der Feldverteilung im Resonator. Diese wiederum wird von den Randbedingungen (Oberflächenform der Spiegel und Größe der Aperturen), der Verteilung des Verstärkungsprofils und dem Profil des Brechungsindex beeinflußt. Die beiden letzten Beiträge hängen ihrerseits von der Art der Anregung des laseraktiven Mediums und der Temperaturverteilung ab. Ohne auf die komplizierten Korrelationen näher eingehen zu können, gilt vereinfacht gesagt, daß ein hoher Wirkungsgrad mit einer hohen Modenordnung erkauft werden muß [1].

Die Frage, warum eine hohe Modenordnung nachteilig für die Fokussierbarkeit ist, wurde im Grundsatz bereits erläutert und soll hier am Beispiel veranschaulicht werden. Zu diesem Zweck seien die drei folgenden Moden betrachtet:

- der Gaußsche Grundmode TEM_{00} (M = 1),
- der Hermitesche Ring-Mode (Überlagerung von (m_H,n_H) = (1,0) und (0,1)): TEM_{01^*} mit (M = 1,414) sowie
- der Laguerre-Mode (p_L,l_L) = (1,0): TEM_{10} (M = 1,732).

Um zu verdeutlichen, wie drastisch sich die Modenordnung auf die Fokussierbarkeit auswirkt, werden für die drei Moden gleiche effektive Strahlradien gewählt (mit 15 mm als praxisnahem Wert). Man erhält dann die in der Abbildung 2.2 wiedergegebenen Intensitätsverteilungen. Berechnet man für diese Moden die auf den effektiven Strahlradius bezogenen mittleren Intensitäten im Fokus einer Linse, so zeigt sich, daß sie sich wie folgt verhalten:

$$I(TEM_{00}) : I(TEM_{01^*}) : I(TEM_{10}) = 1 : 0{,}25 : 0{,}111 \quad . \tag{2.28}$$

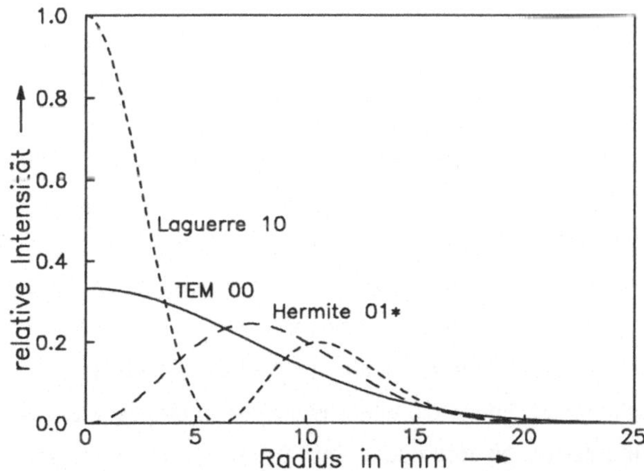

Abb. 2.2 Intensität als Funktion des Radius für drei Moden: Gaußscher Grundmode TEM_{00} (durchgezogene Kurve), Hermite-Ring-Mode TEM_{01^*} (langgestrichelt) und Laguerre TEM_{10} (kurzgestrichelt). Weitere Daten im Text.

Diese Betrachtungen zeigen:

- Die Angabe eines "Strahldurchmessers" erlaubt ohne Zusatzinformation über den Mode und die Angabe, um welche Definition des Strahldurchmessers es sich handelt, keine Rückschlüsse auf die Fokussierbarkeit des Strahls. Aussagekräftige Daten sind also ausschließlich solche, die auf Grund ihrer (oben dargelegten) physikalischen Relevanz die Strahleigenschaften beschreiben.

- Zum anderen zeigen sie, daß der Lasermode von entscheidender Bedeutung für die Fokussierbarkeit des Strahls ist und daß also den Faktoren, die ihn beeinflussen, bei Auslegung und Bau von Resonatoren große Aufmerksamkeit zu schenken ist. Im allgemeinen wird bei kommerziellen Hochleistungslasern immer ein Kompromiß zwischen Wirkungsgrad und Fokussierbarkeit, die wie gezeigt in entgegengesetzter Weise mit der Modenordnung verknüpft sind, angestrebt, um einen akzeptablen, nicht zu großen Fokusdurchmesser bei genügend Leistung zu erzielen.

Im nun folgenden Teil wird dargelegt, wie untersucht werden kann, welche Moden in einem gegebenen Laserstrahl vorliegen und wie sich das Propagationsverhalten beschreiben läßt.

2.1.3.1 Umsetzung der theoretischen Erkenntnisse

In den folgenden Abschnitten wird im Sinne der Ausführungen im Abschnitt 2.1.2.5 und der Tabelle 2.1 die Analyse des Intensitätsprofils zur Ermittlung der beteiligten Moden und anschließende Berechnung mit den oben angegebenen Formeln durchgeführt. Diesem Verfahren liegt letztlich das allgemeine Prinzip zu Grunde, eine gegebene Funktion (hier: die Intensitätsverteilung in Abhängigkeit des Ortes in Ebenen senkrecht zur optischen Achse) nach einem vollständigen Funktionensystem (hier: die Hermiteschen bzw. Laguerreschen Moden) zu entwickeln, analog zur Fourieranalyse. Der Vorteil besteht darin, das Transformationsverhalten des Systems (hier: freie Propagation und (de)fokussierende optische Komponenten) für die bekannten Funktionen (Moden) zu kennen und analytisch berechnen zu können. In der Ebene senkrecht zur optischen Achse, in der die resultierende Intensitätsverteilung gesucht wird, sind dann die bis zu dieser Stelle unabhängig voneinander berechneten Moden wieder als Feldverteilungen zu betrachten und gemäß Feldstärke (und Phase bei kohärenter Überlagerung) als Funktion des Ortes in dieser Ebene die Intensitätswerte zu ermitteln. Der Rechenaufwand ist dabei, verglichen mit der ersten Methode in Tab. 2.1 wesentlich geringer, da nur in der Zielebene eine numerische Berechnung erfolgt, bis dahin aber lediglich die Propagationsformeln auszuwerten sind, also eine rein analytische Rechnung erfolgt: soll bei einer Anzahl von N_K Komponenten und radialsymmetrischer Geometrie die Auflösung in der Zielebene N_A Punkte betragen, so sind bei diesem Verfahren N_A Interferenzberechnungen notwendig (die Propagationsberechnung fällt hierbei nicht ins Gewicht), nach dem Kirchhoff-Fresnel-Verfahren hingegen $N_K \cdot N_A^2$, also typischerweise ein Faktor von der Größenordnung 100 mehr.

2.1.3.2 Vorgehensweise

Um mit Hilfe dieses Verfahrens die Strahlverteilung eines Lasers an einem gewählten Ort zu ermitteln, sind folgende Schritte in der angegebenen Reihenfolge auszuführen:

1) Die Intensitätsverteilung I(r) ist durch Messung in verschiedenen Abständen z vom Laser bei ungestörter Propagation zu ermitteln mit dem Ergebnis I(r,z).
2) Aus diesen Messungen sind die Modenanteile nach der Methode der kleinsten Fehlerquadrate zu bestimmen und durch ihre w-Parameterradien und die Leistungen P zu beschreiben. Man erhält damit: $w_N(z)$ und P_N (Index N: Nr. des Mode).
3) Aus den Wertepaaren $(z, w_N(z))$ sind für die einzelnen Moden getrennt die Strahlparameter $w_{0,N}$ und $z_{0,N}$ für die Werte der Strahlradien und Positionen der Strahltaille zu bestimmen. Hieraus kann die Phasenlage Ψ_N des Strahls an den Orten z berechnet werden. Bei kohärenten Moden ist dann ggf. der zweite Schritt unter Berücksichtigung der Phasenlagen zu wiederholen und damit verbesserte Werte für die $w_N(z)$ und P_N zu ermitteln, so daß diese beiden Schritte einen iterativen Prozeß darstellen, an dessen Ende man die Ergebnisse für die Strahltaillen ($w_{0,N}$ und $z_{0,N}$) erhält.
4) Die nun vollständig charakterisierten Moden mit ihren Parametern $w_{0,N}$, $z_{0,N}$ und P_N sind sodann getrennt durch das gegebene optische System gemäß den Propagationsformeln zu transformieren und die Strahlparameter $w_{0S,N}$, $z_{0S,N}$ nach dem System zu berechnen.
5) In der zu betrachtenden Ebene z_E sind als letzter Schritt die ortsabhängigen Feldstärken (und gegenfalls die Phasen) aus den Strahlkenndaten in dieser Ebene für alle Moden getrennt zu berechnen und die resultierende Überlagerung punktweise zu bestimmen. Das Ergebnis ist die gesuchte Intensitätsverteilung $I(r,z_E)$.

Es muß angemerkt werden, daß bei diesem Vorgehen die Beugungsanteile des Strahls unberücksichtigt bleiben. Ob dies gerechtfertigt ist, hängt vom Einzelfall ab. Je nach Abstand zwischen Laser und Fokussieroptik und den verwendeten Aperturen kann die Beugung, die an den Aperturen des Lasers entsteht, auf dem Weg bis zum Fokus ausgeblendet worden sein oder aber auch im weiteren Strahlverlauf zusätzliche Beugung an zu klein bemessenen Aperturen entstanden sein. Dabei können durch Teleskope die Beugungsanteile auch wieder vom Randbereich des Strahls auf die optische Achse zurückgeleitet werden. Ein allgemeingültige Antwort kann daher nicht gegeben werden. Ferner kann die beugungsbedingte Störung des Intensitätsprofils die zuverlässige Ermittlung der Strahlparameter $w_N(z)$ und P_N beeinträchtigen.

2.1.3.3 Berechnung eines Beispiels

Dieser Abschnitt wird die an einem Experimentallaser gemessenen Intensitätsverteilungen nach Durchlaufen eines Teleskops mit den aus den Daten des Freistrahls ermittelten Ergebnissen vergleichen. (Da die Bedeutung und Wirkung von Teleskopen im Zusammenhang mit Hochleistungslasern im Kapitel drei noch ausführlich diskutiert wird, soll deshalb an dieser Stelle hier nicht weiter darauf eingegangen werden.)

Die Abbildung 2.3 zeigt den Intensitätsverlauf als Funktion des Ortes im Freistrahl des betrachteten Lasers bei 1,5 kW Leistung in einem Abstand von 18 m, gemessen an einem Einbrand in Plexiglas. Aus mehreren derartigen Schnittbildanalysen können durch Kurvenanpassung die Strahlparameter w_0 und z_0 bestimmt werden. Mit Kenntnis der Strahlparameter w_0 und z_0 kann sodann die Propagation durch das im Versuch aufgebaute Teleskop aus zwei sphärischen Spiegeln (Brennweiten $f^{(1)} = -0{,}475$ m, $f^{(2)} = +1{,}515$ m, Abstand des ersten Spiegels vom Laser: $l^{(1)} = 3{,}480$ m, der Spiegel untereinander: $l^{(2)} = 1{,}183$ m) mit in die Berechnung einbezogen werden.

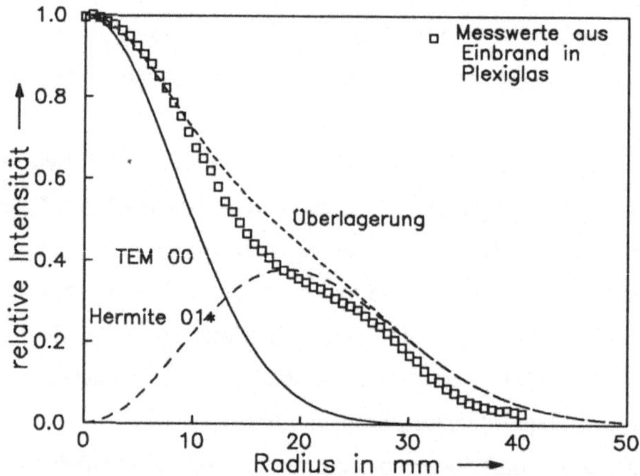

Abb. 2.3 Schnitt durch die Intensitätsverteilung des CO_2-Lasers, auf den sich die weiteren Betrachtungen beziehen; Abstand vom Auskoppelspiegel: 18 m. Kurven: aus der Modenanalyse berechneter Anteil des TEM_{00}-Mode (durchgezogen) und des TEM_{01^*}-Mode (gestrichelt) sowie die daraus resultierende Überlagerung (kurze Striche). Quadrate: mittels Einbrand in Plexiglas gemessene Intensitätsverteilung.

In Abbildung 2.4 sind zunächst die ermittelten Werte (z,w(z)) sowie die für die beiden Moden berechneten Strahlverläufe bei freier Propagation dargestellt. Abbildung 2.5 zeigt den damit berechneten Strahlverlauf nach dem Teleskop in Form der w-Parameterradien für die beiden Moden als Funktion des Abstandes vom Laser.

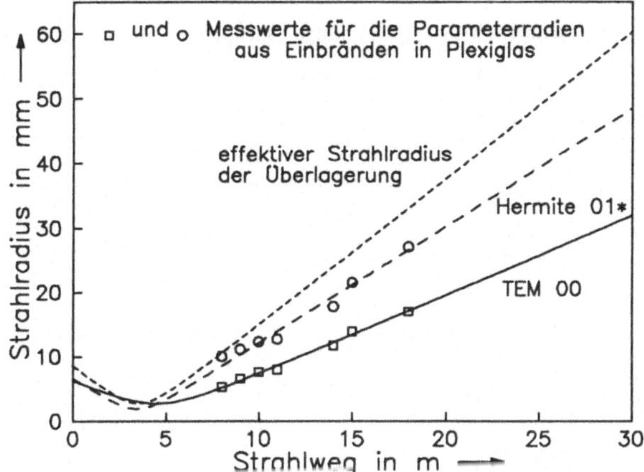

Abb. 2.4 Strahlradius (w-Parameter) als Funktion des Abstandes vom Laser. Anteil des TEM_{00}-Mode: aus den Schnittbildern ermittelte Werte (Quadrate) und errechneter Strahlverlauf (durchgezogene Kurve); Anteil des TEM_{01^*}-Mode: Kreise und langgestrichelte Kurve entsprechend. Jedes Meßpunktepaar, das zu einer bestimmten Entfernung gehört, ist nach dem in Abb. 2.3 gezeigten Verfahren gewonnen. Die kurzgestrichelte Kurve ergibt sich als effektiver Strahlradius der resultierenden Intensitätsverteilung und wird in Abschnitt 2.1.3.4. erläutert.

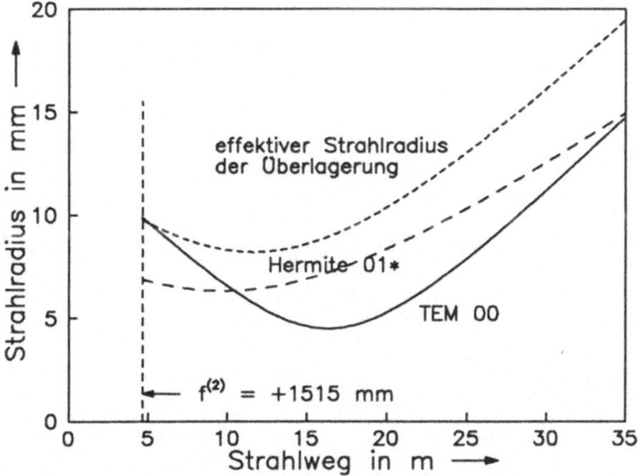

Abb. 2.5 Strahlradius (w-Parameter) als Funktion des Abstandes vom Laser. Die vertikale Linie kennzeichnet die Positionen des zweiten der beiden Spiegel des Teleskops mit der Brennweite $f^{(2)}$ = +1,515 m. Die Kurven haben die gleiche Bedeutung wie in Abb. 2.4.

Betrachtet man die Intensitätsverteilung, die sich nach dem Teleskop durch Überlagerung der beiden Moden ergibt, so erhält man die in den Abbildungen 2.6 bis 2.8 gezeigten Verhältnisse. Diese zeigen die resultierende Intensität als Funktion des Ortes in den Ebenen $z \in \{18{,}0$ m, $25{,}0$ m, $31{,}0$ m$\}$ der Abbildung 2.5.

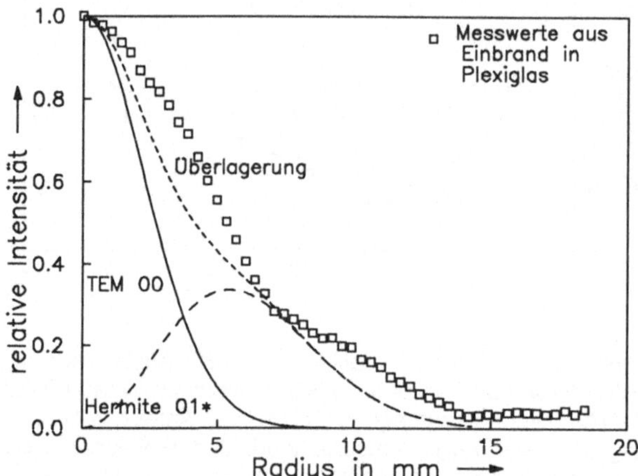

Abb. 2.6 Intensität als Funktion des Abstandes von der optischen Achse im Abstand 18 m vom Laser, vgl. Abbildung 2.5. Durchgezogene Kurve: TEM_{00}-Mode, langgestrichelte: TEM_{01*}-Mode, kurzgestrichelte: aus diesen beiden Moden berechnete Überlagerung, Quadrate: gemessene Werte aus Einbrand in Plexiglas.

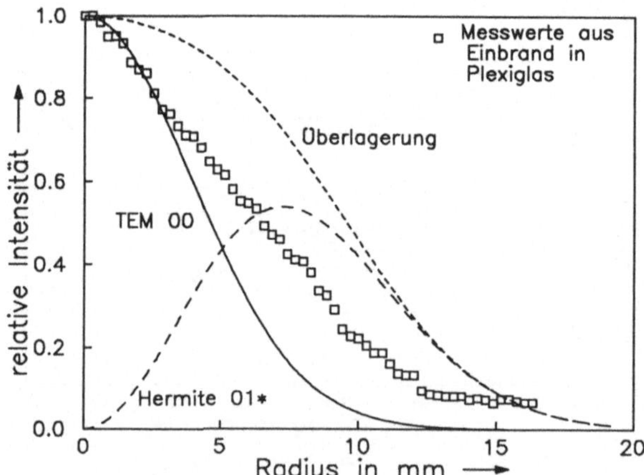

Abb. 2.7 Wie Abb. 2.6, jedoch 25 m Abstand vom Laser, vgl. Abbildung 2.5.

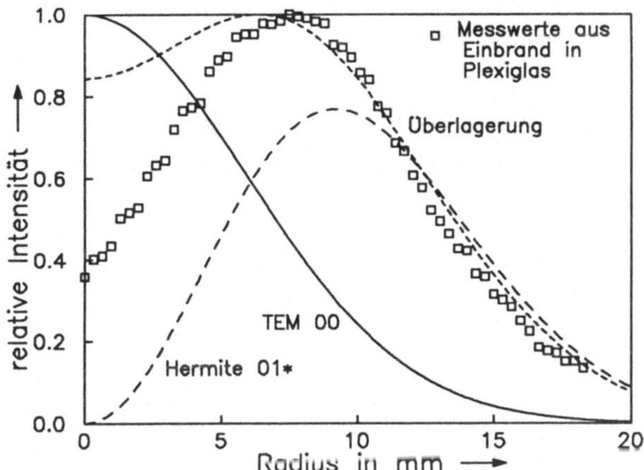

Abb. 2.8 Wie Abb. 2.6, jedoch 31 m Abstand vom Laser, vgl. Abbildung 2.5.

Aus den Abbildungon 2.5 bis 2.7 erkennt man, daß die mittels Modenanalyse und Propagation berechneten Werte und die aus Einbrändcn in Plexiglas ermittelten Intensitätsverteilungen eingezeichnet sind, zwar nicht im Detail übereinstimmen, aber dennoch das Verhalten zu beschreiben vermögen. Eine vollständige Deckungsgleichheit kann mit diesem Modell auch gar nicht erzielt werden, da die Beugungsanteile des Strahls hierbei außer Acht gelassen werden. Diese Ergebnisse unterstützen somit die These, daß es sich um eine Überlagerung inkohärenter Moden handelt. Es muß allerdings auch gesagt werden, daß dies kein Beweis sein kann, da der Anteil der Beugung an der Gesamtleistung des Lasers nicht ermittelt werden konnte und damit keine zuverlässige Aussage über die Störung des Strahlprofils durch die Beugung möglich ist. Ferner ist zu beachten, daß Plexiglas aufgrund seines Abtragverhaltens ein in gewissen Grenzen brauchbares, keinesfalls aber optimales Detektionsmittel ist [20,21].

Diese Betrachtungen erklären auch das bereits bekannte [22], bislang aber unverstandene Phänomen der sich ändernden Intensitätsverteilung bei der Propagation durch die Strahltaille eines Teleskops. Bei kleinen Abständen vom Teleskop tritt zunächst ein im äußeren Bereich verbreitertes, TEM_{00}-Mode-ähnliches Profil auf (Abb. 2.6), wenn der Strahlradius des Gaußschen Grundmodes kleiner ist als der des Hermiteschen Modes. Nach Durchlaufen eines Übergangsbereichs (Abb. 2.7) tritt schließlich bei größeren Entfernungen eine ringförmige Struktur (Abb. 2.8) auf, wenn sich die Größenverhältnisse der Strahlradien umgekehrt haben. Die von der Apertur des Auskoppelspiegels herrührende Beugung wird dabei etwa in die

Ebene der Abb. 2.8 abgebildet, so daß sich dort merkliche Verzerrungen zwischen gerechnetem und gemessenem Profil ergeben.

Hier bietet es sich an, nochmals kurz auf die oben diskutierte Fokussierbarkeitskennzahl K* einzugehen und diese am Beispiel der hier berechneten Propagation aus den zugrunde gelegten Moden zu berechnen.

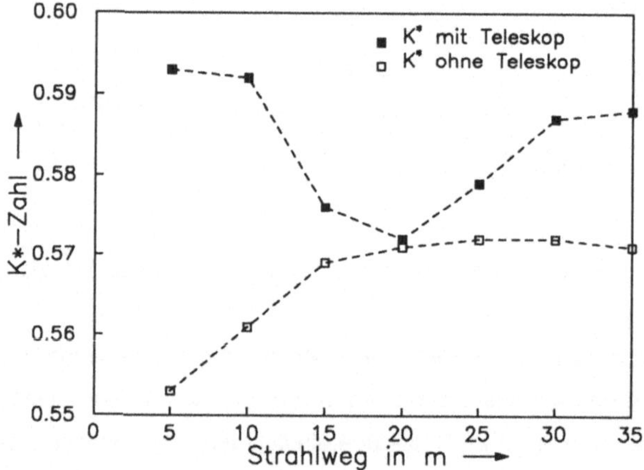

Abb. 2.9 Berechnete Fokussierbarkeitskennzahl K* mit und ohne Teleskop als Funktion des Abstandes vom Laser für das oben diskutierte Beispiel.

Die Abbildung 2.9 zeigt das Ergebnis im Vergleich für die Situation im Freistrahl und mit dem Teleskop. In Übereinstimmung mit dem oben gesagten ist daraus zu entnehmen, daß K* zwar keine Konstante der Propagation ist, aber dennoch hinreichend wenig varriert, um eine Berechtigung als Kennzahl zu haben. Mittels des Teleskops wird also nicht nur erreicht, daß der Strahlradius innerhalb eines Strahlführungssystems nicht zu groß für handelsübliche Spiegel wird (vgl. die Abbildungen 2.4 und 2.5) und damit auch die Fokussierungsparameter (Ausleuchtung der Fokussieroptik) sich nicht mehr als vermeidbar ändern, sondern es kann auch Einfluß auf K* genommen werden.

2.1.3.4 Bedeutung des zweiten Moments

An dieser Stelle soll an Hand des soeben gezeigten Beispiels die Bedeutung des zweiten Moments bzw. des effektiven Strahlradius, illustriert werden. In den Abbildungen 2.4 und 2.5 ist letzterer aus der Überlagerung der Intensitätsverteilungen der Einzelmoden berechnet und als kurzgestrichtelte Linie dargestellt. Diese Werte finden sich in den Abbildungen 2.10 und 2.11 als Rauten markiert wieder.

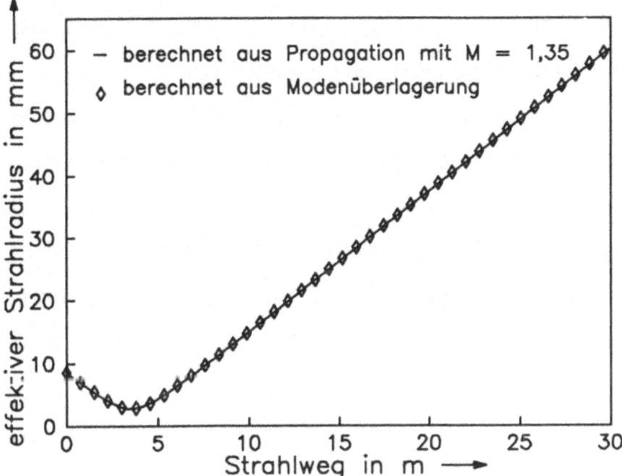

Abb. 2.10 Effektiver Strahlradius, berechnet aus der Modenüberlagerung im Freistrahl nach dem Laser, vgl. Abb. 2.4, und desjenigen, der nach der Beziehung w·M für einen mit M = 1,35 propagierenden "Pseudo-Mode" berechnet wurde.

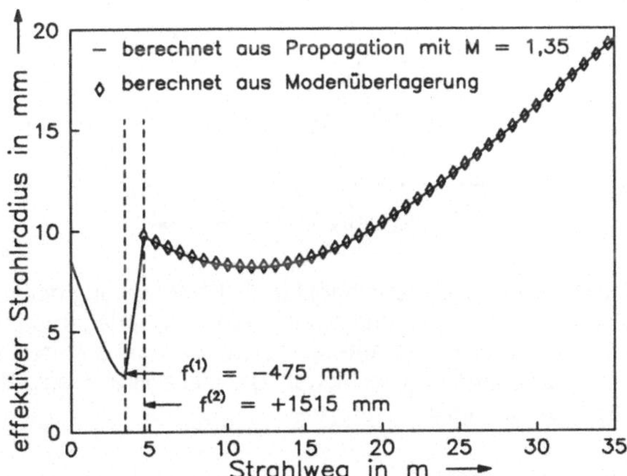

Abb. 2.11 Analog Abb. 2.10, der "Pseudo-Mode" ist gemäß der Linsengleichung durch das Teleskop transformiert worden, während das zweite Moment der Überlagerung aus den unabhängig voneinander durch das Teleskop hindurchgerechneten Moden ermittelt wurde, vgl. Abb. 2.5.

Weiterhin ist in den Abbildungen 2.10 und 2.11 derjenige effektiver Strahlradius als durchgezogene Kurve eingezeichnet, der sich für einen "Pseudo-Mode" mit einem M von 1,35 nach Gl. (2.20) ergibt. Der Wert von M wurde durch Kurvenanpassung an die als Rauten gekennzeichneten Werte der Abb. 2.10 ermittelt. Diese beiden Abbildungen unterstreichen die Relevanz des zweiten Moments (bzw. dessen Wurzel) für die Beschreibung der Laserstrahlpropagation (vgl. auch Tabelle 2.1 sowie die Ausführungen im Anhang). Der durch w·M gegebene "effektive Strahlradius" eines Modengemisches verhält sich bei der Propagation (bei inkohärenter Überlagerung) analog den Hermiteschen bzw. Laguerreschen Moden, wobei sein Wert für M nicht auf einen der oben beschriebenen diskreten Werte beschränkt ist, sondern sich je nach Leistungsverhältnis der beteiligten Moden ergibt. Mit geeigneter Messung des zweiten Momentes besteht also die Möglichkeit, ein Modengemisch adäquat zu beschreiben. Für weitergehende Details sei auf [16] verwiesen.

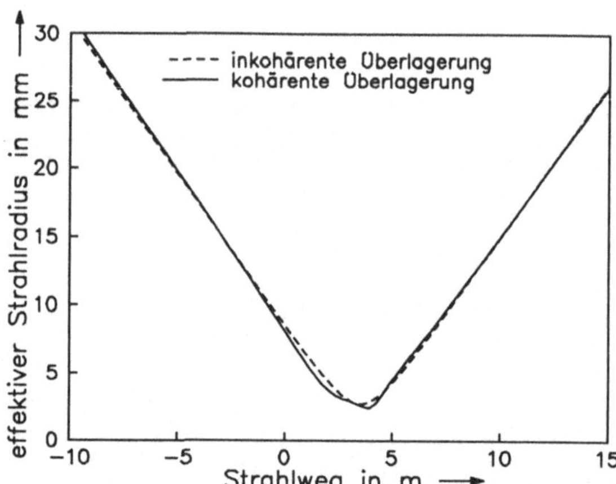

Abb. 2.12 Effektiver Strahlradius, berechnet für die Überlagerung der in Abb. 2.4 gezeigten Moden. Gestrichelte Kurve: inkohärente Überlagerung, identisch mit der entsprechenden Kurve in Abb. 2.4. Durchgezogene Kurve: derselbe Fall bei kohärenter Überlagerung der Moden. Die Stelle Strahlweg gleich Null entspricht der Position des Lasers.

Bei kohärenter Modenüberlagerung treten, bedingt durch Interferenzeffekte, vor allem im Bereich der Strahltaille Verzerrungen des Intensitätsprofils auf, die nicht von w·M wiedergegeben werden, siehe Abbildung 2.12. Man erkennt im Bereich der Strahltaille deutliche Abweichungen zwischen den Fällen der inkohärenten und der kohärenten Überlagerung. Lediglich bei spezieller Wahl der Strahlparameter zeigt die kohärente Überlagerung das Propagationsverhalten eines Modes. Dies konnte auch theoretisch gezeigt werden [15].

2.2 Wechselwirkung des Lichtes mit Materie

Trifft Licht auf Materie, so ändern sich die Bedingungen für die Ausbreitung der Strahlung, da Licht als transversale elektromagnetische Welle mit den elektrischen Ladungen in der Materie in Wechselwirkung tritt. Diese werden zu einer Schwingung mit der Frequenz des einfallenden Lichtes angeregt und je nach Frequenz und Zustand der Materie sind verschiedene Phänomene zu beobachten:

- Reflexion und Transmission sind durch die Fehlanpassung des Wellenwiderstandes an der Grenzfläche zu verstehen, bedingt durch die unterschiedlichen elektronischen Eigenschaften der beteiligten Materialien.
- Absorption von Lichtenergie durch Anregung von Schwingungen des Kristallgitters oder durch elektronische Übergänge.
- Streuung durch die Randbedingungen des Strahlungsfeldes, gegeben durch die Oberflächenbeschaffenheit.

Die folgenden Abschnitte zeigen jeweils einige wichtige Aspekte zu diesen Themenbereichen auf.

2.2.1 Dielektrische Materialien

Der Reflexionsgrad für die Intensität der an der Grenzfläche zweier verlustfreier Materialien mit den Brechungsindizes $n_{1,2}$ reflektierten Strahlung beträgt relativ zur einfallenden Intensität:

$$R_G = \left(\frac{n_2 - n_1}{n_2 + n_1}\right)^2 . \tag{2.28}$$

Die vollständigen Zusammenhänge sind in den Fresnelschen Formeln [9] enthalten. Als Beispiel sei der Fall einer unbeschichteten ZnSe-Oberfläche (n = 2,4028) betrachtet. Diese reflektiert in Luft ($n \approx 1$): $R_G = 17\%$. Zur Berechnung der Gesamtreflektivität R_T einer beidseitig unbeschichteten Komponente muß beachtet werden, daß an der zweiten Oberfläche beim Austritt des Lichtes aus der Komponente ebenfalls eine teilweise Reflexion stattfindet. Man erhält also eine geometrische Reihe für die Intensitäten der auftretenden Vielfachreflexionen. Eine praktische Anwendung dieses Effektes ist z.B. die Auskopplung eines Teils der Strahlung zu Diagnostikzwecken (Strahlprofilbestimmung, Leistungsmessung). Treten keine Verluste durch Absorption oder Streuung auf, so wird alles nicht reflektierte Licht transmittiert.

Die Absorption kann wie folgt verstanden werden: Bei niedrigen Frequenzen werden die transversal-optischen Phononen angeregt, die dem Lichtfeld Energie entziehen und an das Gitter übertragen. Das Licht wird also absorbiert und bewirkt eine Erwärmung. Bei höheren Frequenzen findet eine Wechselwirkung mit den elektronischen Zuständen statt und neben der Absorption tritt auch der für den Laser grundlegende Effekte der stimulierten Emission auf. Die theoretischen Zusammenhänge liegen in der Bandstruktur der Materialien begründet und werden z.B. in [23] behandelt.

2.2.2 Metalle

Anders liegen die Verhältnisse bei metallischen Oberflächen. Bedingt durch die gute Leitfähigkeit der Metalle wird die auftreffende Lichtwelle sehr schnell, d.h. auf Weglängen klein gegen die Wellenlänge des Lichtes, gedämpft. Die Länge, auf der die Amplitude auf 1/e abfällt, wird auch als Eindringtiefe bezeichnet. Mathematisch beschreiben läßt sich dieses Verhalten durch Einführung des komplexen Brechungsindex, wobei der hinzukommende Imaginärteil die Dämpfung beschreibt. Dabei geht man zweckmäßigerweise von der in Gl. (2.2) dargestellten Form der Lichtwelle in komplexer Darstellung aus. Der Materialeinfluß wird dann durch den komplexen Brechungsindex $n^* = n - i \cdot \varkappa$ beschrieben. Während in nicht absorbierenden Materialien n^* rein reell ist und daher nur eine Phasenverschiebung bewirkt, führt $\varkappa \neq 0$ dazu, daß im Exponenten der Gl. (2.2) ein reeller Anteil der Form $e^{-z/d}$ auftritt, der die exponentielle Dämpfung einer Welle beschreibt, die um den Weg z in das Material eingedrungen ist, wobei d die Bedeutung einer Eindringtiefe hat. Die durch das Licht induzierte, erzwungene Schwingung der Elektronen bewirkt, daß die Welle, abgesehen von den durch die endliche Leitfähigkeit des Materials bedingten Verlusten, wieder abgestrahlt wird. Diese Abstrahlung, also Reflexion, ist dabei umso vollständiger, je weniger tief die Welle eindringt, je höher also die Dämpfung ist. Gute elektrische Leiter sind daher auch gute Reflektoren für elektromagnetische Strahlung, woraus sich die Eignung von Kupfer (zweibester elektrischer Leiter unter Normalbedingungen) als Spiegelmaterial erklärt. Diese Aussagen gelten allerdings nur für niedrige Frequenzen, solange die Bandstruktur keine Rolle spielt. Die Strahlung des CO_2-Lasers gilt in diesem Sinne als niederfrequent. Die theoretischen Hintergründe und verschiedenen Modelle hierzu sind in [24] ausführlich dargelegt; Materialdaten sind in [25] zu finden.

2.2.3 Streuung

Die Streuung kommt durch Rauhigkeit der Oberfläche zustande, da diese die Randbedingungen für das elektrische Feld vorgibt. Sie ist im Gegensatz zur Reflexion nicht gerichtet, sondern mehr oder weniger diffus um die Richtung der Reflexion verteilt. In der Praxis stellt die Reflexion den in die gewünschte Richtung reflektierten, nutzbaren Anteil der Strahlung dar, während der gestreute Teil verloren geht. Die Streuung hängt ab von der Oberflächenstruktur und vom Verhältnis der Höhe dieser Struktur (z.B. fertigungsbedingte Riefen eines gedrehten

Metallspiegels) zur Wellenlänge. Je größer die Wellenlänge ist, umso weniger Energie wird gestreut. Die mikroskopischen Korrelationen sind hierbei sehr kompliziert [26].

Die Streuung ist im Zusammenhang mit der Materialbearbeitung in zwei Punkten von Interesse. Zum einen wird Licht, das unter einem sehr kleinen Winkel gegen die ungestörte Ausbreitungsrichtung gestreut wird, durch die Fokussieroptik ebenfalls den Fokusbereich erreichen und kann sich dort durch Interferenzeffekte nachteilig auf die Intensitätsverteilung auswirken. Zum anderen kann die gezielte Streuung in Form des Gittereffektes an periodischen Oberflächenstrukturen dazu benutzt werden, um einen Teil des Laserstrahls zu Diagnostikzwecken auszukoppeln.

Nimmt man Reflexion, Transmission, Absorption und Streuung zusammen, so muß wegen der Energieerhaltung gelten:

$$R_T + T_T + A_T + S_T = 1 \quad , \tag{2.29}$$

wobei der Index T anzeigt, daß jeweils die totalen Werte, bezogen auf die gesamte optische Komponente (und nicht nur auf eine Oberfläche beispielsweise) gemeint sind.

3 Optische Komponenten

In diesem Kapitel werden die Wirkungen optischer Komponenten auf das Licht in Form von Reflexion und Brechung zunächst allgemein beschrieben, um dann einige ausgewählte vorzustellen. Im dritten Teil wird ausführlich auf die Aberrationen eingegangen, die im Zusammenhang mit Hochleistungs-CO_2-Lasern von Relevanz sind und die Korrelation von Strahldurchmesser, Dejustage, Wellenfrontfehler und der daraus resultierenden Verschlechterung der Fokussierbarkeit hergeleitet. Dabei wird auch der Einfluß des Lasermodes, der sich in der in Kapitel 2 diskutierten Strahlqualität ausdrückt, aufgezeigt und für die wichtigsten Moden exemplarisch dargestellt.

3.1 Einfluß optischer Elemente auf den Strahl

Dieser erste Teil wird sich mit einigen generellen Aspekten optischer Komponenten und ihrer verschiedenen Beschreibungsweisen befassen. Die Diskussion von Aberrationen ist speziell auf Laserstrahlen ausgerichtet und wird deshalb im Abschnitt 3.3 gesondert diskutiert.

3.1.1 Brechung und Reflexion

Auf die Phänomene der Brechnung und der Reflexion an der Grenzfläche zwischen zwei Materialien mit unterschiedlichem Brechungsindex, die in den Lehrbüchern erschöpfend beschrieben [14,27] sind, soll hier nicht weiter eingegangen werden. Eine zusammenfassende Darstellung aller wichtigen Aspekte aus dem Bereich der geometrischen Optik findet sich z.B. in [10]. Zur Strahlformung und Abbildung werden insbesondere sphärische Linsen und Spiegel verwendet: unter den Oberflächenformen optischer Elemente nimmt neben der Ebene die Sphäre einen herausragenden Platz ein. Begründet auf ihrer leichten Herstellbarkeit ist sie, insbesondere in Bezug auf ihre Abbildungseigenschaften, schon seit dem letzten Jahrhundert intensiv untersucht worden. Die entsprechenden Zusammenhänge finden sich in den Designhandbüchern für Optiken. Eine mit Beispielen illustrierte Darstellung findet sich z.B. bei [28]. Mit der Verbesserung der Herstellungsmöglichkeiten, werden auch in zunehmendem Maße nicht-sphärische Flächen zur Elimination von optischen Fehlern eingesetzt.

3.1.2 Mathematische Beschreibung

Nachdem im letzten Kapitel im wesentlichen die freie Ausbreitung von Strahlen diskutiert wurde, wird sich dieser Abschnitt mit der Berücksichtigung von optischen Komponenten im Strahlengang befassen. Dabei soll nicht das weite Feld der Abbildungs- und Bildfehlertheorie behandelt werden, sondern vielmehr die zum Verständnis der Rechnungen und Ergebnisse im weiteren Verlauf dieses Kapitels notwendigen Grundgleichungen vorgestellt werden.

3.1.2.1 Matrizenformalismus der geometrischen Optik

Für die Formulierung der Strahlausbreitung im freien Raum und durch optische Komponenten hindurch ist in vielen Fällen der Matrixformalismus, der eine paraxiale Näherung und Beschränkung auf kleine Winkel voraussetzt, das geeignetste Verfahren [29]. Er ist anwendbar im Bereich der geometrischen Optik und auch auf Gaußsche Strahlen erweiterbar. In der geometrischen Optik werden die Strahlen als Vektoren $\underline{r}$ der Form

$$\underline{r} = \begin{pmatrix} r \\ \gamma \end{pmatrix} \tag{3.1}$$

dargestellt. Hierbei ist r der Abstand des Strahls von der optischen Achse im betrachteten Punkt und γ dessen Winkel dazu. Die optischen Elemente werden durch Matrizen $\underline{M}$ der Form

$$\underline{M} = \begin{vmatrix} A & B \\ C & D \end{vmatrix} \tag{3.2}$$

repräsentiert. Die beiden wichtigsten für die freie Propagation über eine Strecke l im Medium mit dem Brechungsindex n ($\underline{M}_P$) sowie für ein fokussierendes Element mit der Brennweite f ($\underline{M}_F$) seien aufgezeigt:

$$\underline{M}_P = \begin{vmatrix} 1 & n \cdot l \\ 0 & 1 \end{vmatrix} \tag{3.3}$$

und

$$\underline{M}_F = \begin{vmatrix} 1 & 0 \\ -\frac{1}{f} & 1 \end{vmatrix} \; . \tag{3.4}$$

Der Vektor $\underline{r}^{(2)}$ nach Durchgang durch ein Element errechnet sich aus dem Vektor $\underline{r}^{(1)}$ vor dem Element zu:

$$\underline{r}^{(2)} = \underline{M}\, \underline{r}^{(1)} \; . \tag{3.5}$$

3.1.2.2 Kirchhoff-Fresnel-Methode

Die beugungstheoretische Beschreibung auf der Grundlage der Wellennatur des Lichtes führt zur Betrachtung der phasenrichtigen Überlagerung der von der Lichtquelle ausgesandten Kugelwellen in der Zielebene. Die Berechnung erfolgt durch numerische Integration und wird hier nicht behandelt.

3.1.2.3 Ray-Tracing-Verfahren

Das Ray-Tracing-Verfahren stellt eine Erweiterung der geometrischen Optik dergestalt dar, daß zwar von der geradlinigen Lichtausbreitung Gebrauch gemacht wird, darüberhinaus aber die Phase am Zielpunkt über den zurückgelegten optischen Weg mit betrachtet wird [30,31]. Dies ermöglicht die phasenrichtige weitere Berechnung im Strahlverlauf. Der Anwendungsbereich erstreckt sich auf Elemente, die dünn gegen ihren Durchmesser sind, so daß die Voraussetzungen für die Anwendbarkeit der geometrischen Optik noch hinreichend erfüllt sind. Eine Übersicht über verschiedene Verfahren gibt [32].

3.1.2.4 Gaußsche Strahlen

Die Beschreibung der Propagation Gaußscher Strahlen im Rahmen des Matrixformalismus ermöglicht eine sehr weitgehende Berücksichtigung strahlbeeinflussender Elemente [12]. Die Transformation eines Strahlzustandes $q^{(1)}$ über eine Matrix in einen Zustand $q^{(2)}$ gestaltet sich folgendermaßen:

$$q^{(2)} = \frac{A \cdot q^{(1)} + B}{C \cdot q^{(1)} + D} \quad . \tag{3.6}$$

Beschränkt man sich auf aberrationsfreie Elemente wie Linsen und dgl. (Erweiterung auf astigmatische Systeme siehe Abschnitt 3.3), so ist auch die Formulierung innerhalb der Darstellung über den Strahlradius w(z), die Phasenfrontkrümmung R(z) und den Phasenterm $\Psi(z)$ möglich. Insbesondere gilt für die Strahlparameter vor (Index (v)) und nach (Index (n)) einem Element der Brennweite f:

$$w^{(n)} = w^{(v)} \quad \text{und} \quad \frac{1}{R^{(n)}} = \frac{1}{R^{(v)}} + \frac{1}{f} \quad . \tag{3.7}$$

Aus der Strahlparameterdarstellung lassen sich darüberhinaus noch eine Reihe weiterer Größen wie z.B. der maximale Abstand der Strahltaille vom letzten optischen Element (der in der geometrischen Optik nicht begrenzt ist), ableiten. Auf der Grundlage dieser beiden Darstellungen (Matrixformalismus oder Strahlparameter) lassen sich die Phänomene bei der Ausbreitung der Lasermoden beschreiben und werden daher im weiteren für die Berechnungen verwendet.

3.1.3 Einfluß von Aperturen

Reale optische Elemente besitzen eine notwendigerweise endliche Apertur. Licht, das außerhalb dieser verläuft, trifft auf die Fassung bzw. auf andere Blenden im Strahlengang. Je nach Größenverhältnis bzgl. des Strahls kann ein solcher Abschneideeffekt entweder vorteilhaft sein, um unerwünschte Anteile aus dem Strahl herauszufiltern oder sich durch Leistungsverlust oder das Entstehen zusätzlicher Beugung nachteilig auswirken. Vom ersten Fall macht man in Form von Raumfiltern Gebrauch, die im Strahl vorhandene Beugungsanteile im Fokus einer Linse herausfiltern. Dies kann anschaulich durch den engen Raumwinkel verstanden werden, durch den nur ein sehr geringer Anteil der (in der Blendenebene nicht fokussierten) Strahlung hindurchtritt oder als Filterung der Fouriertransformierten der Intensitätsverteilung, die im Fokus vorliegt, erfaßt und ausgenutzt werden.

Nachteilige Auswirkungen entstehen, wenn durch die Apertur nicht nur Beugungsanteile, sondern auch Strahlanteile des Mode ausgeblendet werden. Ähnlich der bekannten Beugung an der Lochblende [14], werden dann Leistungsanteile gebeugt. Da die Kohärenz dabei nicht verloren geht, sich aber die Phasenbeziehung wegen der unterschiedlichen Weglängen relativ zum Mode ortsabhängig ändert, kann es zu unerwünschten Interferenzerscheinungen kommen. Insbesondere im Fokus einer Optik ist eine starke Beeinflussung des Intensitätsprofils möglich. Eine eingehende Behandlung der dabei auftretendenden Phänomene findet sich in [33]. Ob eine Blende letztlich eine günstige oder ungünstige Wirkung bzgl. der Materialbearbeitung hat, hängt von ihrer Größe relativ zum Strahldurchmesser und von ihrer Position zwischen Laser, Fokussieroptik und Werkstück und nicht zuletzt auch von der Strahlqualität des verwendeten Lasers ab.

3.2 Optische Elemente

Optische Elemente haben die Aufgabe, das Licht in der gewünschten Weise von der Quelle zum Bestimmungsort zu leiten und es dabei entsprechend den Notwendigkeiten, die sich aus der Anwendung ergeben, umzulenken und zu formen. Von besonderer Bedeutung im Zusammenhang mit Hochleistungslasern sind hierbei an resonatorinternen Komponenten der hochreflektierende End- sowie der teilreflektierende Auskoppelspiegel (bzw. Scraper bei instabilen Resonatoren) zu nennen. An Strahlführungs- und Formungselementen für CO_2-Lasern sind neben dem planen Umlenkspiegel vor allem sphärische und außeraxiale Paraboloidspiegel für Teleskope und Fokussieroptiken sowie Fokussierlinsen wichtig. Darüber hinaus gibt es noch Sonderausführungen wie z.B. Strahlteiler, Optiken zur Erzielung einer möglichst homogenen Intensitätsverteilung (Integratoroptik) oder holographisch-optische Elemente. Für Standardanwendungen gibt die Tabelle 3.1 eine Übersicht über die wichtigsten Aufgabenstellungen und Elemente, die im Zusammenhang mit Hochleistungslasern auftreten bzw. benötigt werden. Tabelle 3.2 enthält eine Auswahl optischer Elemente für spezielle Anwendungen.

Aufgabe	optische Komponente	wichtigste Fehler	
		Art der Aberration	Ursache (typische Werte)
Umlenkung	Planspiegel	-	-
Fokussierung	Sphärische Spiegel, Linsen	sphärische Aberration	Öffnungsfehler: 1:(f/D) > 1:5
	Paraboloid oder aufweitendes Paraboloid mit fokussierender Ellipse, asphärische Linsen	Astigmatismus	Dejustage: $\varphi > 1$ mrad
Strahlformung mit Teleskop	sphärische Spiegel, Linsen	sphärische Aberration	Öffnungsfehler: 1:(f/D) > 1:5
	Paraboloid	Astigmatismus	Dejustage: $\varphi > 1$ mrad

Tab. 3.1 Zusammenstellung optischer Komponenten für Standardanwendungen und ihrer wichtigsten Fehler.

Aufgabe	optische Komponente		wichtigste Fehler		Bemerkungen
	reflektierende Ausführung	transmittierende Ausführung	Art des Fehlers	Ursache	
Strahlteilung	Spiegel mit Lochmatrix oder Gitterstruktur	teilreflektierende Beschichtung, insbesondere für Auskoppelspiegel	ungleichförmige Teilung	Spiegel: Fehler in Lochmatrix bzw. Gitter, transmitt.: inhomogene Beschichtung	Lochspiegel [33], Gitterspiegel [34]
Integration	Segmentspiegel, Polygon, Axicon	Axicon	je nach Komponente	Dejustage	

Tab. 3.2 Zusammenstellung optischer Komponenten für spezielle Anwendungen und ihrer wichtigsten Fehler.

Aus dem oben gesagten kann ersehen werden, daß bei den für Hochleistungslaser wichtigen Komponenten zwei Fehler dominieren: die sphärische Aberration und der Astigmatismus. Die anderen, aus der Bildfehlertheorie [9,27] bekannten Fehler sind teilweise ohne Relevanz.

Dies trifft z.B. für die Bildfeldwölbung zu, da es bei der Fokussierung des Strahls nur um den Fokus selbst, nicht aber um das Bild einer Strahlverteilung geht, sowie die Verzeichnung. Die beiden wichtigsten Fehler werden daher in Abschnitt 3.3 genauer untersucht, und zwar die sphärische Aberration für sphärische Spiegel und Linsen und der Astigmatismus für sphärische und parabolische Spiegel. Der Astigmatismus ist im Zusammenhang mit typischen Anwendungen fokussierender Systeme bei Hochleistungslasern oft der dominierende Fehler, der bei Dejustage der oben angeführten Spiegel den größten Beitrag zum Gesamtfehler darstellt. Es sollen daher dessen Auswirkungen auf die Fokussierbarkeit eingehend eruiert werden, insbesondere auch im Zusammenhang mit Teleskopen, wie sie zur Strahlformung benötigt werden, wenn Strecken von mehreren Metern zu überbrücken sind.

3.2.1 Ideale Form fokussierender Spiegel

Aufgrund elementarer geometrischer Überlegungen kann hergeleitet werden, daß diejenige Fläche, die ein paralleles Strahlenbündel fokussiert, eine Rotationsparabel (Paraboloid) ist. Die zugrunde liegende optische Bedingung dabei ist die Forderung, daß die optischen Wege aller Strahlen von der Einfallsebene E (mit der optischen Achse als Flächennormale) bis zum Fokus F gleichlang sein müssen. Man erhält daraus die Ortskurve der Parabel als Funktion von r zu:

$$S_{Pa}(r) = \frac{r^2}{4\,f} \quad . \tag{3.8}$$

Bei Spiegeln, die in Fokussieroptiken für Laser eingesetzt werden, liegt i.a. nicht ein vollständiges Paraboloid vor, sondern es wird ein Ausschnitt aus dieser Figur gewählt. Der Brennpunkt der Parabel liegt dann außerhalb der optischen Achse des einfallenden Strahls und man bezeichnet den Spiegel als außeraxiales oder off-axis-Paraboloid mit dem nominellen Einfallswinkel Φ. Der Abstand zwischen dem Schnittpunkt P der optischen Achsen mit der Spiegeloberfläche und dem Brennpunkt ist im Sinne der optischen Termini die Schnittweite s und hängt von Φ ab, während die Brennweite f der Parabel (gleich der Schnittweite auf der Rotationsachse) unabhängig davon ist. Die Abbildung 3.1 veranschaulicht die Situation.

Geht die Fokussierung nicht vom Einfall eines parallelen Strahlenbündels aus, so ist nicht das Paraboloid die zugehörige Fläche, sondern die Rotationsfiguren anderer Kegelschnitte. Im einzelnen sind dies: das Ellipsoid zur Abbildung eines reellen Fokus auf einen anderen, das Hyperboloid zur Abbildung eines virtuellen Fokus auf einen reellen. Erstere werden z.B. in Fokussieroptiken mit Zwischenaufweitung verwendet. Dabei wird ein konvexer off-axis-Paraboloid-Spiegel mit einem konkaven Ellipsoid kombiniert [35]. Ziel ist die Erzielung einer größeren Schnittweite (Arbeitsabstand vom Werkstück). Letztere findet in teleskopischen Systemen z.B. zur Beobachtung von Röntgenstrahlen Verwendung [35].

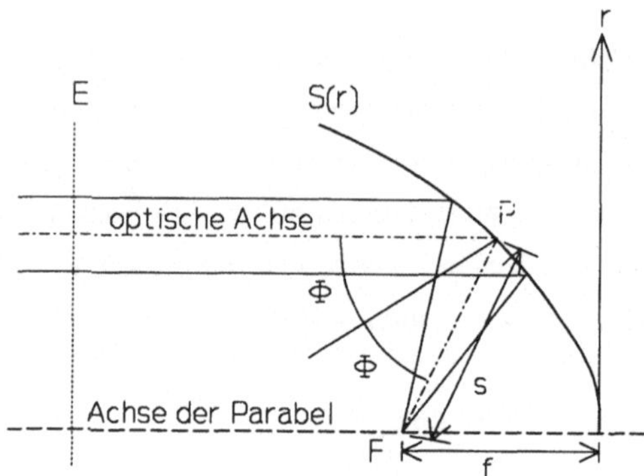

Abb. 3.1 Skizze eines off-axis-Paraboloids mit Einfallswinkel Φ und Schnittweite s als fehlerfrei fokussierendem Element für den Einfall eines parallelen Strahlenbündels. Die Brennweite zur Berechnung der optischen Eigenschaften ist nicht durch die Brennweite f der Parabel sondern durch s gegeben.

3.2.2 Sphärische Spiegel

Im Gegensatz zu parabolischen Spiegeln können sphärische Spiegel wegen des geringeren Arbeitsaufwandes billiger produziert werden. Darüber hinaus haben sie auch den Vorteil, weniger empfindlich gegen Dejustage zu sein, wie im nächsten Abschnitt gezeigt wird. Jedoch weisen sie gegenüber den Paraboloiden einen optischen Fehler auf, nämlich die sphärische Aberration, wie sich durch Entwicklung der Ortskurve der Sphäre nach Potenzen von r zeigt:

$$S_{Sp}(r) = \frac{r^2}{4\,f} + \frac{r^4}{64\,f^3} + \frac{r^6}{512\,f^5} + \dots \quad . \tag{3.9}$$

Man erkennt im ersten, dem quadratischen Term die im vorhergehenden Abschnitt diskutierte Parabel wieder. Der zweite Term, der eine Abhängigkeit mit r^4 aufweist, wird als sphärische Aberration 1. Ordnung bezeichnet und kann direkt in den Wellenfrontfehler des reflektierten Strahls umgerechnet werden. Da diese Abweichung sowohl auf dem Hin- als auch auf dem Rückweg vom Spiegel durchlaufen wird, ist sie mit dem Faktor zwei zu multiplizieren. Da die Koeffizienten der höheren Ordnungen größer Null sind, ist ein sphärischer Spiegel also stärker gekrümmt im Vergleich zum Paraboloid. Die achsfern einfallenden Strahlen schneiden daher bei einem konkaven Spiegel die optische Achse bereits vor dem Brennpunkt, also näher am Spiegel. Gemäß der Vorzeichenkonvention ist diese Verschiebung des Brennpunktes als negativer Wert zu berücksichtigen: der Spiegel weist eine negative sphärische Aberration auf. Ein defokussierender Spiegel besitzt entsprechend eine positive sphärische Aberration. Im Zusammenhang mit der Diskussion teleskopischer Systeme wird dies noch zu beachten sein.

3.2.3 Linsen

Anders als die beiden vorgenannten Elemente sind Linsen transmittierend und daraus folgt ein wesentlicher Unterschied, was deren Gestaltungsmöglichkeiten anbetrifft: sie besitzen nicht nur eine, sondern zwei Oberflächen und außerdem stehen je nach zu benutzender Wellenlänge mehr oder weniger viele Materialien mit unterschiedlichen Brechungsindizes und Dispersionsgraden zur Auswahl. Über Materialien im sichtbaren Spektralbereich informiert [36], für Anwendungen in anderen Wellenlängenbereichen sind die einschlägigen Kataloge der jeweiligen Hersteller bzw. Lieferanten zu Rate zu ziehen.

Die im Zusammenhang mit Linsen wichtigste Formel, die die Abhängigkeit der Brennweite f von den Krümmungsradien $R_{1,2}$ der Oberflächen sowie dem Brechungsindex n für dünne Linsen beschreibt, die vom Medium des Brechungsindex 1 (für Luft in guter Näherung erfüllt) umgeben sind, lautet

$$\frac{1}{f} = (n - 1) \cdot \left(\frac{1}{R_1} - \frac{1}{R_2} \right) . \tag{3.10}$$

Die Möglichkeiten, die Eigenschaften der Linsen bei vorgegebener Brennweite zu beeinflussen, sind also darauf begründet, daß verschiedene Kombinationen (R_1,R_2) zum selben f führen. Welche Auswirkungen dies hat, wird im nächsten Abschnitt bei der Diskussion der sphärischen Aberration behandelt.

3.3 Optische Komponenten für Hochleistungslaser

Bei der Konzipierung bzw. der Auswahl von optischen Komponenten zur Strahlführung und -formung bei Hochleistungslasern sind eine Reihe von Kriterien zu berücksichtigen. Sie sind z.T. erst durch die großen Leistungen, die die Komponenten aushalten müssen, relevant bzw. ergeben sich aus der Situation des praktischen Einsatzes heraus. Die Gewichtung der einzelnen Teilaspekte unterscheidet sich dabei z.T. erheblich vom Gebrauch in anderen Bereichen (z.B. Abbildung mit inkohärentem Licht, Meßaufbauten).

3.3.1 Allgemeine Anforderungen

Zunächst seien die wichtigsten Aspekte aufgezeigt, denen in diesem Zusammenhang Beachtung zu schenken ist.

3.3.1.1 Übersicht

1) Belastung bei Bestrahlung

a) ***Welcher Anteil der Laserstrahlleistung steht nach Durchgang durch die Komponente noch zur Verfügung? Wohin gelangen die gestreuten bzw. unerwünscht reflektierten Anteile?***

Verluste entstehen durch Absorption und Streuung sowie bei transmittierenden Elementen durch mangelnde oder fehlende Entspiegelung. Die auch als Antireflex-Beschichtung der Oberflächen (kurz AR-Schicht) bezeichnete Entspiegelung besteht aus mehreren Lagen zweier Materialien mit unterschiedlichen Brechungsindizes, die durch Aufdampfen aufgebracht werden. Die Dicke der Einzelschichten beträgt jeweils ein Viertel der Wellenlänge. Durch Ausnützung der auftretenden Interferenzeffekte läßt sich die Reflexion der Oberfläche (vgl. Abschnitt 2.2.1) stark vermindern. Die Verluste durch Absorption betragen heute bei transmittierenden Optiken aus ZnSe minimal $A = 0{,}16\%$ (typischer Wert für beidseitig mit reflexmindernder Schicht versehene Komponenten) bei weniger als 0,5% Restreflexion [37,38]. Bei Spiegeln mit möglichst hoher Reflektivität sind heute Beschichtungen auf Si mit Absorptionen von $A = 0{,}22\%$ auf Si-Substrat und $A < 0{,}1\%$ auf Cu-Substrat (typische Werte für $\varphi = 45°$, S-Polarisation) erhältlich [37,39-41]. Für KCl wird noch an reflexionsmindernden Schichten gearbeitet, die auch bei hohen Laserleistungen haltbar sind [42], um so die Reflexionen an der Grenzfläche Luft/Komponente und dadurch die unerwünschten Leistungsverluste und Probleme mit reflektierten Strahlanteilen zu vermeiden.

Das Problem der Streuung an Inhomogenitäten des Materials bzw. Oberflächenstrukturen (Korngrenzen und herstellungsbedingten Riefen) ist im Zusammenhang mit dem CO_2-Laser und seiner verglichen mit sichtbarem Licht sechzehnmal größeren Wellenlänge von untergeordneter Bedeutung. Vielmehr ist es umgekehrt schwierig, nennenswerte Strahlanteile zu Diagnostikzwecken durch eine Gitterstruktur abzubeugen. Diese Untersuchungen sind im übrigen Gegenstand eines Sonderforschungsbereichs [34].

b) ***Wie groß ist die zulässige Belastbarkeit, bei der die Temperatur der Komponente oder die Deformation bzw. Änderung der thermo-optischen Eigenschaften die tolerierbaren Werte erreicht?***

Diese Frage ist einer der zentralen Punkte der vorliegenden Arbeit und wird daher in den Kapiteln 5 und 6 gesondert behandelt.

c) ***Ab welcher Belastung besteht die Gefahr, daß Zerstörung auftritt?***

Hierfür ist zwei Punkten Beachtung zu schenken: Spitzen in der Leistungsverteilung des Lasers (sowohl räumlich als auch zeitlich) sowie lokal erhöhte Absorptionswerte. Diese Untersuchungen sind nicht Gegenstand dieser Arbeit. Sehr umfangreiche Arbeiten auf diesem Gebiet werden jährlich im Rahmen von [43] veröffentlicht.

2) Einfluß der Verschmutzung auf die Eigenschaften

a) ***Wie wirkt sich die im Laufe der Einsatzdauer unvermeidlich zunehmende Verschmutzung aus hinsichtlich der unter 1) a) bis c) angeführten Punkte?***

Bei Verschmutzungen ist zwischen der globalen und der wesentlich kritischeren lokalen zu unterscheiden, da letztere zu punktuell stark erhöhten Absorptionen und damit Temperaturen in der optischen Komponente und damit zu Zerstörung führen kann, obwohl die Gesamtabsorption noch nicht zu hoch ist. Die Entscheidung, was als lokale Verschmutzung zu gelten hat, ist sehr stark abhängig von der Wärmeleitfähigkeit des Materials, da bei großer Wärmeleitfähigkeit (z.B. Cu: $\Lambda = 3{,}98 \cdot 10^2$ W m^{-1} K^{-1}) die Temperatur an der betreffenden Stelle weit weniger stark ansteigt als bei Materialien mit geringer Wärmeleitfähigkeit (z.B. ZnSe: $\Lambda = 1{,}8 \cdot 10^1$ W m^{-1} K^{-1}). Ferner ist zu beachten, ob eine Komponente schon vom Grundmaterial her eine geringe Absorption hat (z.B. Cu-Spiegel), oder ob dies erst durch eine Beschichtung erreicht wird (z.B. auf Si-Substrat). Wird bedingt durch lokale Aufheizung die reflexionserhöhende Schicht verdampft, so steigt im letzteren Fall die Absorption stark an und kann die Komponente zerstören.

b) ***Wie kann einer Verschmutzung vorgebeugt werden?***

Hier stehen vor allem drei Möglichkeiten zur Verfügung. Erstens durch geeignete Gasführung, die z.B. Spritzer, die bei der Materialbearbeitung entstehen, von der Optik fernhält oder in einem Strahlführungssystem eine staubfreie Atmosphäre schafft. Zweitens durch billige und leicht auswechselbare Schutzfenster z.B. aus KCl, die ausgetauscht werden. Drittens durch einen möglichst großen Abstand der optischen Elemente vom zu bearbeitenden Werkstück, was bei gleichbleibenden Fokussierungsbedingungen (Öffnungswinkel) einen proportional mit dem gewünschten Abstand zunehmenden Durchmesser des fokussierenden Elements und ggf. noch eine vorausgehende Aufweitung des Laserstrahls erfordert, wie dies in kommerziellen Systemen bereits verwirklicht ist [35].

c) ***Welche Möglichkeiten bestehen zur Reinigung verschmutzer Optiken?***

Um den Erfolg einer Reinigung zu beurteilen, darf bei Optiken für CO_2-Laser nicht vom visuellen Eindruck ausgegangen werden, sondern es müssen Meßwerte, insbesondere die der Absorption, herangezogen werden. Bei einigen gemessenen Proben [44] zeigte sich, daß die Absorption trotz Verschmutzung nur geringfügig zunimmt. Weitere Untersuchungen dazu sind noch nicht abgeschlossen.

3) Konzeption der Kühlung

Welche Art der Kühlung soll verwandt werden?

Grundsätzlich stehen Konvektion und Wärmeleitung als Alternativen zur Verfügung. Konvektion setzt die Strömung eines Kühlmediums, das gasförmig oder flüssig sein kann, voraus.

Die konvektive Gaskühlung wird insbesondere in zwei Fällen eingesetzt: einerseits bei Linsen, die in Optiken gebraucht werden, die für Schneidanwendungen konzipiert sind. Hierbei steht durch den zum Schneiden notwendigen Druck (typischerweise 0,5 bis 1,5 MPa) ohnehin Gas zur Verfügung. Die Gasführung erfolgt dabei so, daß das Gas dergestalt in den Raum zwischen Linse und Schneiddüse eingeblasen wird, daß die Linse durch gezieltes Anblasen gekühlt wird [45]. Es ist anzumerken, daß jedoch auch die Wärmeleitung von der Linse zur Fassung einen Beitrag leistet. Weiterhin wird von dieser Möglichkeit bei schnellbewegten Spiegeln (Bewegungsfrequenz bis zu einigen kHz) Gebrauch gemacht, weil dann die Spiegel wesentlich leichter ausgeführt werden können und die die Bewegung hemmenden Schläuche entfallen [46].

Bei der Kühlung durch ein flüssiges Medium (im allgemeinen Wasser oder eine Emulsion zur Verhinderung der Korrosion) sind mehrere Varianten gebräuchlich. Neben der echten Konvektionskühlung, bei der die optische Komponente selbst durch- bzw. umströmt wird, findet auch eine Kombination Anwendung, bei der die Komponente über Wärmeleitung ihre thermische Energie an einen vom Kühlwasser durchflossenen, also konvektiv gekühlten, gesonderten Kühlkörper abgibt. Die Realisierung erfolgt als:

- optische Komponente mit integrierten Kühlkanälen (Konvektionskühlung, insbesondere bei Kupferspiegeln),
- Führung des Mediums in einem Kühlkörper, der mit der Rückseite des Spiegels in Wärmekontakt steht (Kühlung des optischen Elements über Wärmeleitung),
- Führung des Mediums in der Halterung von transmittierenden Elementen, wobei das Kühlmedium in einem geschlossenen Halter fließt und die optische Komponente über Wärmeleitung zum Halter gekühlt wird,
- Ausführung mit direktem Kontakt zwischen dem Kühlmedium und dem transmittierenden Element (Konvektionskühlung, im allgemeinen auf der Mantelfläche bei zylindrischen Optiken). Die Dichtung geschieht dabei meist über O-Ringe, die im äußeren Bereich der beiden Oberflächen der Komponente anliegen.

Die Effizienz der Kühlung ist im ersten Fall mit Abstand die größte, da hier der Wärmedurchgang durch das Material zwischen Spiegeloberfläche und Kühlmedium notwendig ist. Im zweiten Fall kommt noch der Wärmeübergang an der Verbindungsstelle zwischen Kühlkörper und Spiegel hinzu. In beiden Fällen wird flächig die gesamte Zone, in der Wärme eingebracht wird, gekühlt und die Wärme muß dabei nur durch die wenige (typischerweise 0,5 bis 5) Millimeter dicke Spiegelplatte geleitet werden.

Bei allen transmittierenden Komponenten, die durch Kontakt auf dem Umfang gekühlt werden, muß die Wärme über eine wesentlich längere Strecke aus dem bestrahlten Bereich in der Mitte der Komponente bis zum Umfang geleitet werden und dies bei generell wesentlich schlechterem Wärmeleitungskoeffizienten als bei Spiegeln. Die auftretenden Temperaturerhöhungen sind daher hierbei durchweg um einen Faktor zehn größer (typischerweise 10 bis 20 K anstelle von 2 bis 5 K bei Spiegeln).

4) Halterung und Einfluß der Befestigung

Wie muß die Halterung der Komponente gestaltet sein, damit diese durch die Befestigung sicher gehalten wird, ohne jedoch verspannt oder deformiert zu werden?

a) Bei Optiken aus sprödem Material (z.B. ZnSe, KCl) ist insbesondere der Frage nach der Verspannung Aufmerksamkeit zu widmen, um eine Zerstörung zu verhindern. Dies kann zum einen durch eine hinreichend gute Formgebung der Halterung erreicht werden, indem diese der Form der Komponente angepaßt ist und keine hervorstehenden Defekte aufweist, die zu Punktbelastungen der Komponente und damit zu derem Versagen durch Bruch führen. Zum anderen ist die Halterung zwischen O-Ringen möglich, deren Elastizität die Komponente vor Beschädigung bewahrt.

b) Bei Optiken aus "weichem" Material (z.B. OFHC-Cu) dagegen besteht die Gefahr der befestigungsbedingten Deformation. Zu deren Vermeidung gibt es zwei Konzepte:

- Montage auf einer steifen Halterung und Endbearbeitung im montierten Zustand, um die bei der Aufnahme auf die Halterung entstehenden Deformationen zu kompensieren. Diese Alternative wird mit Erfolg insbesondere bei Fokussieroptiken eingesetzt, an die außerdem die Forderung nach Austauschbarkeit der Spiegel ohne Nachjustage gestellt wird [35,47]. Eine Weiterentwicklung dieser Konstruktion wird in Abschnitt 3.4.3 vorgestellt.
- Die andere Möglichkeit besteht darin, eine Deformation der Halterung zuzulassen, wie sie z.B. bei Einbringung von Kräften durch Justierelemente geschehen kann. In diesem Fall ist dann der Spiegel so auszuführen, daß sich die Deformation an den Montagepunkten nicht auf die eigentlich relevante Spiegeloberfläche auswirkt. Dies kann durch mechanische "Schwachstellen" geschehen, die sich zwischen dem deformierten und dem nicht deformierten Teil befinden. Diese müssen so dimensioniert sein, daß einerseits die Entkopplung der Deformation und andererseits aber eine feste Verbindung (z.B. um die Dejustage durch die Krafteinleitung von Kühlwasserzuführungen zu verhindern) gewährleistet wird. Ein vollständiges Spiegelkonzept, das Spiegel und Halterungen beinhaltet, wird weiter unten vorgestellt.

5) Anforderungen an die Genauigkeit

a) ***Welche Genauigkeit muß für die optischen Eigenschaften (bei reflektierenden Optiken: die Oberflächenkontur) gefordert werden, um die benötigte Fokussierbarkeit des Laserstrahls garantieren zu können?***

Die Beantwortung dieser Frage hängt nicht nur von der Art Komponente, sondern auch vom Mode und dem Strahldurchmesser des verwendeten Lasers ab. Wegen ihrer herausragenden Bedeutung ist der Beantwortung dieser Frage ein eigener Abschnitt (3.3.2) gewidmet. Im Vorgriff auf die ausführliche Diskussion sei gesagt, daß als Anhaltspunkt eine Genauigkeit von einem Zehntel der Wellenlänge eingehalten werden muß.

b) ***Wie exakt ist die geforderte Oberflächenkontur (Ebene, Sphäre, Paraboloid etc.) zu realisieren?***

Für Metallspiegel, die durch Diamantfräsen bzw. -drehen als ebene, sphärische und asphärische (insbesondere Kegel und Paraboloide) Flächen hergestellt werden können, sind Konturgenauigkeiten von typischerweise 0,1 μm auch bei den schwieriger zu produzierenden Asphären und Rauhigkeiten von ca. 5 bis 30 Nanometern Stand der Technik [48,49].

Die sphärische Aberration kann, wie oben gezeigt wurde, durch Verwendung von Spiegeln mit der Oberflächenform eines Paraboloids vermieden werden. Solche Paraboloide werden seit einigen Jahren zur Fokussierung von Hochleistungslasern angeboten. In der Anfangszeit war die herstellungsbedingte Genauigkeit der Kontur im Bereich mehrerer Mikrometer bzw. die Kontur wurde durch sphärische Zonen angenährt, was die Entstehung mehrerer Foki zur Folge hatte. Mittlerweise sind die Drehmaschinen und Steuerungen jedoch so verbessert worden, daß die o.g. Konturgenauigkeiten serienmäßig erhältlich sind. Der daraus resultierende Wellenfrontfehler liegt in der Größenordnung von 0,02 Wellenlängen für den CO_2-Laser und ist damit ohne Bedeutung, wie unten gezeigt wird. Dennoch sind sphärische Spiegel weit verbreitet, da sie billiger herzustellen und weniger justierempfindlich sind. Paraboloide werden daher meist nur dann eingesetzt, wenn ein großes Öffnungsverhältnis erforderlich ist, um eine möglichst hohe Intensität im Fokus zu erzielen.

Bei transmittierenden Komponenten aus polierbaren Materialien wie z.B. ZnSe sind bedingt durch den Polierprozeß nur ebene und sphärische Oberflächen mit vertretbarem Aufwand zu erzeugen. Die erzielbaren Genauigkeiten der Oberflächenkontur sind vergleichbar mit denjenigen der gefrästen Metallspiegel und die Rauhigkeit ist dabei typ. um einen Faktor vier besser [37,38,50]. Asphärische Linsen, die seit ca. 1988 kommerziell vertrieben werden, müssen gedreht werden. Dadurch entstehen ähnliche Rauhigkeiten wie bei Metallspiegeln; die Vermeidung der sphärischen Aberration erlaubt jedoch Linsen mit einem Öffnungsverhältnis 1:(f/D) von bis zu 1:1 [38]. Als Nachteil dieser Asphären ist eine erhöhte Absorption zu nennen, die eine leistungsabhängige Verschiebung der Brennweite bewirkt [51].

Seit 1991 sind auch die aus dem Bereich des sichtbaren Lichtes (dort in Glas bzw. Kunststoff hergestellt) bekannten Fresnellinsen, die extreme Öffnungsverhältnisse von 1:1 bei guter optischer Qualität erlauben, auch in GaAs erhältlich [38]. Die Funktion basiert auf der Beugung des Lichtes an Zonen unterschiedlicher optischer Dicke. Die Beugungseffizienz hängt dabei empfindlich von der Mikrostruktur ab.

c) ***Welche Anforderungen sind an die Justage zu stellen, um die durch Dejustage bedingten optischen Fehler innerhalb der tolerierbaren Grenzen zu halten?***

Hierbei ist zunächst die Justierempfindlichkeit der Komponente selbst zu betrachten. Im nächsten Abschnitt wird dieser Punkt ausführlicher diskutiert. Darüberhinaus sind zwei Fälle zu unterscheiden: einerseits die vorjustierten Komponenten, die untereinander austauschbar sein müssen wie z.B. Ersatzteile einer Fokussieroptik, wobei es in erster Linie auf die Genauigkeit der Lage der optischen Achse des betreffenden Elements relativ zu dessen Anlagefläche ankommt. Andererseits ist bei den nach dem Einbau noch justierbaren Optiken die Anforderung an die Verstellempfindlichkeit und Stabilität der Einstellung des Justierelementes zu klären. Dies trifft insbesondere auf die resonatorinternen Umlenkspiegel und die eines Strahlführungssystems zu.

6) Aspekte der Beschaffung und Wiederverwendbarkeit

a) ***Zu welchem Preis und mit welchen Lieferzeiten kann die gewünschte Komponente bzw. Ersatz beschafft werden?***

Diese Frage ist eng mit dem Punkt 5) bzgl. der Genauigkeit verknüpft. Generell kann gesagt werden, daß ebene und sphärische Flächen billiger und schneller hergestellt werden können als z.B. parabolische; der Unterschied im Preis liegt erfahrungsgemäß bei einem Faktor drei bis fünf, je nach Fläche und ggfs. zusätzlichen Werkzeugkosten. Bei Metallspiegeln ist i.a. die Wiederaufarbeitung problemlos und hilft so Kosten zu sparen, da der Grundkörper nicht neu angefertigt werden muß. Der Preis der Überarbeitung beträgt je nach Spiegel meist 30 bis 70 Prozent des Neupreises.

b) ***Welche Probleme treten hinsichtlich der Sicherheit und der Entsorgung von optischen Komponenten auf?***

Dieser nicht zu vernachlässigende Punkt ist vorallem bei transmittierenden Komponenten zu beachten, die sich wie im Falle des ZnSe oder GaAs aus Elementen zusammensetzen, die giftige Verbindungen bilden. Bei thermischer Zerstörung durch zu hohe Laserstrahlbelastung bzw. Absorptionserhöhung infolge Verschmutzung werden je nach Umgebungsbedingungen (z.B. Anwesenheit wasserstoffhaltiger Substanzen) teilweise hochtoxische Substanzen wie Selen- bzw. Arsenwasserstoff frei. Darüberhinaus müssen die Komponenten nach Ende ihres Einsatzes (ob zerstört oder nicht) als Sondermüll entsorgt werden.

7) ***Kann ein Hilfslaser für Justierarbeiten benutzt werden?***

Die in der Materialbearbeitung eingesetzten Hochleistungslaser sind praktisch ohne Ausnahme mit Hilfslasern im sichtbaren Spektralbereich ausgerüstet, um die Justage der optischen Elemente zu erleichtern. Dabei handelt es sich bisher meist um He-Ne-Laser und zunehmend auch um Laserdioden. Um diese verwenden zu können, ist es erforderlich, daß deren Strahlung von den optischen Komponenten in möglichst gleicher Weise wie die Wellenlänge des Hauptlasers reflektiert bzw. transmittiert wird. Diese Frage ist insbesondere bei der Beschichtung von Spiegeln bzw. der Materialauswahl transmittierender Elemente zu beachten. Die für CO_2-Laser im niedrigeren Leistungsbereich (bis einige 10 bzw. 100 W) verwendeten Materialien GaAs, Ge und CdTe sind für sichtbares Licht opak, während ZnSe für Wellenlängen größer als ca. 600 nm (d.h. für rotes Licht) transparent ist. Die Transparenz einer Komponente hängt dann allerdings auch noch von der Beschichtung ab, die je nach Design der Schichten zwar für den CO_2-Laser reflexmindernd, für den Justierlaser jedoch reflexerhöhend wirken kann.

Ein weiterer Aspekt ist die Dispersion, die auf Grund der unterschiedlichen Wellenlängen von Justier- und Leistungslaser insbesondere bei Linsen eine Verschiebung der Brennweite bewirkt. Bei der Einrichtung von Linsen ist dies zu beachten: ist beispielsweise die Brennweite einer ZnSe-Linse für $\lambda = 10{,}6\ \mu m$ auf 127 mm ausgelegt, so beträgt dieser Wert für einen He-Ne-Laser 112 mm. Einer Vorjustage mit dem sichtbaren Laser sind daher Grenzen gesetzt.

3.3.1.2 Konstruktive Anforderungen

In Ergänzung zu dem oben gesagten sei noch eingehender auf die Halterung optischer Komponenten eingegangen, da wie bereits erwähnt, diese von erheblichem Einfluß auf die optische Qualität ist, und zwar sowohl im unbelasteten als auch in Verbindung mit dem Kühlkonzept im belasteten Zustand. Zwei Aspekten ist dabei Aufmerksamkeit zu schenken:

- erstens der Vermeidung von Krafteinbringung in die Komponente, die bei weichen Materialien zu Verformungen und bei spröden zum Bruch führen kann und
- zweitens der Stabilität der Justage: zum einen als Langzeitstabilität und zum anderen bei der Bestrahlung der Komponente und den dabei auftretenden Temperaturgradienten.

Hier sei ein am IFSW entwickeltes Konzept für die Formgebung und Halterung von Kupferspiegeln vorgestellt, und zwar im Hinblick auf die mechanische Ausführung [52,53]. Das Verhalten bei Belastung wird im Kapitel über die Messungen diskutiert. Die Abbildungen 3.2

bis 3.4 zeigen den eigentlichen Spiegelkörper, seine Halterung und den Aufnahmering, der gegen einen fest verankerten Block justierbar ist.

Die Entkopplung der Deformation der Spiegeloberfläche (oben) von der Aufspannung geschieht durch die umlaufenden Nute im Bereich der von unten eingesetzten Befestigungsschrauben (Abb. 3.2). Der zylindrische Teil der Halterung (Abb. 3.3) ist als kurzes, dickwandiges und damit verwindungssteifes Rohr ausgeführt, das zusätzlich durch eine umlaufende Nut von den Befestigungspunkten entkoppelt ist. Die Spiegeloberfläche liegt um das Maß ü = 1 mm unterhalb der Oberkante. Der Aufnahmering (Abb. 3.4) wird mit Feingewindeschrauben (Dreipunktauflage) justiert; Schrauben mit Tellerfedern bringen die erforderliche Federkraft auf.

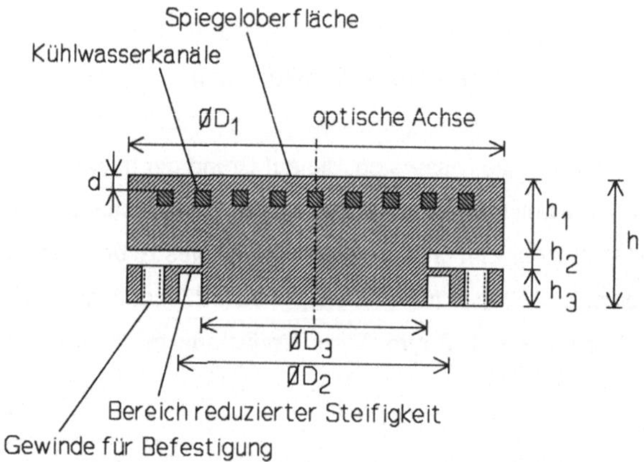

Abb. 3.2 Schnittzeichnung des IFSW-Standardspiegels mit interner Wasserkühlung (Prinzip). Maße für Spiegel zur Umlenkung um 90°: $\varnothing D_1$ = 100 mm, $\varnothing D_2$ = 80 mm, $\varnothing D_3$ = 72 mm, h = 25 mm, h_1 = 16 mm, h_2 = 3 mm, h_3 = 6 mm. Die Zone reduzierter Steifigkeit hat eine Querschnittsfläche von 4 mm · 1 mm. Der Einfluß des Maßes d (Abstand der Kühlkanäle von der Oberfläche) wird noch gesondert diskutiert.

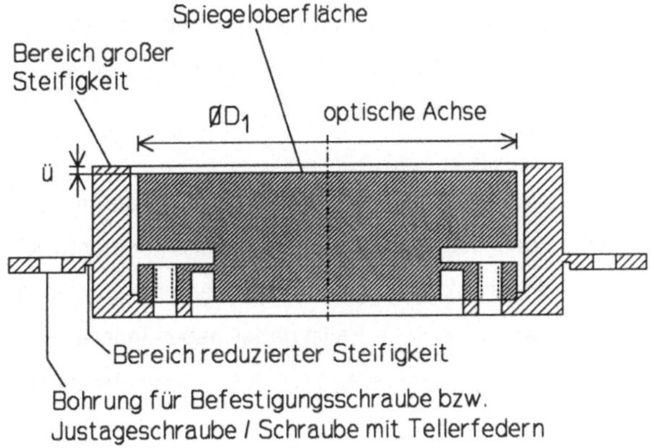

Abb. 3.3 Schnittzeichnung des zum Spiegel (Abb. 3.2) gehörenden Spiegelhalters. Der Spiegel wird von oben eingesetzt und ist in der Zeichnung angedeutet. Der Überstand ü des Halters gegenüber der Spiegeloberfläche erlaubt eine einfachere Handhabung.

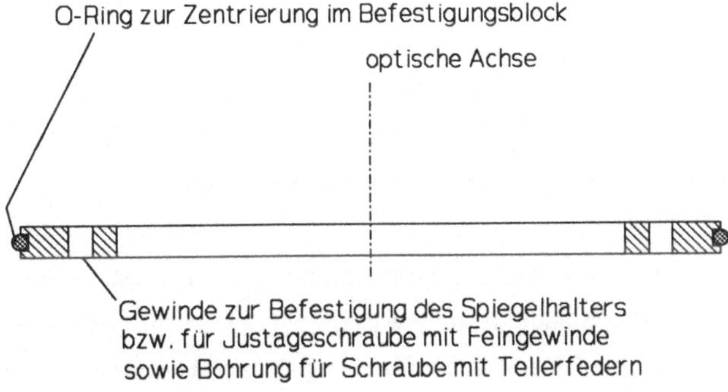

Abb. 3.4 Schnittzeichnung des Aufnahmerings. Der Spiegelhalter wird von oben eingesetzt.

Diese Kombination aus Spiegel und Halterung schließt eine montagebedingte Verformung der Oberfläche auch bei festem Anziehen der Schrauben aus. In der Testphase wurde diese Konstruktion mit Krafteinleitung durch die Justierschrauben weit über die im Betrieb zu erwartenden Werte hinaus verspannt. Dennoch blieben die Deformationen der Oberfläche unter 0,1 µm. Dieser Aspekt ist für die Alltagstauglichkeit von großer Wichtigkeit, da im industriellen Einsatz gleichzeitig gute Langzeitstabilität der Justage und Umempfindlichkeit gegenüber der Handhabung (dem Anziehdrehmoment der Schrauben) unabdingbar ist. Ein Vorschlag zur Weiterentwicklung findet sich im Abschnitt 3.4.3.

Das Verhalten dieser Konstruktion bei Beanspruchungen, wie sie bei der Beschleunigung in bewegten optischen Systemen auftritt, wurde numerisch untersucht [54]. Dabei wurden verschiedene Lastfälle der Krafteinwirkung in einer Finite-Elemente-Analyse simuliert, auf die hier einzugehen jedoch zu umfangreich wäre. Es ist dabei insbesondere zu beachten, daß für optische Komponenten auch schon weit entfernt von ihrer Resonanzfrequenz Verschiebungen und Verformungen auftreten können, die wegen der geforderten hohen Genauigkeit ins Gewicht fallen.

Die Kühlung dieses Spiegels erfolgt durch Kühlkanäle, die sich typischerweise 4 bis 5 mm unter der Oberfläche (Maß d in Abb. 3.2) befinden. Der Einfluß von Druck in den Kühlwasserkanälen auf eine Deformation der Spiegeloberfläche ist in der Standardausführung auch bei einem Druck von 10 bar noch unter der Nachweisgrenze des verwendeten Interferometers. In der Meßanordnung lag diese bei 6 nm. An einer Sonderanfertigung mit nur $d = 1$ mm dickem Deckel auf den Kanälen betrug die Deformation bei 10 bar 0,14 µm. Dies ist tolerierbar, zumal normalerweise der Druck in Kühlwassersystem im allgemeinen wesentlich geringer ist. Wie die im Abschnitt 5.1.5 gezeigte Analyse mit einem Finite-Elemente-Programm ergibt, hat die Ausführung mit der geringen Deckeldicke Vorteile hinsichtlich ihres Verhaltens bei Bestrahlung, weshalb sie für künftige Spiegel vorzuziehen ist.

Um auch eine Vorstellung zu geben, wie ein ungeeignetes Konzept aussieht, sei noch auf eine sehr einfache Art der Spiegelgeometrie eingegangen. Diese besteht darin, eine zylindrische Scheibe, deren eine Deckfläche die Spiegeloberfläche darstellt, mit der zweiten Deckfläche auf einen Grundkörper mit Hohlraum, der das Kühlwasser enthält, aufzulegen (meist mit O-Ring-Dichtung) und von vorne mit einem Überwurfring zu haltern. Die Abbildung 3.5 zeigt schematisch eine derartige Konstruktion. Nachteilig ist hierbei, daß zum einen durch die Verschraubung eine Verformung des Spiegels entsteht (typischerweise einige µm) und zum anderen auch durch geringen Überdruck im Kühlwassersystem eine großflächige Aufwölbung des Spiegels auftritt, die je nach Geometrie mehrere µm beträgt. So wölbt sich z.B. ein Spiegel von 100 mm Durchmesser und 20 mm Dicke, der auf einem O-Ring gelagert ist, um ca. 1 µm pro 1 bar Druck auf. Die experimentellen Befunde sind in guter Übereinstimmung mit der Berechnung auf der Grundlage der Formeln für die Durchbiegung einer Kreisplatte

[55]. Die halterungsbedingte Deformation beträgt auch bei zusätzlich überdrehten Überwurfringen mehrere Mikrometer. Zusammen mit der druckbedingten Deformation ist dies nicht akzeptabel, da die Strahleigenschaften insbesondere bei der Verwendung mehrerer Spiegel verschlechert werden und bei schwankendem Druck die Strahlparameter variieren.

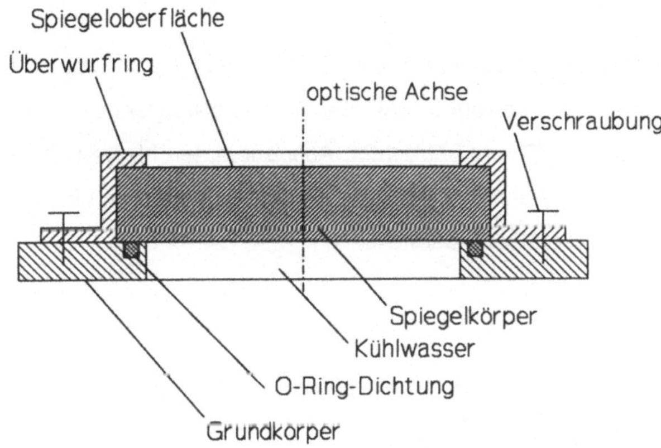

Abb. 3.5 Skizze zur Konstruktion einer Spiegelhalterung mit zylindrischer Scheibe als Spiegel und Halterung mittels Überwurfring.

3.3.2 Aberrationen einzelner Elemente

Nachdem im Abschnitt 3.2 bereits die Aberrationen, die optische Elemente aufweisen, andiskutiert worden sind, sollen diese unter dem Aspekt der Anwendung an Laserstrahlen nun eingehend untersucht werden. Ziel ist, die Zusammenhänge zwischen den dem Benutzer optischer Elemente zugänglichen Werten wie Brennweite, Strahldurchmesser und Einfalls- bzw. Dejustagewinkel und den daraus resultierende Größen wie dem Wellenfrontfehler und letztlich der für die Praxis relevanten Fokusgröße (und der damit zusammenhängenden Intensität im Fokus) herzuleiten. Mit den hierbei gewonnenen Aussagen können dann Einsatzbereich und Anforderungen an die Justiergenauigkeit festgelegt werden.

Soweit nicht explizit auf abweichende Daten hingewiesen wird, liegen den Graphiken und Tabellen im nun folgenden Teil folgende einheitlichen Daten zugrunde, deren Auswahl sich an den praxisrelevanten Daten von Hochleistungs-CO_2-Lasern für die Materialbearbeitung orientiert:

- Wellenlänge λ = 10,6 μm,
- Laser-Moden:
  - Gaußscher Grundmode TEM_{00} (durchgezogene Kurven),
  - Hermite TEM_{01^*}-Mode (gestrichelte Kurven, lange Striche),
  - Laguerre TEM_{10}-Mode (gestrichelte Kurven, kurze Striche),
- effektiver Strahlradius auf dem Spiegel bzw. bei Eintritt in das System: w·M = 15 mm, vgl. auch Abbildung 2.2,
- ebene Phasenfläche bei Einfall auf den Spiegel bzw. bei Eintritt in das System. In der Realität kann der Strahl sowohl divergent als auch konvergent sein. Als Bezugsgröße wird daher der Fall ebener Phase betrachtet. Ausgenommen hiervon ist die Betrachtung des Einflusses des Wellenfrontfehlers auf die Fokussierbarkeit, da ein Wellenfrontfehler eine Verzerrung der Phasenfläche darstellt.

3.3.2.1 Sphärische Aberration

Für einzelne Linsen und Spiegel ist die sphärische Aberration analytisch berechenbar und weist mit ihrer Abhängigkeit vierter Ordnung vom Öffnungsverhältnis die höchste Ordnung der elementaren Fehler auf. Während sich die Betrachtungen in der Literatur auf die Berechnung von Bildfeldern im Falle inkohärenten Lichtes beziehen, sollen hier die bekannten Formeln [9,56] verwendet werden, um die relevanten Größen für Laserstrahlen zu ermitteln. Das Ziel hierbei ist, aus den Daten des einfallenden Strahls und der verwendeten Linse insbesondere den aberrationsbehafteten Strahlradius im Fokus berechnen zu können und umgekehrt den maximal zulässigen Strahlradius auf der Linse anzugeben.

Die sphärische Aberration hängt vom Brechungsindex n, dem Formparameter ξ und dem Abbildungsparameter ζ ab. Seien R_1 und R_2 die Krümmungsradien der Linsenflächen, so gilt:

$$\xi = \frac{R_1 + R_2}{R_1 - R_2} \tag{3.11}$$

und

$$\zeta = \frac{z_B - z_G}{z_B + z_G} \tag{3.12}$$

wobei $z_{B,G}$ im Bereich der geometrischen Optik die Beträge der bild- bzw. gegenstandsseitigen Abstände von der Linse und im Bereich der Laserstrahlung die Krümmungsradien der ein- bzw. auslaufenden Wellenfront sind. Der Koeffizient $K_{sA}(n,\xi,\zeta)$ der sphärischen Aberration kann aus [56] entnommen werden:

$$K_{sA}(n,\xi,\zeta) = \frac{1}{32} \cdot \frac{1}{n(n-1)} \cdot \left(\frac{n+2}{n-1}\xi^2 + 4(n+1)\zeta\xi + (3n+2)(n-1)\zeta^2 + \frac{n^3}{n-1} \right) . \tag{3.13}$$

Für den Skalierungsparameter L_{sA}, der die Berechnung der Bildgröße des aberrationsbehafteten Strahls ermöglicht (siehe Gleichungen (3.18) und (3.19)), gilt in Abhängigkeit vom Durchmesser D und der Brennweite f die Beziehung [56]:

$$L_{sA} = \frac{D^2}{f^3} \cdot K_{sA}(n,\xi,\zeta) . \tag{3.14}$$

Diese Betrachtungen beziehen sich auf die im zweiten Term der Gl. (3.9) enthaltenen Aberrationen. Während in der Optik der inkohärenten, geometrischen Abbildung D die Apertur der Komponente repräsentiert, ist für die Betrachtungen am Laser der durch w·M gegebene effektive Strahldurchmesser einzusetzen.

Die minimale sphärische Aberration für den Einfall einer ebenen Welle (Objekt im unendlichen, also $z_G \rightarrow \infty$)

$$\lim_{z_G \rightarrow \infty} \zeta = -1 , \tag{3.15}$$

wird durch Aufsuchen des Minimums von $K_{sA}(\xi,\zeta = -1)$ ermittelt. Man erhält:

$$\xi(optimal, \zeta = -1) = 2 \cdot \frac{n^2 - 1}{n+2} \tag{3.16}$$

und folglich

$$K_{sA}(minimal, \zeta = -1) = \frac{n(4n-1)}{32(n-1)^2(n+2)} . \tag{3.17}$$

Während für Spiegel der Formparameter mit $\xi = -1$ festliegt, steht bei Linsen ein Freiheitsgrad mehr bei der Optimierung zur Verfügung, da hier zwei Oberflächen beteiligt sind. Durch Anpassung des Formparameters ξ der Linse, der auch anschaulich als Durchbiegung bezeichnet wird, können die optischen Fehler entsprechend den gewünschten Einsatzparametern optimiert werden. Die Tabelle 3.3 zeigt die Koeffizienten einiger wichtiger optischer Elemente für λ = 10,6 µm.

Material	Brechungs-index	Koeffizient K_{sA} für $\zeta = -1$	Form (G: günstigste Form)	
			ξ	Linsenart
KCl	1,45	0,438	+0,639^G	bikonvex bzw. bikonkav (unsymmetrisch)
ZnSe	2,4028	0,0746	+2,168^G	Meniskus
		0,1144	+1	konvex-plan
CdTe	2,674	0,0619	+2,632^G	Meniskus
GaAs	3,275	0,0454	+3,687^G	Meniskus
Ge	4,003	0,0370	+5,006^G	Meniskus
Spiegel	-1	0,03125	-1	-

Tab. 3.3 Koeffizienten der sphärischen Aberration einiger Linsenmaterialien bei $\lambda = 10{,}6$ µm sowie bei Spiegeln.

Bei der sphärischen Aberration ist zwischen der longitudinalen Δz_{sA} und der transversalen Δy_{sA} zu unterscheiden. Δz_{sA} stellt die Differenz zwischen der Brennweite $f_p = f$ im paraxialen Bereich und f_a im außeraxialen Bereich am Rand der Linse dar. Δy_{sA} gibt die Fokusgröße in der Ebene des paraxialen Fokus, nicht aber den Fleckdurchmesser des kleinsten Zerstreuungskreises an. Es gilt für $\Delta z_{sA} \ll f$ und $\Delta y_{sA}/D \ll f/D$:

$$\Delta z_{sA} = -f^2 \cdot L_{sA} = -\frac{D^2}{f} \cdot K_{sA} \tag{3.18}$$

und

$$\Delta y_{sA} = -f \cdot \frac{D}{2} \cdot L_{sA} = -\frac{1}{2} \cdot \frac{D^3}{f^2} \cdot K_{sA} \ . \tag{3.19}$$

Um ein Kriterium für die maximale tolerierbare sphärische Aberration und damit für das größte sinnvolle Öffnungsverhältnis 1:(f/D) zu erhalten, wird daher die Situation im Fokus eines Laserstrahls betrachtet. Mit Hilfe der Abbildung 3.6 ist der Zusammenhang zwischen der longitudinalen sphärischen Aberration und der Zunahme des Fokusradius im Kreis kleinster Zerstreuung wie folgt zu erfassen: drückt man die Differenz Δz_{sA} mit Hilfe des Faktors T_{sA} in Einheiten der Rayleighlänge z_R aus

$$\Delta z_{sA} = f_a - f_p = T_{sA} \cdot z_R \ , \tag{3.20}$$

so folgt mit Gleichung (2.8) für den Kreis der kleinsten Zerstreuung:

$$\frac{w_{sA}}{w_0} = \sqrt{1 + \left(\frac{1}{2} \cdot T_{sA}\right)^2} \ . \tag{3.21}$$

Hierbei ist w_0 der Fokusradius im Falle des ungestörten Strahls. In Gleichung (3.21) wird vorausgesetzt, daß die Fokusradien für paraxiale Brennweite f_p und die außeraxiale (f_a) gleich sind. Dies trifft nur für extrem große sphärische Aberrationen nicht zu, die an dieser Stelle irrelevant sind.

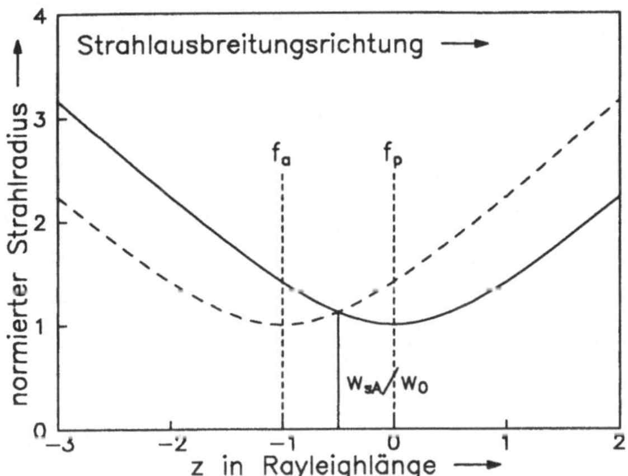

Abb. 3.6 Skizze zu einem Laserfokus mit negativer sphärischer Aberration. Die Ordinate ist auf den aberrationsfreien Fokusradius w_0 normiert. Eingezeichnet sind die Radien eines Strahlenbündels, das mit der paraxialen (nominellen) Brennweite f_p (durchgezogene Kurve) und desjenigen, das mit der extremalen außeraxialen Brennweite f_a fokussiert wurde (gestrichelte Kurve) als Funktion des in Einheiten der Rayleighlänge normierten Ortes. Der Einfluß des Abstandes $f_a - f_p$ (hier willkürlich als $-z_R$ angenommen) wird im Text erläutert. w_{sA} / w_0 gibt die Vergrößerung des Fokusradius gegenüber dem ungestörten Fall an und bezeichnet den Kreis der kleinsten Zerstreuung.

Es handelt sich bei dieser Betrachtung insofern um eine Abschätzung, als die beiden Brennweiten nicht diskret auftreten und jeweils den ganzen Strahl fokussieren, sondern stetig ineinander übergehen mit zunehmender Ausleuchtung der Linse. Eine exakte Rechnung müßte beugungstheoretisch erfolgen, jedoch sind dabei nur marginale Änderungen zu erwarten (siehe auch [56]).

Für den praktischen Gebrauch der Formeln ist es sinnvoll, die Fokusgröße in Abhängigkeit des Durchmessers D des auf die Linse einfallenden Strahls auszudrücken. Ist die Rayleighlänge im Fokus klein gegen die Brennweite (bei Fokussierlinsen üblicherweise immer erfüllt), so kann der Divergenzwinkel Θ aus dem Strahldurchmesser D berechnet werden:

$$\Theta \approx \frac{D}{2 \cdot f} \quad . \tag{3.22}$$

Dabei ist zu beachten, daß sich Θ und D auf den Gaußschen Parameter w (mit D = 2·w), nicht aber auf den für die Praxis relevanten effektiven Strahlradius w·M beziehen (vgl. Tabelle 2.3). Ist der effektive Durchmesser D_{eff} bekannt, so kann dieser durch M dividiert werden, um D zu erhalten. Es läßt sich dann die Rayleighlänge durch D ausdrücken:

$$z_R = \frac{\pi \cdot w_0^2}{\lambda} = \frac{\lambda}{\pi \cdot \Theta^2} \approx \frac{4}{\pi} \cdot \frac{\lambda \cdot f^2}{D^2} \quad . \tag{3.23}$$

Zusammen mit den Gleichungen (3.18) und (3.20) für Δz_{sA} ergibt sich:

$$\mathrm{abs}\left(- \frac{D^2}{f} \cdot K_{sA} \right) = T_{sA} \cdot \frac{4}{\pi} \cdot \lambda \cdot \frac{f^2}{D^2} \quad . \tag{3.24}$$

Für das effektive Öffnungsverhältnis folgt

$$\mathrm{abs}\left(\frac{f}{D} \right) = \sqrt[4]{\frac{\pi \cdot K_{sA}}{4 \cdot \lambda} \cdot \frac{\mathrm{abs}(f)}{T_{sA}}} \tag{3.25}$$

oder

$$T_{sA} = \frac{\pi \cdot K_{sA}}{4 \cdot \lambda} \cdot \frac{D^4}{\mathrm{abs}(f^3)} \quad . \tag{3.26}$$

Somit folgt mit Gleichung (3.21) für den Kreis kleinster Zerstreuung:

$$\frac{w_{sA}}{w_0} = \sqrt{1 + \left(\frac{1}{2} \cdot \frac{\pi \cdot K_{sA}}{4 \cdot \lambda} \cdot \frac{D^4}{f^3} \right)^2} \quad , \tag{3.27}$$

wobei sich w_0 aus den Propagationsgesetzen in Kapitel 2 berechnen läßt, wenn die Daten des auf die Linse einfallenden Strahls bekannt sind.

Die Abbildungen 3.7 und 3.8 zeigen, wie sich im Falle einer Linse bester Form aus ZnSe (vgl. Tabelle 3.3) der Fokusradius als Funktion des Strahldurchmessers des einfallenden Strahls verhält. Diese Abbildungen veranschaulichen zum einen, daß der zulässige Strahldurchmesser auf dem fokussierenden Element, bis zu dem die sphärische Aberration keine Rolle spielt, sowohl von der Brennweite der Optik als auch vom Mode des verwendeten Lasers abhängt. Zum anderen wird bei dieser Darstellung deutlich, daß eine falsch dimensionierte sphärische Linse mit kurzer Brennweite einen größeren Fokusradius aufweisen kann als eine solche mit längerer Brennweite. Ähnliche Darstellungen, die sich z.B. in [38] finden, sind auf die Betrachtung des Gaußschen Grundmode beschränkt.

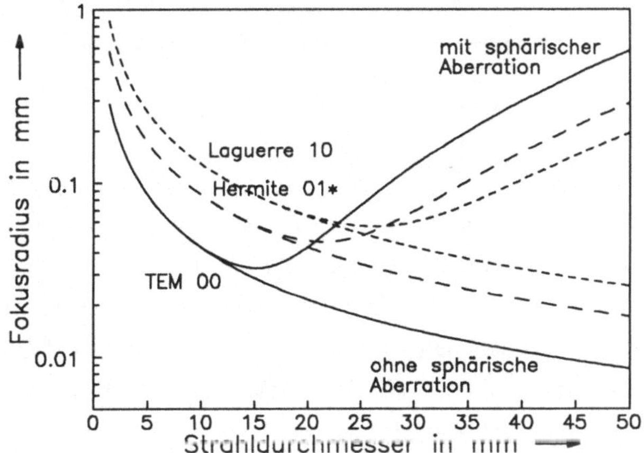

Abb. 3.7 Effektiver Strahlradius im Fokus als Funktion des effektiven Strahldurchmessers für die Brennweite 2,5 inch (63,5 mm) als handelsüblichem Wert. Die monoton fallenden Kurven gelten für eine Optik ohne sphärische Aberration, die ansteigenden Kurventeile beziehen sich auf eine sphärische ZnSe-Linse bester Form (Meniskus).

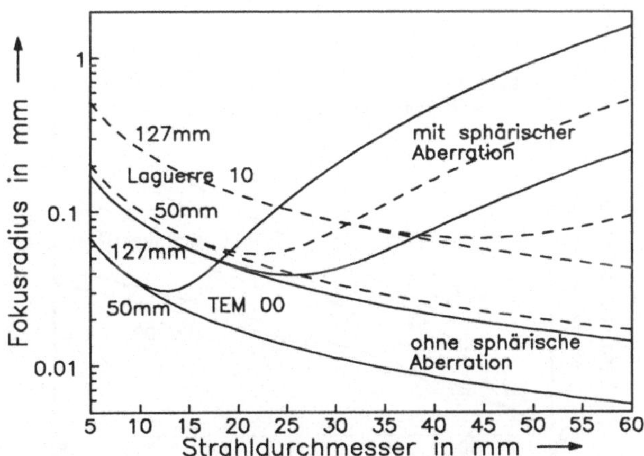

Abb. 3.8 Analog Abb. 3.7, jedoch für zwei andere, ebenfalls gebräuchliche Brennweiten von 50 und 127 mm (2 und 5 inch).

Bei der praktischen Anwendung stellt sich oft die Frage nach dem zulässigen Strahldurchmesser auf dem optischen Element, bei dem die Vergrößerung der Fokusfläche und damit die Abnahme der Intensität den tolerierten Wert nicht überschreitet. Um diesen Wert zu ermitteln, löst man die Gleichung (3.27) nach $D = D(w_{sA}/w_0)$ auf und erhält dann folgenden Zusammenhang zwischen der tolerierten Vergrößerung des Fokus und dem gesuchten Wert D:

$$D = \sqrt[4]{\frac{8 \cdot \lambda}{\pi \cdot K_{sA}} \cdot \mathrm{abs}(f^3) \cdot \sqrt{\left(\frac{w_{sA}}{w_0}\right)^2 - 1}} \quad . \tag{3.28}$$

Wie in den Bemerkungen zur Tabelle 2.3 und zur Gleichung (3.22) erwähnt, erhält man für die höheren Moden den Wert des effektiven Strahldurchmessers durch Multiplikation mit M. Betrachtet man den Wert $w_{sA} / w_0 = (1{,}1)^{1/2}$ als Grenze der tolerierbaren Fokusradiusvergrößerung (die Intensität im Fokus geht dabei um 10% zurück), so ergibt sich, daß der Strahldurchmesser als Funktion der Brennweite die in den Abbildungen 3.9 bzw. 3.10 aufgetragenen maximal zulässigen Werte nicht überschreiten darf.

Die Abbildungen 3.9 und 3.10 können als Hilfe bei der Entscheidung dienen, ob der Strahldurchmesser bei einer gegebenen Brennweite noch sinnvoll fokussiert werden kann oder ob eine längere Brennweite erforderlich ist, um die sphärische Aberration in tolerierbaren Grenzen zu halten bzw. ob der Einsatz einer asphärischen Linse bzw. Spiegel notwendig wird.

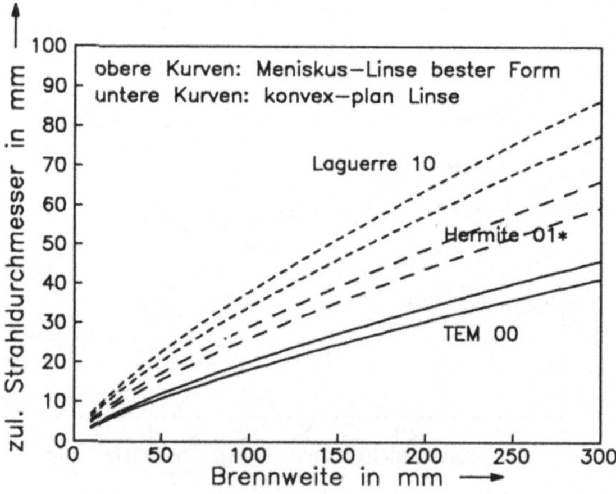

Abb. 3.9 Zulässige effektive Strahldurchmesser als Funktion der Brennweite, wenn die Vergrößerung der Fokusfläche und damit die Abnahme der Intensität nicht mehr als 10% betragen soll.

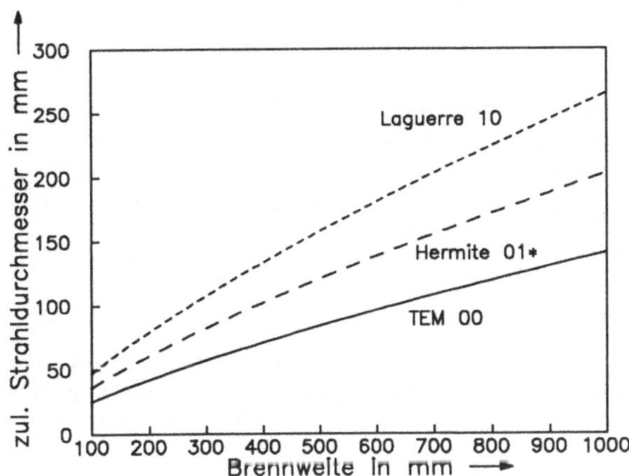

Abb. 3.10 Wie Abbildung 3.9, jedoch für einen sphärischen Spiegel.

Zum Schluß der Betrachtungen zur sphärischen Aberration sei noch die Verbindung zwischen der im Abschnitt 3.2.2 angegebenen Oberflächenkontur der Sphäre, dem sich daraus ergebenden Wellenfrontfehler und der Vergrößerung der Fokusfläche hergestellt. Die Abweichung K der sphärischen Oberfläche S_{Sp} von der aberrationsfrei fokussierenden Parabel S_{Pa} beträgt wie in den Gleichungen (3.8) und (3.9) aufgezeigt:

$$K = S_{Sp} - S_{Pa} = \frac{1}{64} \cdot \frac{r^4}{f^3} + O(r^6) \approx \frac{1}{1024} \cdot \frac{D^4}{f^3} \tag{3.29}$$

mit D = 2·r. Bei Einfall des Lichtes parallel zur optischen Achse wird der Konturfehler jeweils bei Ein- und Ausfall wirksam, so daß der resultierende Wellenfrontfehler Ψ gleich

$$\Psi = 2 \cdot K \approx \frac{1}{512} \cdot \frac{D^4}{f^3} \tag{3.30}$$

ist (für die Herleitung des allgemeinen Zusammenhangs zwischen Ψ und K sei auf das Kapitel vier über die Meßmethoden verwiesen). Zusammen mit der obigen Beziehung zwischen D, f und der Vergrößerung der Fokusfläche $(w_{sA}/w_0)^2$ erhält man

$$\Psi = \frac{1}{64\,\pi} \cdot \frac{\lambda \cdot M^4}{K_{sA}} \cdot \sqrt{\left(\frac{w_{sA}}{w_0}\right)^2 - 1} \quad . \tag{3.31}$$

Im Hinblick auf die Übertragung der hier erzielten Ergebnisse auf die Materialbearbeitung wird in dieser Formel der effektive Strahldurchmesser zugrunde gelegt, woraus sich der Faktor M^4 erklärt. Man erkennt die starke Abhängigkeit der notwendigen Genauigkeit der Wellenfront von der Strahlqualität. Der Wert für K_{sA} ist der Tabelle 3.3 zu entnehmen. Man erhält für Ψ in Einheiten der Wellenlänge die in der Tabelle 3.4 angegebenen Werte, wenn sich die Fokusfläche um 10% vergrößert:

Mode	Grundmode TEM_{00}	Hermite TEM_{01*}	Laguerre TEM_{10}	Laguerre TEM_{20}	Laguerre TEM_{30}
zulässiger Wellenfrontfehler in Einheiten der Wellenlänge	0,0503	0,201	0,453	1,26	2,47

Tab. 3.4 Zulässige Wellenfrontfehler Ψ der sphärischen Aberration eines sphärischen Spiegels in Einheiten der Wellenlänge für verschiedene Moden, wenn die Intensität im Fokus um nicht mehr als 10% absinken soll.

Die Abbildung 3.11 zeigt die Abhängigkeit der Vergrößerung der Fokusfläche von dem durch die sphärische Aberration hervorgerufenen Wellenfrontfehler.

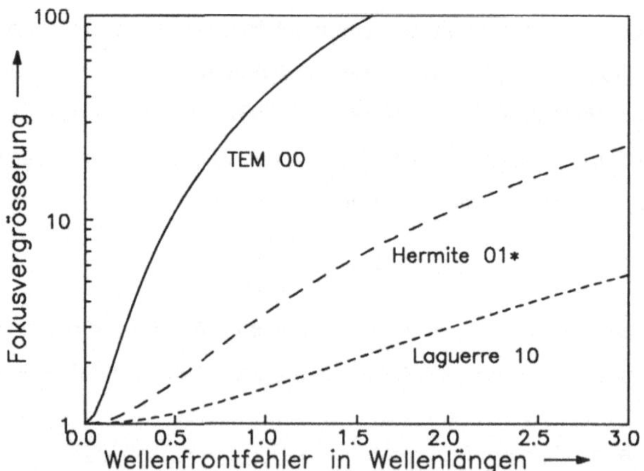

Abb. 3.11 Vergrößerung der Fokusfläche infolge der sphärischen Aberration eines sphärischen Spiegels, repräsentiert durch den Wellenfrontfehler in Einheiten der Wellenlänge. Die Intensität nimmt entsprechend den reziproken Werten ab. Die Werte sind auf die Fokusfläche des jeweiligen Mode im ungestörten Fall normiert.

3.3.2.2 Astigmatismus

Ein weiterer wichtiger Fehler, der einer näheren Betrachtung bedarf, ist der Astigmatismus oder Zylinderfehler. Die Wellenfront weist bei Vorhandensein dieses Fehlers in zwei zu einander orthogonalen Ebenen, die als die sagittale und die tangentiale (oder meridionale) bezeichnet werden, unterschiedliche Krümmungsradien R_S und R_T auf. Die Differenz der Phasenflächen ist von der Form eines Zylinders bzw. im Fokusbereich wegen der dort unterschiedlichen Vorzeichen der Krümmungsradien eine Sattelfläche mit zweizähliger Symmetrie. Die verschiedenen Krümmungen führen dazu, daß die Fokuspositionen für die beiden Ebenen nicht zusammenfallen, sondern sich mit den Brennweiten f_S und f_T getrennte Foki ausbilden. Diese Foki sind linienförmig, da der Strahl in der jeweils anderen Ebene sich noch vor bzw. schon hinter dem Fokus befindet, also eine größere Ausdehnung aufweist. Der Fleck kleinster Zerstreuung liegt zwischen den Foki. Die astigmatische Differenz Δf_A ist definiert durch den Abstand der beiden Foki:

$$\Delta f_A = f_S - f_T \ . \tag{3.32}$$

Astigmatismus tritt bei sphärischen Spiegeln auf, wenn der einfallende Strahl einen Winkel mit der optischen Achse des Spiegels bildet, also nicht durch dessen Krümmungsmittelpunkt verläuft. Die astigmatischen Brennweiten im Falle sphärischer Spiegel finden sich z.B. in [56]. Bezeichnet f die Brennweite des Spiegels und φ den Winkel, um den der Spiegel verkippt ist, so gelten die folgenden Gleichungen:

$$f_S = \frac{f}{\cos\varphi} \quad \text{und} \quad f_T = f \cdot \cos\varphi \ . \tag{3.33}$$

Für kleine Winkel kann der cos in den Formeln für die astigmatischen Foki nach Potenzen von φ entwickelt werden:

$$f_S \approx f \cdot \left(1 + \frac{1}{2}\varphi^2\right) \quad \text{und} \quad f_T \approx f \cdot \left(1 - \frac{1}{2}\varphi^2\right) \ . \tag{3.34}$$

Im Falle eines off-axis-Paraboloids mit dem nominellen Einfallswinkel Φ und der Schnittweite s gilt für die astigmatische Differenz nach [57]:

$$\Delta f_A = 2 \cdot s \cdot \tan\phi \cdot \varphi \ . \tag{3.35}$$

Die Betrachtung der astigmatischen Differenz alleine erlaubt noch keine Aussage über den Grad der Störung, den ein Strahl dadurch erfährt. Erst in Verbindung mit dem Öffnungsverhältnis des Strahls und der Wellenlänge, die im Falle Gaußscher Strahlen eine vollständige Charakterisierung darstellen, können der Wellenfrontfehler und die Zunahme der Strahlfläche im Fokus berechnet werden. Die Fokusvergrößerung ist bezogen auf die Abwesenheit von Astigmatismus. Die Intensität, die bei Astigmatismus am Ort des ungestörten Fokus vorliegt, ist der Reziprokwert der Fokusvergrößerung. Die Abbildung 3.12 illustriert die Situation als Schnittbild in der tangentialen und der sagittalen Ebene.

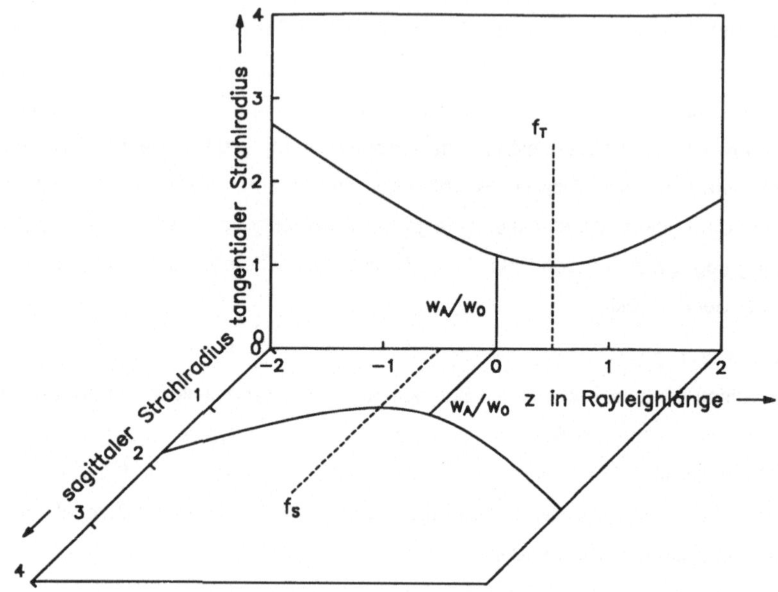

Abb. 3.12 Skizze zu einem astigmatischen Laserfokus. Eingezeichnet sind die Radien der Strahlenbündel in der tangentialen und der sagittalen Ebene, die mit den unterschiedlichen Brennweiten f_T bzw. f_S fokussiert werden. Der Einfluß des Abstandes $\Delta f_A = f_S - f_T$ wird im Text erläutert. w_A / w_0 gibt die Vergrößerung des Fokusradius gegenüber dem ungestörten Fall (gleich Kreis der kleinsten Zerstreuung) an.

Der Zusammenhang zwischen dem Abstand der Foki und der Fokusvergrößerung kann analog wie im Fall der sphärischen Aberration behandelt werden. Aus der selben Argumentation folgen die Bedingungen für die astigmatische Differenz Δf_A mit dem tolerierten Abstand T_A in Einheiten der Rayleighlänge z_R

$$\Delta f_A = T_A \cdot z_R \tag{3.36}$$

und für den Kreis der kleinsten Zerstreuung

$$\frac{w_A}{w_0} = \sqrt{1 + \left(\frac{1}{2} \cdot T_A\right)^2} \quad . \tag{3.37}$$

Hierbei ist w_0 wieder der Fokusradius im Falle des ungestörten Strahls. Hinsichtlich der Voraussetzungen und der Bedeutung von D gilt dasselbe wie bei der Diskussion der sphärischen Aberration. Setzt man die Zusammenhänge für Δf_A ein, so erhält man für eine Sphäre

$$\frac{w_A}{w_0} = \sqrt{1 + \left(\frac{\pi \cdot D^2}{8 \cdot \lambda \cdot f}\right)^2 \cdot \varphi^4} \tag{3.38}$$

oder aufgelöst nach dem Winkel der Dejustage der Sphäre

$$\varphi = \pm \sqrt{\frac{8 \cdot \lambda \cdot \mathrm{abs}(f)}{\pi \cdot D^2} \cdot \sqrt{\left(\frac{w_A}{w_0}\right)^2 - 1}} \; . \tag{3.39}$$

Für ein Paraboloid ergibt sich

$$\frac{w_A}{w_0} = \sqrt{1 + \left(\frac{\tan\phi \cdot \pi \cdot D^2}{4 \cdot \lambda \cdot s}\right)^2 \cdot \varphi^2} \tag{3.40}$$

mit s gemäß Abbildung 3.1 sowie für den Dejustagewinkel des Paraboloids

$$\varphi = \pm \frac{4 \cdot \lambda \cdot s}{\tan\phi \cdot \pi \cdot D^2} \cdot \sqrt{\left(\frac{w_A}{w_0}\right)^2 - 1} \; . \tag{3.41}$$

Als Toleranzgrenze mag man in der Praxis einen Wert von ca. 10% für die Zunahme der Fokusfläche / Abnahme der Intensität ansehen, soweit nicht hochpräzise Verfahren geringere oder unempfindlichere Prozesse größere Toleranzmargen ergeben. Die Tabelle 3.5 gibt die entsprechenden, zulässigen Winkel der Dejustage für einige wichtige Komponenten wieder.

Mode	Grundmode TEM_{00}	Hermite TEM_{01^*}	Laguerre TEM_{10}	Laguerre TEM_{20}	Laguerre TEM_{30}
sphärischer Spiegel	37,7	53,3	65,3	84,3	99,8
off-axis-Paraboloid, Einfallswinkel Φ = 22,5°	1,72	3,43	5,15	8,59	12,0
dto. Φ = 30°	1,23	2,46	3,70	6,16	8,62
dto. Φ = 45°	0,71	1,42	2,13	3,56	4,98

Tab. 3.5 Zulässige Dejustagewinkel in Millirad einiger optischer Elemente, wenn die resultierende Vergrößerung der Fokusfläche nicht mehr als 10% betragen soll. Weitere Daten: effektiver Durchmesser des einfallenden Strahls: $D_{eff} = 2 \cdot w \cdot M$ = 30 mm, Brennweite f des sphärischen Spiegels und Schnittweite s der Paraboloide (vgl. Abschnitt 3.2.1): 150 mm.

Man erkennt beim Vergleich der Gleichungen (3.39) und (3.41), daß für typische Werte von Φ (handelsüblich sind 22,5°, 30° und 45°) tan $\Phi \approx 0{,}5$ ist und somit gilt:

$$\varphi_{Paraboloid} \approx \varphi^2_{Sphäre} \quad . \tag{3.42}$$

Wie aus Tabelle 3.7 hervorgeht, liegen die tolerierbaren Winkel für $\varphi_{Sphäre}$ typischerweise im Bereich zwischen 0,03 und 0,1 mrad. Der Wert für $\varphi_{Paraboloid}$ ist daher entsprechend kleiner.

3.3.2.3 Einfluß des Wellenfrontfehlers auf die Fokussierbarkeit

Bevor im folgenden die Ursachen für die Entstehung von Fehlern der Wellenfront bedingt durch die Dejustage optischer Komponenten diskutiert werden, ist es zweckmäßig, sich mit dem Einfluß eines Wellenfrontfehlers auf die Fokussierbarkeit zu beschäftigen. Exemplarisch wird dies für den Astigmatismus untersucht. Dazu ist zunächst der Zusammenhang zwischen den Krümmungsradien der Wellenfront und dem daraus resultierenden Fehler in der Phase zu ermitteln. Für den maximalen Wellenfrontfehler Ψ in Einheiten der Wellenlänge zwischen zwei Punkten einer sphärischen Wellenfront mit dem Krümmungsradius R gilt innerhalb des effektiven Strahlradius w·M:

$$\Psi = \frac{(w \cdot M)^2}{2 \cdot \lambda} \cdot \frac{1}{R} \quad . \tag{3.43}$$

Im Falle einer astigmatischen Wellenfront mit den Krümmungsradien R_S und R_T gilt für den Fehler Ψ_A der Phasenfront:

$$\begin{aligned} \Psi_A &= \Psi_S - \Psi_T \\ &= \frac{(w \cdot M)^2}{2 \cdot \lambda} \cdot \left(\frac{1}{R_S} - \frac{1}{R_T} \right) \quad . \end{aligned} \tag{3.44}$$

Für einen vorgegebenen Fehler Ψ_A, der zu geringen Änderungen $\Delta R \ll R$ führt mit $R_{S,T} = R \pm \Delta R$, kann ΔR berechnet werden zu

$$\Delta R = \frac{\lambda \cdot R^2}{(w \cdot M)^2} \cdot \Psi_A \quad . \tag{3.45}$$

Die beiden Krümmungsradien bewirken eine unterschiedliche Fokussierung in der sagittalen und tangentialen Ebene, die letztlich in einer Vergrößerung der Fokusfläche am Ort kleinster Zerstreuung resultiert.

Der Zusammenhang zwischen dem Wellenfrontfehler und der Vergrößerung der Fokusfläche ist in der Abbildung 3.13 wiedergegeben. Man erkennt den starken Einfluß der Strahlqualität. Dieser ist in der Wirkung auf die Rayleighlänge begründet, die reziprok zu M ist, wenn gleiche effektive Strahlradien auf auf dem fokussierenden Element vorausgesetzt werden.

Aberrationen, die klein gegen die Rayleighlänge sind, fallen nicht ins Gewicht, da sie durch die Unschärfe des Fokus überdeckt werden. Beim minimal beugungsbegrenzten Gaußschen Grundmode treten sie dagegen deutlich in Erscheinung, wie auch die Tabelle 3.6 verdeutlicht.

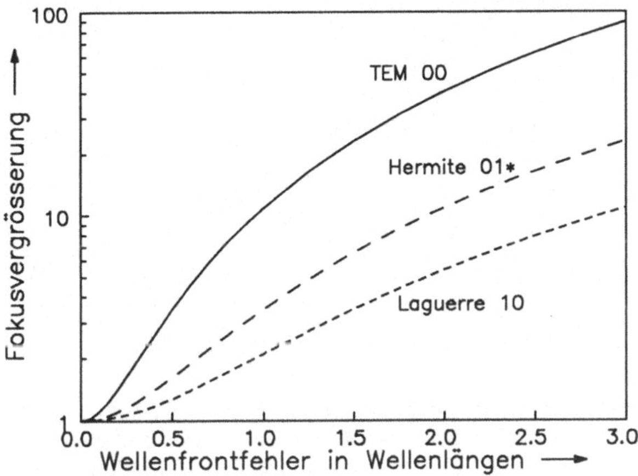

Abb. 3.13 Vergrößerung der Fokusfläche einer aberrationsfreien Optik als Funktion des Astigmatismus im einfallenden Strahl, verursacht durch den Wellenfrontfehler in Einheiten der Wellenlänge. Die Werte sind gleich dem Verhältnis der Intensitäten am Ort des Fokus des ungestörten Falls (unabhängig von der Brennweite). Die Werte sind auf die Fokusfläche des jeweiligen Modes im ungestörten Fall normiert.

Mode	Grundmode TEM_{00}	Hermite TEM_{01^*}	Laguerre TEM_{10}	Laguerre TEM_{20}	Laguerre TEM_{30}
zulässiger Wellenfrontfehler in Einheiten der Wellenlänge	0,101	0,201	0,302	0,504	0,705

Tab. 3.6 Zulässiger Wellenfrontfehler in Einheiten der Wellenlänge für verschiedene Moden, wenn die Vergrößerung der Fokusfläche (gleich der Intensitätsabnahme) nicht mehr als 10% gegenüber dem ungestörten Fall betragen soll.

Die Abbildung 3.14 zeigt die Intensitäten im Fokus als Funktion des Wellenfrontfehlers für die in obiger Tabelle enthaltenen Moden. Aus dieser Graphik läßt sich ablesen, wie ein zunehmend größerer Wellenfrontfehler die bessere Strahlqualtität zunichte macht und sich die Fokussierbarkeit der Moden aneinander angleicht.

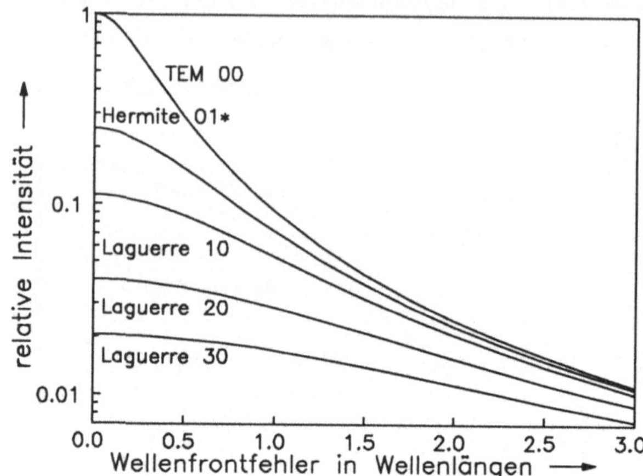

Abb. 3.14 Intensität im Fokus (bezogen auf den effektiven Strahlradius) einer aberrationsfreien Optik als Funktion des Astigmatismus im einfallenden Strahl. Alle Werte sind auf die Intensität des ungestörten TEM_{00}-Mode normiert.

Nachdem die Eigenschaften einzelner optischer Komponenten diskutiert worden sind, wird sich der nun folgende Abschnitt den optischen Systemen, insbesondere den Teleskopen, zuwenden, die zur Veränderung des Strahldurchmessers insbesondere in Strahlführungssystemen eingesetzt werden.

3.3.3 Aberrationen optischer Systeme

Neben den Spiegeln als Einzelelementen (Fokussieroptiken) ist die Kombination von zwei Spiegeln zu einem Teleskop von großer Bedeutung [22], da es dadurch erst möglich wird, den Strahl über größere Strecken (typ. ab fünf bis zehn Meter) zu leiten [58,59], ohne daß der Strahldurchmesser bedingt durch die Divergenz unvertretbar groß wird. Eine praktische Grenze für den Strahldurchmesser von CO_2-Lasern kann bei 100 mm gezogen werden, da dann die notwendigen Spiegel mit Durchmessern von 150 bis 200 mm eine durch Stabilität und Wirtschaftlichkeitsüberlegungen gegebene Grenze erreichen. Für andere Laser wird man je nach Aufwand bei der Herstellung der optischen Elemente andere Grenzen ziehen.

Mittels eines Teleskops zwischen dem Laser und den Bearbeitungsstationen können, wie teilweise in Kapitel 2 bereits erwähnt, mehrere Aufgaben gleichzeitig gelöst werden:

- Begrenzung des Strahldurchmessers, siehe auch Abbildungen 2.4 und 2.5,
- Erzielung eines gewünschten Strahldurchmessers in einem vorgegebenen Abstand,
- Verringerung der Variation der Strahlparameter innerhalb des Verfahrbereichs einer Fokussieroptik, sog. "fliegende Optik" [60], siehe auch Abbildung 2.11,
- in Systemen mit mehreren Lasern: Angleichung der Strahlparameter verschiedener Laser oder verschieden weit entfernt stehender Laser, so daß sich diese an der Bearbeitungsoptik möglichst wenig unterscheiden.

3.3.3.1 Teleskope mit sphärischen Spiegeln

Baut man ein solches Teleskop aus relativ einfach und preiswert herzustellen sphärischen Spiegeln mit Brennweiten $f^{(1,2)}$ auf, so treten wegen der notwendigerweise von Null verschiedenen Einfallswinkel $\varphi^{(1,2)}$ optische Fehler auf, wobei der Astigmatismus der dominierende Fehler ist. Es ist dann die Teleskopgleichung sowohl für die sagittale Ebene ($f_S^{(Tele)}$) als auch für die tangentiale ($f_T^{(Tele)}$) aufzustellen. Um die durch den Astigmatismus hervorgerufenen Fehler zu minimieren, ist zu fordern, daß sich der Strahl in diesen beiden Ebenen zwar innerhalb des Teleskops unvermeidlich unterschiedlich, in dessen Gesamtwirkung aber (zumindest näherungsweise) gleich transformiert. Diese getrennte Betrachtung in zwei zueinander orthogonalen Ebenen ist dann zulässig, wenn die Intensitätsverteilung des Strahls in diesen beiden Ebenen voneinander entkoppelt ist. Dies trifft insbesondere für den Gaußschen Grundmode und bei richtiger Orientierung auch für die Hermiteschen Moden zu.

Im Gegensatz dazu zeigt ein korrekt justiertes Teleskop aus off-axis-Paraboloid-Spiegeln keinen Astigmatismus, so daß sich die folgenden Betrachtungen nur auf sphärische Spiegel beziehen. Jedoch sind parabolische Spiegel, wie oben gezeigt wurde, wesentlich empfindlicher gegen Dejustage. Dieser Punkt wird am Ende dieses Abschnittes diskutiert.

Um die folgenden Berechnungen durch ein Beispiel zu illustrieren, wird ein zweifach aufweitendes Teleskop mit einer Baulänge (Abstand der Spiegel) von l = 500 mm (afokales System) gewählt. Beim Aufbau mit einem konvexen und einem konkaven Spiegel folgt $f^{(1)}$ = –500 mm, $f^{(2)}$ = +1000 mm. Um die Analogie zu den vorigen Betrachtungen an einzelnen Spiegeln weiterzuführen, werden die geometrischen Dimensionen auf der Grundlage der in Abbildung 2.1 gezeigten Strahlverteilungen gewählt. Um die Spiegel im Durchmesser richtig zu bemessen, seien die zugehörigen Strahldurchmesser des 99%-Energieinhalts angegeben: für den TEM_{00}-Mode sind dies 45,4 mm und für den TEM_{10}-Mode 38,7 mm. Als Spiegeldurchmesser werden daher für den ersten Spiegel $D^{(1)}$ = 47 mm und $D^{(2)}$ = 94 mm für den zweiten

Spiegel benötigt. Die minimalen Einfallswinkel, die die Hindernisfreiheit an den Spiegeln berücksichtigen, sind dann jeweils 70 mrad. Die Abbildung 3.15 zeigt schematisch den Aufbau.

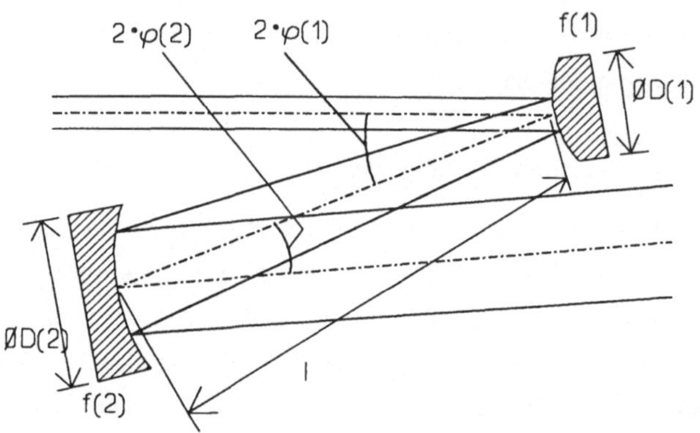

Abb. 3.15 Skizze zum Aufbau eines Teleskops aus zwei sphärischen Spiegel. Der Einfluß der räumlichen Lage der Komponenten und der Einfallswinkel $\varphi^{(1,2)}$ wird im folgenden erläutert.

Die Wirkung des Teleskops auf den Strahlparameter q(z), der den Gaußschen Strahl beschreibt, wird durch durch die sagittale und tangentiale Teleskopmatrizen $\underline{M}_S$ und $\underline{M}_T$ beschrieben. Der Strahlparameter q transformiert sich dann gemäß

$$q_{S,T}^{(n)} = \underline{M}_{S,T}^{(Tele)} \cdot q^{(v)} \quad , \tag{3.46}$$

wobei $\underline{M}_{S,T}$ gegeben ist durch

$$\underline{M}_{S,T}^{(Tele)} = \begin{vmatrix} 1 - \frac{l}{f_{S,T}^{(1)}} & l \\ \frac{-1}{f_{S,T}^{(Tele)}} & 1 - \frac{l}{f_{S,T}^{(2)}} \end{vmatrix} \quad . \tag{3.47}$$

Die Forderung nach der Abwesenheit von Fehlern bedeutet, daß $q_S^{(n)}$ und $q_T^{(n)}$ gleich (oder zumindest näherungsweise gleich) sein müssen. Die Lösung hängt dabei von den konkreten Strahldaten $q^{(v)}$ ab und ist damit einer allgemein gültigen Lösung entzogen.

Für den Einsatz von Teleskopen, der auch kleine Fehler toleriert, kann hingegen folgender Weg beschritten werden: man setze die Matrizen $\underline{M}_S^{(Tele)}$ und $\underline{M}_T^{(Tele)}$ elementweise gleich. Dabei erkennt man, daß für die Elemente $A = 1 - l/f^{(1)}$ und $D = 1 - l/f^{(2)}$ kleine Abweichungen

δ zugelassen werden müssen, da sonst die Spiegel keinerlei Astigmatismus zeigen dürften, was dem oben beschriebenen Aufbaukonzept widerspricht. Man definiert zweckmäßigerweise

$$\mathrm{abs}\left(\frac{A_T - A_S}{\frac{1}{2}\cdot(A_T + A_S)}\right) \leq \delta \quad , \tag{3.48}$$

wobei $A_{S,T}$ die Matrixelemente in den beiden Ebenen seien. Diese und die folgenden Betrachtungen gelten gleichermaßen für A und D, die sich nur im Index der Brennweite unterscheiden. Letzterer wird daher bei den sich nun anschließenden Gleichungen der Übersichtlichkeit halber weggelassen und erst wieder aufgenommen, wenn A und D getrennt zu betrachten sind. Es folgt dann:

$$\mathrm{abs}\left(\frac{l\cdot\left(\frac{1}{f_S} - \frac{1}{f_T}\right)}{\frac{1}{2}\cdot\left(2 - l\cdot\left(\frac{1}{f_T} + \frac{1}{f_S}\right)\right)}\right) \leq \delta \quad . \tag{3.49}$$

Für den praktischen Einsatz ist insbesondere die Verwendung sphärischer Spiegel zu betrachten. Wie bereits gezeigt, können f_S und f_T für kleine Winkel entwickelt werden, so daß gilt

$$f_{S,T} \approx f \pm \Delta f \tag{3.50}$$

mit $\Delta f = f\cdot\varphi^2/2$. Damit ergibt sich

$$\mathrm{abs}\left(\frac{1}{f_S} - \frac{1}{f_T}\right) = \mathrm{abs}\left(\frac{f_T - f_S}{f_S\cdot f_T}\right) \approx 2\cdot\frac{\Delta f}{f^2} \tag{3.51}$$

und

$$\mathrm{abs}\left(\frac{1}{2}\cdot\left(2 - l\cdot\left(\frac{1}{f_T} + \frac{1}{f_S}\right)\right)\right) = \mathrm{abs}\left(1 - \frac{l}{2}\cdot\frac{f_S + f_T}{f_S\cdot f_T}\right) \approx \mathrm{abs}\left(1 - \frac{l}{f}\right) \tag{3.52}$$

also

$$\frac{2\cdot l\cdot\Delta f}{f^2\cdot\mathrm{abs}\left(1 - \frac{l}{f}\right)} \leq \delta \tag{3.53}$$

oder

$$\Delta f \leq \frac{\delta}{2}\cdot\frac{f^2}{l}\cdot\mathrm{abs}\left(1 - \frac{l}{f}\right) = \frac{\delta}{2}\cdot\mathrm{abs}\left(\frac{f}{l}\cdot(f - l)\right) \quad . \tag{3.54}$$

Für die Anwendung in Teleskopen an Hochleistungslasern ist speziell der Bereich $l \approx f^{(1)} + f^{(2)}$ interessant (effektive Brennweite des Teleskops groß gegen die Einzelbrennweiten). In diesem Fall gilt:

$$\Delta f^{(1,2)} \le \frac{\delta}{2} \cdot \text{abs}\left(\frac{f^{(1,2)}}{f^{(1)} + f^{(2)}} \cdot \left(f^{(1,2)} - \left(f^{(1)} + f^{(2)} \right) \right) \right)$$

$$= \frac{\delta}{2} \cdot \text{abs}\left(\frac{f^{(1,2)} \cdot f^{(2,1)}}{f^{(1)} + f^{(2)}} \right) = \frac{\delta}{2} \cdot \text{abs}\left(\frac{f^{(1)} \cdot f^{(2)}}{f^{(1)} + f^{(2)}} \right) \qquad (3.55)$$

und mit der Gleichung für Δf:

$$\text{abs}\left(\varphi^{(1,2)} \right) \le \sqrt{\delta \cdot \text{abs}\left(\frac{f^{(2,1)}}{f^{(1)} + f^{(2)}} \right)} \quad . \qquad (3.56)$$

Für das eingangs diskutierte Teleskop ergeben sich für die Abweichungen der Matrixelemente und die maximal zulässigen Einfallswinkel die in der Tabelle 3.7 aufgeführten Werte.

relative Abweichung zwischen sagittalem und tangentialem Matrixelement	maximal zulässiger Einfallswinkel (Betrag)			
	$\varphi^{(1)}$		$\varphi^{(2)}$	
δ	[mrad]	[°]	[mrad]	[°]
0,1 %	45	2,6	32	1,8
1 %	141	8,1	100	5,7
10 %	447	25,6	316	18,1

Tab. 3.7 Teleskop aus zwei sphärischen Spiegeln mit $f^{(1)} = -500$ mm, $f^{(2)} = +1000$ mm und $l = 500$ mm: Zusammenhang zwischen tolerierter Abweichung δ der Matrixelemente A und D und den daraus berechneten zulässigen maximalen Beträge der Einfallswinkel $\varphi^{(1)}$ und $\varphi^{(2)}$.

Von praktischer Bedeutung sind Winkel im Bereich von 4 bis 8° (70 bis 140 mrad), so daß typische Abweichungen δ etwa 1% betragen. Durch interferometrische Messungen konnte bestätigt werden, daß in diesem Bereich der Restfehler der Wellenfront durch Astigmatismus (einschließlich der anderen Fehler, insbesondere Koma) nicht größer als typischerweise 0,1 bis 0,2 µm sind.

Als letzter Punkt ist das Verhalten des Matrixelementes C zu klären, daß die Gesamtbrennweite $f^{(Tele)}$ des Teleskops repräsentiert. Diese setzt sich aus den Einzelbrennweiten $f^{(1)}$ und $f^{(2)}$ sowie dem Abstand l der Spiegel zusammen [10]:

$$\frac{1}{f^{(Tele)}} = \frac{1}{f^{(1)}} + \frac{1}{f^{(2)}} - \frac{l}{f^{(1)} \cdot f^{(2)}} \quad . \tag{3.57}$$

Aus dieser Bedingung erhält man die Gleichung

$$0 = \left(\frac{1}{f_S^{(1)}} - \frac{1}{f_T^{(1)}} + \frac{1}{f_S^{(2)}} - \frac{1}{f_T^{(2)}} \right) - l \cdot \left(\frac{1}{f_S^{(1)} \cdot f_S^{(2)}} - \frac{1}{f_T^{(1)} \cdot f_T^{(2)}} \right) \quad . \tag{3.58}$$

Die Zusatzbedingung, daß dies für alle Spiegelabstände l gelten soll (damit das Teleskop in seiner (de)fokussierenden Wirkung den Erfordernissen des Strahlführungssystems angepaßt werden kann), erfordert, daß die beiden Terme gleichzeitig Null sein müssen. Faßt man die beiden daraus entstehenden Gleichungen zusammen, so erhält man:

$$f_S^{(1)} - f_T^{(1)} = - \left(f_S^{(2)} - f_T^{(2)} \right) \tag{3.59}$$

oder

$$\Delta f_A^{(1)} = - \Delta f_A^{(2)} \quad . \tag{3.60}$$

Die Indizes S und T setzen hierbei voraus, daß alle Strahlen in einer Ebene verlaufen. Es ist jedoch auch möglich, den vom zweiten Spiegel reflektierten Strahl in einer Ebene laufen zu lassen, die orthogonal zu derjenigen steht, die von ein- und ausfallendem Strahl des ersten Spiegels aufgespannt wird. In diesem Fall sind $f_S^{(2)}$ und $f_T^{(2)}$ gegeneinander auszutauschen. Durch die Wahl geeigneter Einfallswinkel läßt sich also der Astigmatismus in guter Näherung (im Sinne der Betrachtungen der Matrixelemente A und D) für alle Teleskopabstände l eliminieren. Die Abbildung 3.16 veranschaulicht dies. Wie aus dem zuvor gesagten zu erwarten, durchläuft der Betrag des Wellenfrontfehler für die Komponensationsbedingung ein Minimum. Analoge Verfahren sind für Farbstofflaser bekannt, wobei der Astigmatismus eines sphärischen Spiegels durch denjenigen einer Planplatte ausgeglichen wird, die im Bereich divergenten Lichtes steht [61]. Auch dabei wird die zylindrische Deformation der Wellenfront, die die erste Komponente dem Strahl aufprägt, durch die zweite kompensiert.

Für ein Teleskop aus sphärischen Spiegeln kann in der Näherung für kleine Einfallswinkel (Entwicklung der cosinus-Funktion um die Null) die Kompensationsbedingung geschrieben werden als:

$$f^{(1)} \cdot \varphi^{(1)^2} = - f^{(2)} \cdot \varphi^{(2)^2} \quad . \tag{3.61}$$

Die Gleichung ist wegen des Vorzeichens nur für Kombinationen aus einem konkaven (f > 0)

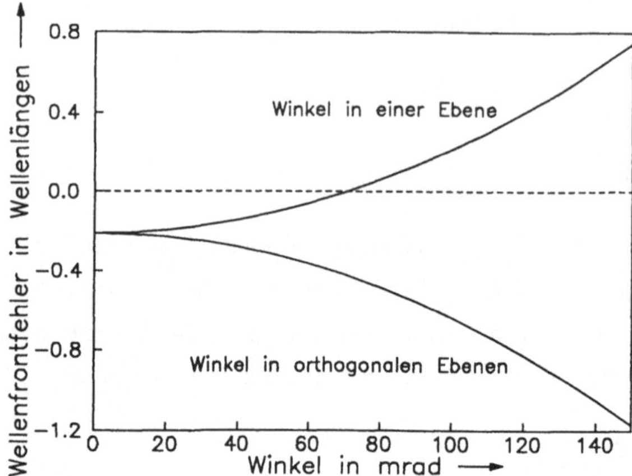

Abb. 3.16 Wellenfrontfehler nach dem zweiten Spiegel für ein Teleskop aus zwei sphärischen Spiegeln ($f^{(1)} = -500$ mm, $f^{(2)} = +1000$ mm, Abstand gleich Summe der Brennweiten: $l = 500$ mm; $\varphi^{(1)} = 100$ mrad) als Funktion des Einfallswinkels $\varphi^{(2)}$ auf dem zweiten Spiegel. Obere Kurve: alle Strahlen verlaufen in einer Ebene, untere: der ausfallende Strahl verläuft in einer Ebene senkrecht zu der, die durch die optischen Achsen des ersten Spiegels aufgespannt wird (nach dem oben gesagten sind Einfallswinkel kleiner als 70 mrad nicht realisierbar, sie sind dennoch mit aufgenommen, um eine bessere Vorstellung von den Zusammenhängen zu vermitteln).

und einem konvexen ($f < 0$) Spiegel erfüllbar. Sind beide Spiegel konkav, so existiert jedoch auch eine Lösung, nämlich dann, wenn durch den oben diskutierten Strahlverlauf in zwei zu einander orthogonalen Ebenen eine Vertauschung des sagittalen und tangentialen Fokus und damit eine Vorzeichenumkehr der astigmatischen Differenz stattfindet. Für diese Konfiguration sind die in der Abbildung 3.16 angegebenen Bezeichnungen der Kurven gegeneinander auszutauschen.

Der Nulldurchgang des Wellenfrontfehlers widerspricht dabei nicht den obigen Ausführungen zum maximal zulässigen Winkel. Die Wellenfront ist zwar frei von Astigmatismus, jedoch ergeben sich durch die unterschiedlichen Lagen der Hauptebenen andere Abbildungsverhältnisse in der tangentialen und der sagittalen Ebene: Zusätzlich zu dem – wie gezeigt kompensierbaren – Astigmatismus entsteht dadurch eine Verformung des Strahls durch die unterschiedlichen Vergrößerungen des Teleskops in den beiden Ebenen. Die Elliptizität ε werde als

$$\varepsilon = \frac{w_T}{w_s} \tag{3.62}$$

definiert. Es folgt dann mit Hilfe des zweiten Strahlensatzes

$$\varepsilon = \frac{f_S^{(1)} \cdot f_T^{(2)}}{f_T^{(1)} \cdot f_S^{(2)}} \tag{3.63}$$

und speziell für Teleskope aus sphärischen Spiegeln (mit Kompensation und $l = f^{(1)} + f^{(2)}$):

$$\varepsilon = 1 + \varphi^{(1)2} \cdot \left(1 - \frac{f^{(1)}}{f^{(2)}}\right) . \tag{3.64}$$

Um die Größenordnung dieses Effektes abschätzen zu können, werde weiterhin das als Beispiel gewählte Teleskop mit einem Einfallswinkel von $\varphi^{(1)}$ = 100 mrad betrachtet. Damit errechnet sich die Elliptizität zu ε = 1,005. Beim Einsatz an Hochleistungslasern ist dies irrelevant, was konsistent ist mit obigen Betrachtungen zu den tolerierbaren Abweichungen δ und den daraus resultierenden maximalen Einfallswinkeln.

Die Abbildung 3.17 betrifft die Justierempfindlichkeit dieses Teleskops. Aufgetragen ist der Wellenfrontfehler als Funktion der Dejustage des in sich justierten Teleskops relativ zum einfallenden Strahl. Man erkennt, daß die Justage eines solchen Teleskops aus sphärischen Spiegeln nicht sehr kritisch ist, was für den praktischen Einsatz vorteilhaft ist.

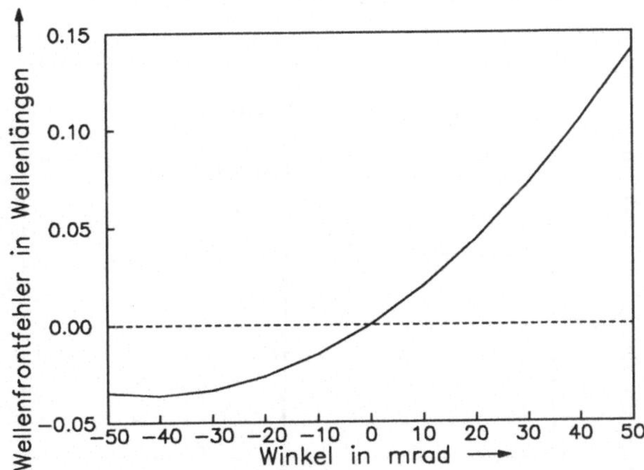

Abb. 3.17 Wellenfrontfehler nach dem zweiten Spiegel für das Teleskop nach Abbildung 3.16, mit optimierten Winkeln $\varphi^{(1)}$ = 100 mrad und $\varphi^{(2)}$ = 71 mrad als Funktion des Winkels der Dejustage relativ zum einfallenden Strahl.

Im Zusammenhang mit der bewußten Strahlformung zur Optimierung von Bearbeitungsprozessen [34,62] und dem Einsatz adaptiver, also in der Brennweite veränderlicher Spiegel, ist auch die Empfindlichkeit eines solchen Systems gegen die Änderung der Brennweite bei konstanten Winkeln und konstantem Abstand zu untersuchen. Im betrachteten Beispiel wird die Brennweite $f^{(2)}$ um den Auslegungswert von +1000 mm variiert. Dieser Betrachtung liegt ein System fest eingebauter Spiegel zugrunde. Es ist natürlich möglich, die Spiegel jeweils entsprechend der sich mit der Brennweite ändernden Kompensationsbedingung nachzujustieren. Dies erhöht jedoch den Regelungsbedarf und die Komplexität (und letztlich die Anfälligkeit und den Preis) des Systems.

Die Abbildung 3.18 zeigt, in welchem Bereich die Lage der Strahltaille variiert werden kann. Deutlich wird der starke Einfluß der Modenordnung auf den maximal erzielbaren Abstand der Strahltaille vom letzten optischen Element, der genau dann realisiert ist, wenn sich das Element im Abstand der Rayleighlänge von der Taille entfernt befindet. Zum Vergleich: in der geometrischen Optik ergibt sich in Abbildung 3.18 eine Polstelle bei $f^{(2)} = +1000$ mm. Aus der Abbildung 3.19 kann die Variationsbreite des Wellenfrontfehlers zu ±0,21 Wellenlängen bei symmetrischer Auslegung der Kompensation abgelesen werden. Für den gesamten Bereich von $f^{(2)}$ ist das mehr als doppelt so viel wie die in Abschnitt 3.3.2 als tolerierbar aufgezeigten Werte. Bei einem eingeschränkten Variationsbereich für $f^{(2)}$ von ±50 mm kann der Fehler jedoch auf weniger als ±0,05 Wellenlängen begrenzt werden.

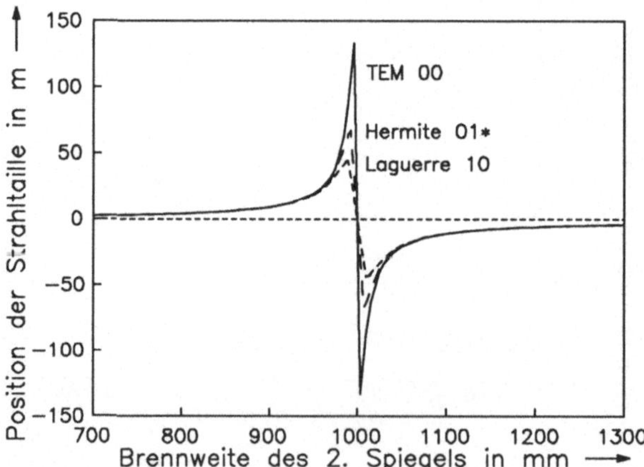

Abb. 3.18 Lage der Strahltaille nach dem zweiten Spiegel für ein Teleskop aus zwei sphärischen Spiegeln mit $f^{(1)} = -500$ mm, Abstand $l = 500$ mm als Funktion der variablen Brennweite $f^{(2)}$ im Bereich +1000 ± 300 mm.

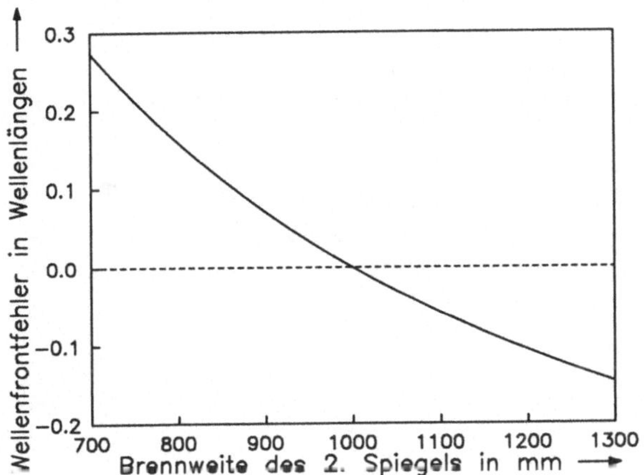

Abb. 3.19 Wellenfrontfehler nach dem zweiten Spiegel für das Teleskop nach Abbildung 3.16 mit Einfallswinkeln $\varphi^{(1)} = 100$ mrad und $\varphi^{(2)} = 71$ mrad.

3.3.3.2 Teleskope mit parabolischen Spiegeln

In Ergänzung zu den Betrachtungen zu Teleskopen aus sphärischen Spiegeln sei nun noch die Justierempfindlichkeit des Aufbaus bei Verwendung parabolischer Spiegel untersucht. Dazu wird von einem Teleskop mit ebenfalls zweifacher Vergrößerung bei gleicher Baulänge ausgegangen.

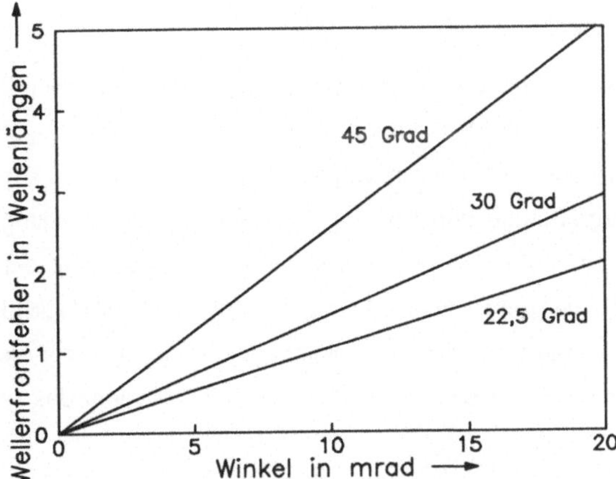

Abb. 3.20 Wellenfrontfehler nach dem zweiten Spiegel für ein Teleskop aus zwei off-axis-Paraboloiden ($f^{(1)} = +167$ mm m, $f^{(2)} = +333$ mm, Abstand gleich Summe der Brennweiten: $l = 500$ mm, $\varphi^{(1)} = 0$ mrad) als Funktion des Dejustagewinkels $\varphi^{(2)}$. nomineller Einfallswinkel der Paraboloide: $\Phi \in \{22{,}5°, 30°, 45°\}$.

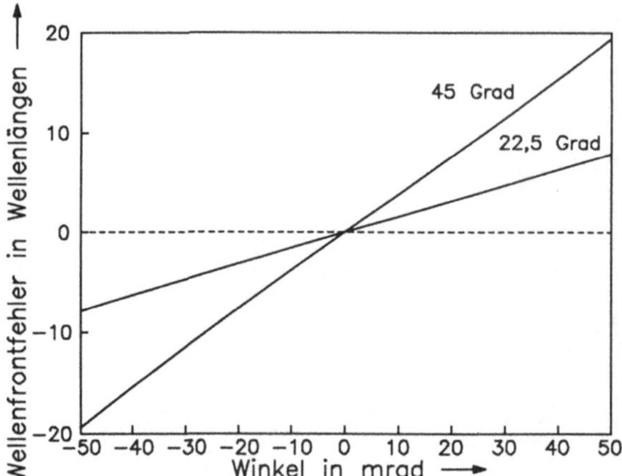

Abb. 3.21 Wellenfrontfehler nach dem zweiten Spiegel für dasselbe Teleskop, jedoch ist dieses jetzt in sich justiert und die Darstellung erfolgt als Funktion des Winkels der Dejustage relativ zum einfallenden Strahl. Nominelle Einfallswinkel der Paraboloide Φ = 22,5° und 45°.

Die Abbildungen 3.20 und 3.21 zeigen den berechneten Wellenfrontfehler Ψ_A des auslaufenden Strahls als Funktion der Dejustage $\varphi^{(2)}$ bzw. der Dejustage des Gesamtsystems. Der Vergleich mit dem entsprechenden Verhalten des Teleskops aus sphärischen Spiegeln (siehe Abbildungen 3.16 und 3.17) zeigt auch hier wieder die höhere Justierempfindlichkeit.

3.3.3.3 Vergleich und Bewertung

Um die Betrachtungen zu den Teleskopen zu vervollständigen, sei noch auf die Einstellmöglichkeiten hinsichtlich des Abstandes der beiden Spiegel eingegangen, der die effektive Brennweite des Teleskops bestimmt. Um vergleichbare Verhältnisse zu haben, werden Systeme mit gleicher Vergrößerung und Baulänge gewählt. In der Abbildung 3.22 werden die effektiven Brennweiten zweier Teleskope (zwei konkave Spiegel bzw. ein konvexer und ein konkaver) miteinander verglichen. Man erkennt, daß die Variationsmöglichkeit des Teleskops aus zwei konkaven Spiegeln (mit Zwischenfokus) einen wesentlich größeren Brennweitenbereich umfaßt. Dies kann z.B. dazu ausgenutzt werden, die Divergenz des ausfallenden Strahls zu beeinflussen.

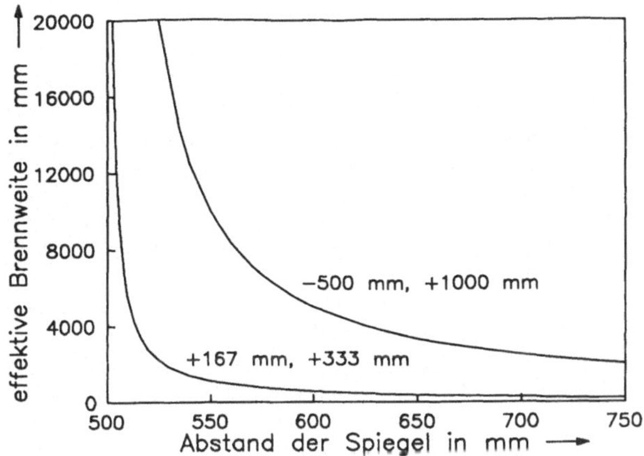

Abb. 3.22 Effektive Brennweiten von Teleskopen mit Spiegelpaarungen konkav / konkav ($f^{(1)}$ = +167 mm, $f^{(2)}$ = +333 mm) und konvex / konkav ($f^{(1)}$ = -500 mm, $f^{(2)}$ = +1000 mm) als Funktion des Abstandes. Afokale Länge beider Systeme ist l = 500 mm, nominelle Vergrößerung ist 2.

Wird ein solcher Aufbau mit sphärischen Spiegeln realisiert, so ist jedoch zu beachten, daß bei dieser Kombination sich die Abweichungen durch sphärische Aberration addieren, so daß zu größeren Einzelbrennweiten (und damit größerer Baulänge) oder parabolischen Spiegeln (und damit justierempfindlicheren) übergegangen werden muß. Demgegenüber bietet die Kombination aus konvexem und konkavem Spiegel den Vorteil, daß deren sphärische Aberrationen unterschiedliche Vorzeichen besitzen, so daß sich in erster Näherung diese Aberration kompensiert. Anhand der Abbildung 3.23 kann dies veranschaulicht werden. Betrachtet man zunächst einen von rechts einfallenden Strahl, der den konvexen sphärischen Spiegel trifft, so bewirkt die sphärische Aberration eine Phasenverzögerung der Randstrahlen, da die Strecke A zusätzlich durchlaufen wird. Erreicht der Strahl anschließend den konkaven Spiegel des Teleskops (Einfall von links), so ist der Weg entsprechend verkürzt. Wegen der unterschiedlichen Strahlradien auf den Spiegeln und der verschiedenen Brennweiten kann die Kompensation nie vollständig erfolgen. In jedem Fall wird aber der Fehler der sphärischen Aberration vermindert. Aus diesem Grund ist also bei Verwendung sphärischer Spiegel die Teleskoppaarung von konvexem und konkavem Spiegel besonders günstig.

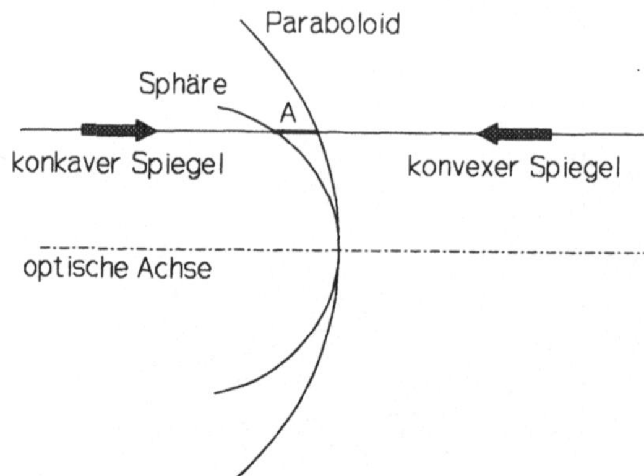

Abb. 3.23 Skizze zur Veranschaulichung der Kompensation der sphärischen Aberration bei Kombination eines konkaven Spiegels (Betrachtung von links) mit einem konvexen Spiegel (Betrachtung von rechts). Eingezeichnet sind die Oberflächen eines Paraboloids und der entsprechenden Sphäre. Der Abstand der beiden in horizontaler Richtung (A) stellt den halben Wellenfrontfehler dar, der die sphärische Aberration bewirkt.

3.4 Justage optischer Elemente

3.4.1 Anforderungen an die Justage

Auf der Grundlage der im vorhergehenden Abschnitt diskutierten Anforderungen an die Justage können folgende Schlüsse gezogen werden:

- Asphärische Fokussierspiegel müssen auf typ. 1 mrad genau justiert werden.
- Teleskope aus sphärischen Spiegeln tolerieren Abweichungen bis zu 20 mrad.

Aus ergänzenden geometrischen Betrachtungen folgt für plane Umlenkspiegel: Soll die Ablage des Strahls über eine Strecke l nicht größer als Δy aus der Sollage sein, so darf die Gesamtabweichung für den Einfallswinkel in diesem Bereich höchstens

$$\varphi = \frac{1}{2} \cdot \frac{\Delta y}{l} \tag{3.65}$$

betragen. Sind mehrere Spiegel beteiligt, so muß die Justiergenauigkeit und -stabilität näherungsweise durch die Anzahl der Spiegel geteilt werden, um auch im ungünstigsten Fall noch die geforderte Spezifikation einzuhalten. So ergibt sich zum Beispiel für l = 20 m, Δy = 1 mm und 4 Spiegel:

$$\varphi = \frac{1}{4} \cdot \frac{1}{2} \cdot \frac{1\,\text{mm}}{20\,\text{m}} = 6{,}3\,\mu\text{rad} \quad . \tag{3.66}$$

Besonders kritisch ist die Situation an bewegten Spiegeln der sog. Strahlweichen. Hier kommt nur eine Lösung in Frage, die unabhängig von der Anhalteposition die geforderte Genauigkeit erzielt, da das Fahren gegen einen Anschlag Erschütterungen bewirkt und damit die Justage in Frage stellt [58]. Dies wird mit zwei Maßnahmen erreicht. Zum einen wird dies dadurch realisiert, daß die Richtung der Verschiebung parallel zur Spiegelebene liegt und zum anderen sorgt eine präzise Linearführung für die Einhaltung der geforderten Reproduzierbarkeit der Justage.

Abgesehen vom bereits diskutierten Astigmatismus bewirkt ein Winkelfehler φ beim Einfall auf eine Fokussieroptik (Brennweite f) eine seitliche Fokusverschiebung Δx von

$$\Delta x = f \cdot \varphi \quad . \tag{3.67}$$

Um den zulässigen Winkel φ bei für den CO_2-Laser typischen Daten abzuschätzen, sei ein Beispiel mit f = 150 mm und einer Ablage von nicht mehr als 5% vom Durchmesser eines Fokus mit D = 150 μm (typischer Wert) betrachtet. Aus Gleichung (3.67) ergibt sich ein Wert von 50 μrad.

3.4.2 Möglichkeiten der Justage

Begrenzt wird die Genauigkeit der Justage mittels eines Justierlasers durch folgende Aspekte:

- die Dispersion transmittierender Optiken, die insbesondere bei Linsen, die außerhalb der optischen Achse getroffen werden und bei Keilplatten zu einem anderen Ablenkwinkel des Justierstrahls als für den Leistungsstrahl führt und
- die Beugung an herstellungsbedingten Riefen bei Metallspiegeln, die für die längere Wellenlänge des CO_2-Lasers von untergeordneter Bedeutung ist, die sich beim Justierlaser wegen dessen kürzer Wellenlänge jedoch störend bemerkbar macht. Diese erschwert die Entscheidung, ob der Strahl zentrisch liegt oder ob der Astigmatismus einer Fokussieroptik durch die Elimination der Elliptizität der Strahlquerschnitte behoben wurde.

Der letzte Punkt sei anhand eines Beispiels für ein off-axis-Paraboloid aufgezeigt: Aufgabe ist, einen solchen Spiegel mit Hilfe eines Justierlasers auf Astigmatismusfreiheit zu justieren, d.h. die Elliptizität des Strahls vor und nach der Fokusebene zu minimieren und daraus dann auf die verbleibende Intensitätsabnahme im Fokus des Leistungslasers zu schließen. Ausgehend von den im Abschnitt 3.3.2.2 diskutierten Formeln folgt für die Elliptizität ε des Strahls in den beiden astigmatischen Foki:

$$\varepsilon = \sqrt{1 + T_A^2} \tag{3.68}$$

bzw. der Kehrwert davon. Da die beiden Lösungen gleichwertig sind, sei nur diejenige mit $\varepsilon > 1$ betrachtet. Wird ε mit dem Justierlaser (Index J) bestimmt und daraus die Intensitätsabnahme $(w_A/w_0)^2$ im Fokus des Leistungslasers (Index L) berechnet, so folgt:

$$\left(\frac{w_A}{w_0}\right)_L^2 = 1 + \left(\frac{1}{2} \cdot \frac{\lambda_J}{\lambda_L} \cdot \frac{D_{L,effektiv}^2}{D_{J,effektiv}^2} \cdot \frac{M_J^2}{M_L^2}\right)^2 \cdot \left(\varepsilon_J^2 - 1\right) \ . \tag{3.69}$$

Für typ. Werte (λ_J = 632,8 nm, M_J = 1, λ_L = 10,6 μm, M_L = 1,41, $D_{L,effektiv}$ = 30 mm, $D_{J,effektiv}$ = 5 mm) und einer Elliptiztät von ε_J = 1,5 als Kriterium für die Justage folgt, daß die Intensität im Fokus auf 73% absinkt. Verwendet man einen Justierlaser mit $D_{J,effektiv}$ = 15 mm auf der Optik, so verbessert sich dieser Wert auf 99,6% und ist damit für die Materialbearbeitung akzeptabel. Vergleichswerte für ε_J = 3, d.h. Störungen des Justierlasers durch Beugung an Umlenkspiegeln vor der Optik erschweren die Justage ergeben eine Abnahme auf 30% ($D_{J,effektiv}$ = 5 mm) bzw. 97% ($D_{J,effektiv}$ = 15 mm). In diesem Fall ist also die Verwendung eines aufgeweiteten Justierlaserstrahls mit $D_{J,effektiv} \approx D_{L,effektiv}$ unumgänglich.

Es sei vermerkt, daß alle diese Betrachtungen voraussetzen, daß Justier- und Leistungsstrahl hinreichend kollinear sind, was in der Praxis heißt, daß der Winkel zwischen den beiden nicht größer als ca. ein zehntel der geforderten Winkelgenauigkeit (also typ. 0,1 mrad) und die Ablage nicht mehr als 1 bis 2% der verwendeten Aperturen (also typ. 0,5 bis 1 mm) beträgt.

3.4.3 Konzepte für vorjustierte optische Komponenten

Ein industriell genutztes System kann sich letztlich nur dann am Markt durchsetzen, wenn der Austausch von Verschleißteilen ohne lange Ausfallzeiten bewerkstelligt werden kann. Im Laserresonator und im Strahlführungssystem sind die optischen Komponenten diese Verschleißteile und der Zeitaufwand kommt neben dem Aus- und Einbau durch die Nachjustage des Systems zustande, die umso zeitaufwendiger ist, je näher sich die ausgetauschte Komponente an der Strahlquelle befindet. Ein Ziel der Entwicklung von Konzepten zur Spiegelhalterung muß daher sein, die notwendige Nachjustage zu minimieren oder sogar überflüssig zu machen. Vor allem für die resonatorinternen, besonders kritischen Spiegel hat sich daher das Konzept der Spiegelpositionierung beim Einbau durch Anlegen der Spiegeloberfläche an die (vom ausgebauten Spiegel noch justierte) Halterung durchgesetzt. Für Spiegel aus harten

Materialien wie Si, ZnSe, GaAs etc. ist dies die günstigste Lösung. Bei Spiegeln aus weichem Material wie Cu ist dieses Verfahren nicht praktikabel, da sich diese durch die einwirkenden Kräfte verformen. Bei Fokussieroptiken wird diese Schwierigkeit dadurch gelöst, daß der Spiegelkörper mit einer Trägerplatte aus hartem Material fest verbunden wird und die Anschlagfläche Gehäuse gegen Trägerplatte die richtige Justage sicherstellt. Die durch die Verschraubung auftretenden Kräfte werden dann von dieser Platte hoher Steifigkeit aufgenommen.

Kombiniert man nun die beiden Konzepte "Anschlag auf Spiegelfläche" und "Trägerplatte" zur Aufnahme der Kräfte, so bietet sich die in der Abbildung 3.24 skizzierte Konstruktion an. Die Idee hierbei ist, Spiegeloberfläche und Anschlagfläche im letzten Bearbeitungsschritt gemeinsam zu überarbeiten. Dadurch liegen die beiden Flächen exakt in der gleichen Ebene, was auch leicht mittels eines Interferometers verfiziert werden kann. Die steife Trägerplatte wird dann an der Aufnahmestelle der Optik angeschraubt und nimmt die Verformungskräfte auf. Durch die gemeinsame Bezugsebene mit der Spiegelfläche ist gleichzeitig gewährleistet, daß der Spiegel in der vorgesehenen Ebene zu liegen kommt. Der Austausch eines Spiegels kann dann ohne jede Nachjustage erfolgen. Dieses Konzept eignet sich auch, um für nichtplane Flächen eine interferometrisch überprüfbare Anschlagflächen zu haben, relativ zu denen sie ausgerichtet sind.

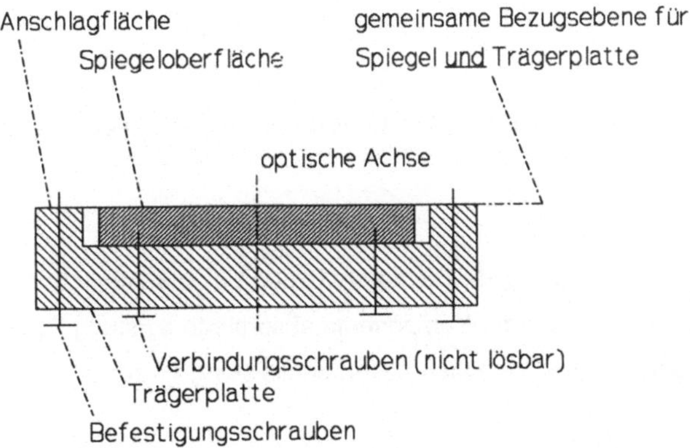

Abb. 3.24 Skizze zum Konzept einer Spiegelbefestigung auf einer Trägerplatte mit hoher Steifigkeit bei gleichzeitig reproduzierbarer Lage der Spiegelfläche.

Speziell in Fokussieroptiken stellt die Präzision der heutigen CNC-Fräsmaschinen die Einhaltung der Winkel der Anschlagflächen relativ zueinander und zum Verbindungsflansch der Gesamtoptik sicher [35,47]. Für den Anwender reduziert sich das Justageproblem darauf, daß der Strahl senkrecht zum Anschlußflansch verläuft. Um dies zu überprüfen, hat es sich in Praxis als zweckmäßig herausgestellt, eine ebene, spiegelnde Platte zur Verfügung zu haben, die an den Flansch des Strahlführungssystems angelegt und mit Hilfe derer der Strahl auf Rückreflex und damit senkrecht zu dieser Platte justiert wird.

Allgemein gilt, daß die Halterung einer Optik so ausgelegt sein muß, daß durch die Befestigung der Halterung am System oder durch die Krafteinleitung durch die Verbindungen zur Zu- und Ableitung des Kühlwassers weder Dejustage noch Verformung des Spiegels auftreten kann. Weiterhin muß die Stabilität der Gesamtkonstruktion groß genug sein, um Einflüsse durch Schwingungen, wie sie durch andere Maschinen oder Druckschwankungen im Kühlwasserkreislauf entstehen, nicht zur Dejustage führen.

3.5 Dimensionierung der Kühlung

In diesem Abschnitt sollen die Zusammenhänge zwischen eingestrahlter Leistung, Absorption, Kühlwassermenge und Temperaturerhöhung sowie der daraus resultierenden Effekte wie z.B. Dejustage beleuchtet werden. Die Betrachtungen im folgenden seien auf Systeme mit Flüssigkeiten als Kühlmedium beschränkt, da diese in ihrer praktischen Bedeutung überwiegen.

Die zeitliche Änderung des Energieinhalts $d\Delta E_K/dt$ des Kühlmediums kann beschrieben werden mit

$$\Delta \dot{E}_K = c_p \cdot \varrho \cdot \dot{V} \cdot \Delta T_K \quad , \tag{3.70}$$

worin c_p die spezifische Wärme, ϱ die Dichte, dV/dt den Volumenstrom und ΔT_K die Temperaturerhöhung bedeuten. Die von der Komponente absorbierte Leistung P_A errechnet sich aus der Absorption A und der eingestrahlten Laserstrahlleistung P_L zu:

$$P_A = A \cdot P_L \quad . \tag{3.71}$$

Wird nun gefordert, daß die gesamte absorbierte Energie bzw. Leistung vom Kühlwasser abgeführt wird, so ist

$$\Delta \dot{E}_K = P_A \tag{3.72}$$

zu setzen, woraus sich für die Temperaturerhöhung des Kühlwassers ergibt:

$$\Delta T_K = \frac{A \cdot P_L}{c_p \cdot \varrho \cdot \dot{V}} \quad . \qquad (3.73)$$

Am Beispiel eines unbeschichteten Kupferspiegels, der als 90° Umlenkspiegel verwendet wird, sei die Zunahme der Wassertemperatur aufgezeigt.

Absorption: $A = 1{,}0\% = 1 \cdot 10^{-2}$ (typ. Wert für $\Phi = 45°$ Einfallswinkel und P–Polarisation),

Laserleistung: $P_L = 5$ kW $= 5 \cdot 10^3$ W,

Wasserkühlung: $c_p = 4{,}1868$ J/(g·K) $= 4{,}1868 \cdot 10^3$ J/(kg·K) und $\varrho = 1{,}00$ g/cm^3 $= 1{,}00 \cdot 10^3$ kg/m^3),

Kühlmittelfluß: dV/dt = 3 l/min $= 5 \cdot 10^{-5}$ m^3/s.

Mit diesen Daten ergibt sich ein ΔT_K von 0,24 K.

Bei einem verschmutzten Spiegel mit doppelt so hoher Absorption und einem auf ein Drittel reduzierten Kühlwasserfluß steigt die Temperaturerhöhung des Wassers auf das Sechsfache an und bleibt auch damit noch relativ gering. Sind jedoch in einem Kühlwasserkreislauf mehrere Spiegel in Serie geschaltet, so können Temperaturdifferenzen von 10 bis 20 K innerhalb der Lasereinschaltzyklen entstehen. Dabei kann es bei ungünstigster Konstruktion der Spiegel bzw. -halter zu Dejustage und damit zu Strahllageinstabilität kommen. Um die Größenordnung dieser Dejustage abschätzen zu können, wird folgendes Beispiel betrachtet: Ein Spiegel mit D = 100 mm Basislänge werde auf einer Seite von einer Aluminiumkonstruktion ($\alpha_{Al} = 23{,}86 \cdot 10^{-6}$ 1/K) gehalten und besitze auf der anderen Seite als Justiereinrichtung eine Mikrometerschraube aus Edelstahl ($\alpha_{Stahl} \approx 11{,}5 \cdot 10^{-6}$ 1/K) [63]. Sind beide Elemente l = 10 mm lang, so beträgt die durch die Temperaturänderung ΔT_K bewirkte Längendifferenz der beiden Teile Δl und die resultierende Verkippung φ errechnet sich gemäß

$$\varphi = \frac{\Delta l}{D} = \left(\alpha_{Al} - \alpha_{Stahl}\right) \cdot \Delta T \cdot \frac{l}{D} \qquad (3.74)$$

zu 25 μrad. Dies ist wesentlich mehr als der tolerierbare Winkel, der im vorhergehenden Abschnitt berechnet wurde, was die Notwendigkeit unterstreicht, die Kühlung richtig zu dimensionieren und auch den konstruktiven Erfordernissen die notwendige Beachtung zu schenken.

Ein wichtiger Aspekt der Dimensionierung der Kühlung ist der Wärmeübergang zwischen dem zu kühlenden Körper und der Kühlflüssigkeit. Dabei ist zwischen laminarer und turbulenter Strömung zu unterscheiden [64]. Bei laminarer Strömung im Kanal stellt sich ein parabolisches Profil der Geschwindigkeit ein und der Wärmefluß innerhalb der Flüssigkeit geschieht über Wärmeleitung. Im Gegensatz dazu findet im Falle der turbulenten Strömung ein erhöhter Energiefluß senkrecht zur Strömungsrichtung statt. Der Wärmeübergang vom Spiegel in die Flüssigkeit ist daher sehr viel besser. Charakterisiert wird die Strömung durch die Reynolds-Zahl R_e, die sich aus der Strömungsgeschwindigkeit v, dem Durchmesser D_K des Kühlkanals und der kinematischen Zähigkeit η berechnet:

$$R_e = \frac{v \cdot D_K}{\eta} \quad . \tag{3.75}$$

Sie bestimmt den Wärmeübergangskoeffizient von der Kanalwand zur Strömung [17].

Im Gesamtzusammenhang mit der Kühlung und Kühlwasserführung verdienen insbesondere noch folgende Punkte Beachtung:

- Die Temperatur des Kühlwassers muß hoch genug sein, um Kondensation von Luftfeuchtigkeit zu verhindern.
- Die Verwendung verschiedener Metalle im selben Kreislauf führt durch Bildung von lokalen Spannungselementen zu Korrosion.
- Das Kreislaufkonzept (paralleler oder serieller Anschluß der einzelnen Elemente) und die Durchflußüberwachung. Vorteile der parallelen Führung sind geringerer Leitungswiderstand, geringerer Druck und geringere Temperaturerhöhung. Vorteile der seriellen Führung sind gleicher Volumendurchfluß durch alle Elemente ohne zusätzliche Maßnahmen und einfachere Durchflußkontrolle.
- Der Druck im Kühlwassersystem darf weder durch den Druckstoß beim Anschalten noch durch den statischen Druck im Betrieb zu Deformation oder Dejustage der optischen Komponenten führen.
- Ungünstige Leitungsführungen oder Luftblasen können Schwingungen induzieren, die die Strahllagestabilität des Laserstrahls beeinflussen.

Weitere Aspekte zu diesem Problemkreis werden in den Kapiteln 5 und 6 diskutiert.

4 Untersuchungsmethoden

In diesem Kapitel werden die verwendeten Untersuchungsmethoden vorgestellt. Diese gliedern sich wie folgt:

- Interferometrie zur Bestimmung der Oberflächenkontur bzw. zur Messung der Phasenfrontänderung bei Bestrahlung mit einem Hochleistungslaser,
- Laserkalorimetrie zur Ermittlung der Absorption und
- das numerische Verfahren der Finite-Elemente-Analyse.

Die beiden ersten Verfahren dienen zur Charakterisierung der optischen Komponenten hinsichtlich ihrer experimentell zugänglichen Daten, das numerische ergänzt die Möglichkeiten zur Bestimmung des Verhaltens bei Bestrahlung und vermag Hinweise für die Weiterentwicklung zu liefern.

4.1 Interferometrie

Seitdem mit dem Laser eine Quelle kohärenten Lichtes zur Verfügung steht, haben sich interferometrische Meßverfahren eine Vielzahl von Anwendungen erschlossen in den Bereichen Oberflächenprüfung, Längen- und Geschwindigkeitsmessung, Bestimmung von Brechungsindizes und Experimenten an strömenden Medien [65,66]. Es hat sich eine Reihe von Verfahren herausgebildet, die sich nach Kriterien wie Zwei- bzw. Vielstrahlinterferenz, Echtzeit- und holographische Interferometrie unterscheiden lassen, um nur die bekanntesten zu nennen. Eine Übersicht über die Möglichkeiten und den Stand der Technik findet sich in [67]. Die Darstellungen dieser Arbeit im Hinblick auf die Messungen an optischen Komponenten werden sich auf den Bereich der Interferometrie zur großflächigen Bestimmung von Wellenfronten beschränken.

4.1.1 Grundlagen zur Interpretation von Interferenzstreifen

Das Prinzip aller Interferometertypen basiert darauf, die Welle einer geeigneten Lichtquelle aufzuspalten und nach Durchlaufen unterschiedlicher Wege, von denen i.a. einer das zu vermessende Objekt einschließt, wieder zu vereinigen [27]. Die Welle, die auf ihrem Weg das Objekt durchlaufen hat trägt dann die Information über dessen Einfluß auf die Wellenfront und wird Objektwelle genannt, der davon unbeeinflußte Teil der Welle heißt Referenzwelle. "Geeignete" Lichtquelle bedeutet hierbei, daß die Wellenzüge, die auf den beiden möglichen Wegen die Beobachtungsebene (Mattscheibe zur visuellen Betrachtung bzw. Kamera) erreichen, noch interferenzfähig, d.h. kohärent zueinander sind. Andernfalls oszilliert der Interferenzterm der Gleichung (2.3) statistisch und die mittlere, registrierbare Intensität ist nur noch die Summe der Einzelintensitäten, ohne Information über die gesuchten optischen Weglängenunterschiede. Je nach verwendetem Aufbau, muß räumliche Kohärenz (bei Mischung von Wellenfrontteilen, die aus unterschiedlichen lateralen Bereichen des Strahls stammen) oder zeitliche Kohärenz (bei Laufzeitunterschieden von Objekt- und Referenzwelle) gefordert werden. Erstere Bedingung kann durch räumliche Filterung realisiert werden und zweite durch schmalbandige Filter. Besonders einfach gestaltet sich die Erfüllung einer oder beider Bedingungen bei Verwendung eines Lasers, der im Gaußschen Grundmode (und daher einheitlicher lateraler Phasenfläche) und mit nur einem longitudinalen Mode (und somit geringer spektraler Bandbreite) schwingt. Die Bereiche der Wellenfront sind dann alle interferenzfähig. Durch die große Kohärenzlänge von einigen zehn Metern können die optischen Aufbauten freizügig konzipiert werden, im Gegensatz etwa zur Weißlichtinterferometrie, die je nach Lichtquelle die Gleichheit der optischen Weglängen im Bereich von zehntel Mikrometer bis Mikrometer erfordert.

Die Entstehung der Hell-Dunkel-Muster, der sog. Interferenzstreifen, sei anhand der Abbildungen 4.1 und 4.2 veranschaulicht. Die Abbildung 4.1 zeigt schematisch, wie eine ebene, also ohne Phasenverschiebung innerhalb der Wellenfront gegeneinander schwingende Lichtwelle auf einen Spiegel zuläuft (obere Bildhälfte) und die durch die Schrägstellung (oder Deformation) des Spiegels in ihrer Phasenlage gegeneinander um den Betrag Ψ verschobenen Wellen vom Objekt zurückkehren (untere Bildhälfte).

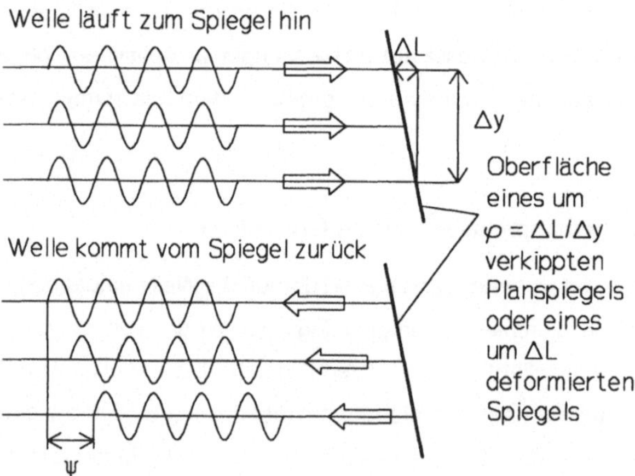

Abb. 4.1 Skizze zur Entstehung von Phasendifferenzen an einem verkippten bzw. deformierten Spiegel.

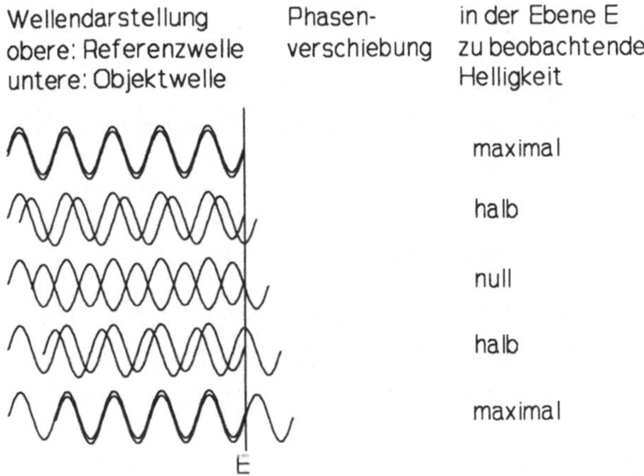

Abb. 4.2 Skizze zur Entstehung von Interferenzstreifen durch Phasendifferenzen der Teilstrahlen einer Welle.

Die Abbildung 4.2 skizziert die Entstehung von Hell-Dunkel-Mustern als Folge der in transversaler Richtung ortsabhängigen Phasendifferenz zweier Wellen. Im linken Teil des Bildes sind fünf Paare von Objekt- und Referenzwelle (untereinander dargestellt, die Zuordnung ist willkürlich) dargestellt, wobei von oben nach unten die Phasendifferenz der beiden Wellen um jeweils ein Viertel der Wellenlänge zunimmt. Die Vektoraddition der Amplituden der Wellen führt dann auf die im rechten Teil des Bildes beschriebenen Helligkeiten, die ein Beobachter bzw. Detektor in der Ebene E registriert, wobei sich das Muster nach jedem Durchlaufen einer ganzen Wellenlänge wiederholt. Man erkennt aus diesen beiden Abbildungen:

- Ein verkippter Spiegel erzeugt eine linear mit der Position zu- bzw. abnehmende Phasendifferenz, die letztlich in einem Interferenzmuster aus äquidistanten Streifen resultiert, wobei die Anzahl N der Streifen durch $\Psi = N \cdot \lambda$ gegeben ist, in dem Fall der obigen Abbildung ist $\Psi = 2 \cdot \Delta L$ und daher

$$N = \frac{2 \cdot \Delta L}{\lambda} \quad . \tag{4.1}$$

- Ein deformierter, aber nicht verkippter Spiegel produziert ein Streifenmuster, bei dem die Streifen die Höhenlinien der Kontur beschreiben, der Höhenabstand Δh, der durch eine volle Streifenperiode (z.B. hell–dunkel–hell) beschrieben wird, beträgt in diesem Beispiel

$$\Delta h = \frac{1}{2} \cdot \lambda \ . \tag{4.2}$$

Im allgemeinen Fall liegen sowohl Deformation als auch Verkippung vor. Den Verlauf der daraus resultierenden Interferenzstreifen kann man aus diesen beiden Grundsatzüberlegungen ableiten.

4.1.2 Messung von Oberflächenkonturen

Ist die Wellenfrontdeformation zu betrachten, die ein unter von Null verschiedenem Einfallswinkel beobachteter Spiegel bewirkt, so kann mit Hilfe der folgenden Abbildung der Zusammenhang zwischen dem Konturfehler K der Oberfläche und dem resultierenden Wellenfrontfehler Ψ abgeleitet werden.

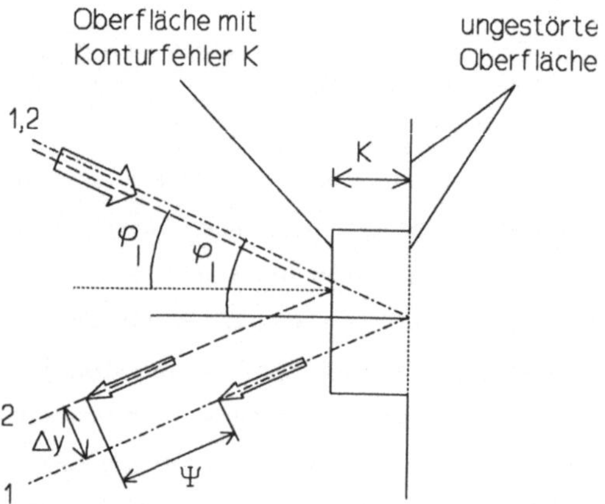

Abb. 4.3 Zusammenhang zwischen dem Konturfehler K einer Oberfläche und dem resultierenden Wellenfrontfehler Ψ.

Aus der Abbildung 4.3 läßt sich die Phasenverschiebung Ψ zwischen den Strahlen 1 und 2 in Abhängigkeit von der Konturabweichung K und dem Einfallswinkel φ_l berechnen:

$$\Psi = \Psi_1 - \Psi_2 = 2 \cdot \frac{K}{\cos \varphi_l} - 2 \cdot K \cdot \tan \varphi_l \cdot \sin \varphi_l = 2 \cdot K \cdot \cos \varphi_l \tag{4.3}$$

Die Phasenverschiebung wird auch als Wellenfrontfehler bezeichnet, zur Unterscheidung vom Konturfehler. Die laterale Verschiebung Δy beträgt

$$\Delta y = 2 \cdot K \cdot \sin \varphi_l \tag{4.4}$$

und ist meist vernachlässigbar, da sie sich für typische Werte von K im Bereich unter 0,1 μm bewegt, so daß sie bedingt durch die endliche laterale Auflösung, mit der die Probe betrachtet werden kann, nicht wahrnehmbar ist. Der Zusammenhang zwischen gemessenem optischen Fehler Ψ und der Meßwellenlänge λ, der Anzahl der beobachteten Streifenperioden N und der Anzahl M_l, die angibt ob der Meßlasers die Probe mehrfach durchläuft, ist durch

$$\Psi = N \cdot \frac{\lambda}{M_l} \tag{4.5}$$

gegeben. Für Interferometer vom Typ Mach-Zehnder ist M_l gleich eins (vgl. Abbildung 4.16), ebenso bei Twyman-Green, wenn die Probe als Endspiegel dient (vgl. Abbildung 4.12). Ist die Probe in einem Twyman-Green-Aufbau zwischen Strahlteiler und Endspiegel eingesetzt, so wird sie auf Hin- und Rückweg, also zweimal durchlaufen; M_l ist dann gleich zwei. Diese Aussage ist jedoch nur dann richtig, wenn die Probe zwischen den beiden Durchgängen punktweise auf sich selbst abgebildet wird (vgl. Abbildung 4.14). Erfolgt die Abbildung nicht dergestalt, daß jeder Punkt des Bildes am Ort seines Objektes liegt, findet eine Vermischung der Phasenverschiebung, die zu verschiedenen Orten auf der Probe gehört, statt. Analog führt eine unscharfe Zwischenabbildung dazu, daß die laterale Auflösung, mit der Ψ gemessen werden kann, schlechter wird. Der Zusammenhang zwischen dem Konturfehler, der Anzahl der Streifen und der Wellenlänge läßt sich also schreiben als:

$$K = N \cdot \frac{1}{M_l \cdot 2 \cdot \cos\varphi_l} \cdot \lambda \ . \tag{4.6}$$

Hierbei kann

$$W = \frac{1}{M_l \cdot 2 \cdot \cos\varphi_l} \tag{4.7}$$

als Wertigkeit W der Interferenzstreifen interpretiert werden.

4.1.3 Messung an transmittierenden Elementen

Auf analoge Weise läßt sich auch für transmittierende Elemente dieser Zusammenhang herleiten. Aufgrund der zahlreichen Möglichkeiten der Reflexion an den beteiligten Grenzflächen sind die Verhältnisse komplizierter. Um den Zusammenhang mit den meßtechnisch erfaßbaren Größen besser herauszuarbeiten, wird diese Situation im Abschnitt 5.2 bei der Diskussion der Meßaufbauten beschrieben.

Im Gegensatz zum Spiegel, bei dem die Konturabweichung alleine die Wellenfront verzerrt, ist bei transmittierenden Optiken die optische Weglänge L, also das Integral

$$L = \int_1^2 n(l) \cdot dl \qquad (4.8)$$

entscheidend, wobei als Grenzen zwei Bezugsebenen 1, 2 vor bzw. nach Durchgang durch die Komponente dienen. Bei Bestrahlung ist n temperaturabhängig und auch die geometrische Länge des Wegs durch die Komponente ändert sich durch deren thermische Ausdehnung. Während dl/dT für die alle hier betrachteten Materialien positiv ist, kommen bei dn/dT sowohl positive Werte (z.B. ZnSe) als auch negative (z.B. KCl) vor. Im Rahmen des numerischen Simulationsprogramms (siehe Abschnitt 4.3) geschieht die Ermittlung des optischen Weges für die einzelnen finiten Elemente durch Berücksichtigung der temperaturabhängigen Werte für den Brechungsindex und die Länge der Elemente.

Nachdem nun die Zusammenhänge zwischen beobachtetem Wellenfrontfehler und den geometrischen bzw. optischen Größen abgeleitet worden sind, seien nun die Auswertungsmethoden für die Interferogramme betrachtet.

4.1.4 Auswerteverfahren

Das Ziel der Auswertungen ist die Bestimmung des Einflusses einer untersuchten Komponente auf die Strahlung des im realen Einsatzfall reflektierten bzw. transmittierten Laserlichtes. Dementsprechend ist für Spiegel die Oberflächenkontur und für Fenster und Linsen die optische Qualität in Transmission die primär interessierende Eigenschaft. Dieser Abschnitt wird sich mit der Auswertung von Interferogrammen befassen. Zunächst werden die Möglichkeiten und Grenzen der visuellen Interpretation diskutiert und im Anschluß daran auf die Benutzung der rechnergestützten Bildverarbeitung und Interferenzstreifenanalyse eingegangen. Es muß an dieser Stelle betont werden, daß ein Interferogramm primär nur die sich in der Helligkeit der Interferenzstreifen niederschlagende Phaseninformation enthält. Bei der Auswertung eines Interferogramms (ob visuell oder mit einem Streifenauswerteprogramm [68]) ist immer die Information über die verwendete Wellenlänge des Meßlasers sowie die oben diskutierte Streifenwertigkeit erforderlich.

Die Aufnahme eines Interferogramms ist dank der am Markt erhältlichen Bildverarbeitungssysteme und der Kameratechnik (insbesondere CCD-Technik) problemlos und die aufgenommenen Bilder lassen sich unmittelbar auswerten, so daß Meßzyklen innerhalb einiger zehn Sekunden auf einem PC möglich sind. Die Weiterentwicklung der Rechner ermöglicht seit etwa 1990, daß so leistungsfähige Systeme kommerziell verfügbar werden, die eine Auswertung der aufgenommenen Interferenzstreifen in Echtzeit ermöglichen [35]. Dennoch erscheint es nützlich, auch die visuelle Auswertung von Interferogrammen zu erläutern, da es unter den Herstellern von optischen Elementen üblich ist, dem gelieferten Produkt ein Interferogramm zur Dokumentation beizufügen, dessen Interpretation im folgenden durch Aufzeigen der wichtigsten, typischen Streifenmuster beschrieben sei.

4.1.4.1 Auswertung durch Abzählen der Streifen

1) Berechnung der Verkippung

Zunächst werde die Berechnung der Verkippung eines Spiegels (mit den Dimensionen D_V und D_H in vertikaler bzw. horizontaler Richtung) anhand der Auswertung von Streifenabstand bzw. -winkel aufgezeigt.

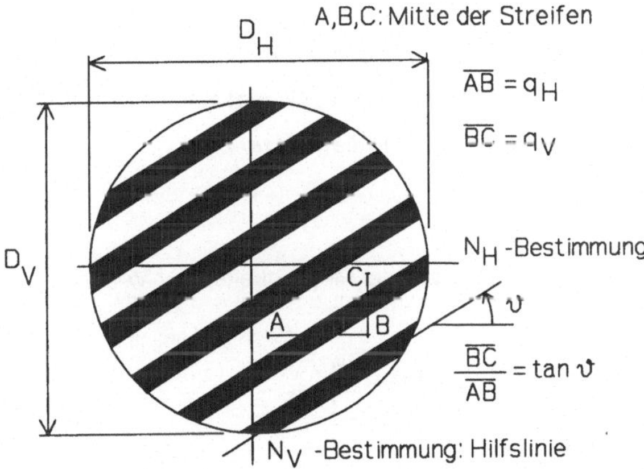

Abb. 4.4 Skizze eines Interferogramms für einen verkippten Spiegel mit ebener Oberfläche.

Die Abbildung 4.4 veranschaulicht die Situation des zu beobachtenden Interferenzstreifenmusters auf einem Spiegel. Hierzu lassen sich folgende Zusammenhänge ablesen: Die Verkippung φ_V in vertikaler Richtung (Drehung um die horizontale Achse) wird über die Zahl der Streifen N_V in einer (vertikalen) Spalte bestimmt:

$$\varphi_V = \frac{N_V \cdot W \cdot \lambda}{D_V} \quad . \tag{4.9}$$

Da sich die betrachteten Winkel im Bereich von maximal einigen zehn Mikrorad bewegen, kann der Tangens durch sein Argument ersetzt werden. Bezeichnet q die mittlere Breite eines Interferenzstreifens, so gilt

$$q_V = \frac{D_V}{N_V} \tag{4.10}$$

und analoge Beziehungen gelten für die Werte in horizontaler Richtung. Für schräggestellte Streifen, die in einem Winkel ϑ gegen die Horizontale verlaufen, gilt:

$$\tan \vartheta = \frac{q_V}{q_H} \ . \tag{4.11}$$

Setzt man q ein, so erhält man:

$$\tan \vartheta = \frac{N_H}{N_V} \cdot \frac{D_V}{D_H} \ . \tag{4.12}$$

Eliminiert man damit N_H in der Gl. für φ_H, so läßt sich dieses aus N_V und ϑ berechnen:

$$\varphi_H = N_V \cdot \tan \vartheta \cdot \frac{W \cdot \lambda}{D_V} \ . \tag{4.13}$$

Vergleicht man zwei Zustände, im vorliegenden Fall also einen Zeitpunkt z.B. während der Bestrahlung und den Referenzzustand und bezeichnet man ersteren mit hochgestelltem Index B und zweiteren mit R, so ergibt sich für die Differenz $\Delta\varphi_V$:

$$\Delta\varphi_V = \left(N_V^B - N_V^R\right) \cdot \frac{W \cdot \lambda}{D_V} \ . \tag{4.14}$$

Zur Berechnung von $\Delta\varphi_H$ stehen jetzt zwei Möglichkeiten zur Verfügung, nämlich erstens aus den Werten N_V und ϑ

$$\Delta\varphi_H = \left(N_V^B \cdot \tan \vartheta^B - N_V^R \cdot \tan \vartheta^R\right) \cdot \frac{W \cdot \lambda}{D_V} \ . \tag{4.15}$$

und zweitens aus dem Wert N_H

$$\Delta\varphi_H = \left(N_H^B - N_H^R\right) \cdot \frac{W \cdot \lambda}{D_H} \ . \tag{4.16}$$

Welche Berechnungsmethode zweckmäßigerweise angewendet wird, hängt von der Genauigkeit ab, mit der der Winkel ϑ bzw. die Streifenanzahl $N_{V,H}$ bestimmt werden kann.

Die erzielbare Auflösung bei dieser Berechnung sei anhand eines Beispiels aufgezeigt:

Durchmesser: D = 100 mm,

Wellenlänge: λ = 0,6328 µm,

Wertigkeit: W = 0,5

ablesbar sei eine viertel Streifenbreite (ΔN = 0,25).

Dann folgt nach Gleichung (4.16) φ = 0,8 µrad als minimale Verkippung, die mit dieser Methode ermittelt werden kann.

2) Bestimmung der Form der Oberfläche

Anhand des (nicht zu komplexen) Streifenmusters eines Interferogramms lassen sich einige optische Fehler bereits visuell unmittelbar ablesen. Ausgehend von den Konturen der Wellenfrontaberrationen, wie sie in [9] beschrieben sind, lassen sich die auftretenden Muster den grundlegenden optischen Fehlern zuordnen. Ausführliche Darstellungen finden sich z.B. in [69]. Als Beispiele für die unmittelbare Zuordnung von Interferogrammen zu optischen Fehlern seien einige der wichtigsten Fälle aufgezeigt. Die Abbildungen 4.5 bis 4.9 zeigen die resultierenden Streifenmuster.

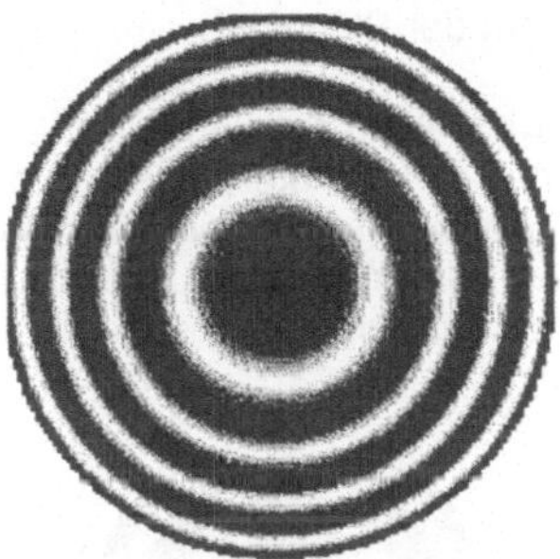

Abb. 4.5 Interferenzstreifen mit rein sphärischem (Defokussierungs-) Anteil ohne Aberration. Die Streifenordnung ist monoton von innen nach außen.

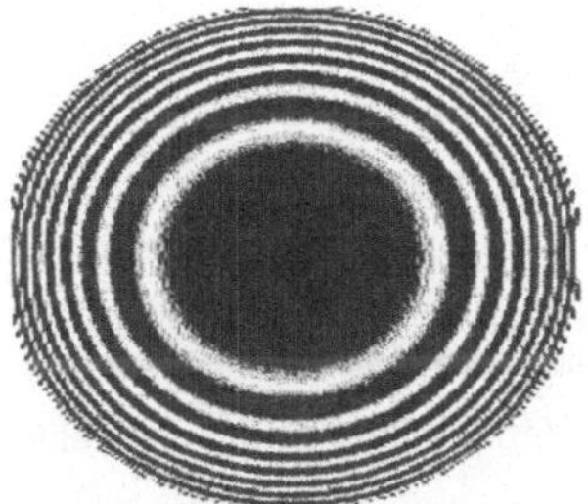

a: Sphärische Aberration ohne sphärischen Anteil

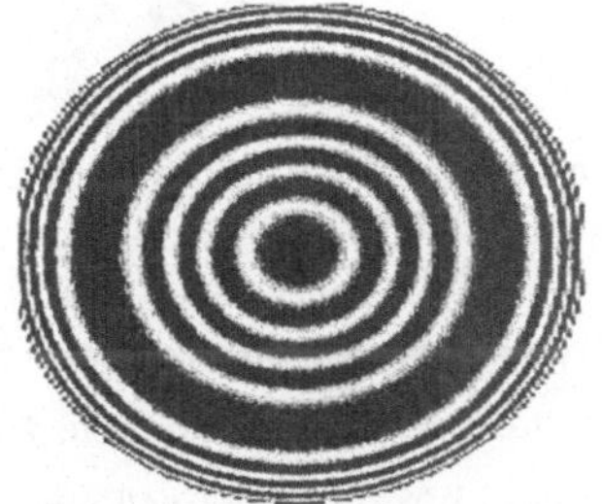

b: wie a, jedoch mit sphärischem Anteil

Abb. 4.6 Interferenzstreifen bei sphärischer Aberration ohne bzw. mit sphärischem Anteil (eingerichtet auf minimale Streifenanzahl). Streifenordnungen: a: von innen nach außen monoton; b: im inneren und äußeren Bereich sind gegensinnig monoton.

a: Astigmatismus ohne sphärischen Anteil

b: wie a, jedoch in einem der Strichfoki

c: wie b, jedoch mit größerem sphärischen Anteil

Abb. 4.7 Interferenzstreifen bei Astigmatismus, von a nach c mit steigendem sphärischen Anteil. a: ohne sphär. Anteil, gleiche Monotonie von der Mitte nach links und rechts, nach oben und unten gegensinnig dazu; b: in einem der Strichfoki, gleiche Monotonie von der Mitte nach rechts und links; c: außerhalb des Fokusbereichs, Monotonie von innen nach außen.

Abb. 4.8 Interenzstreifen bei Koma 3. Ordnung. Die Streifenordnungen verhalten sich von links nach rechts monoton.

Wie bei jeder Art der Auswertung ist es auch hierbei unerläßlich, die Meßwellenlänge und die Wertigkeit einer Streifenperiode zu kennen. Auch die Ordnung (sprich Zuordnung untereinander) der Streifen muß bekannt sein, soll aus dem Interferogramm eine Kontur abgelesen werden. Diese Forderung kann ein einzelnes Bild *nicht* erfüllen; hierzu muß eine Zusatzinformation über die Streifen vorliegen, die z.B. durch eine Verkippung (und die damit verbundene Überlagerung mit einem Muster paralleler, äquidistanter Streifen) oder durch einen sphärischen Anteil gewonnen werden kann.

Die Abbildung 4.9 zeigt, daß je nach Symmetrie des Bildes und eingestellter Verkippung des Referenzspiegels sich zwar physikalisch äquivalente Interferogramme ergeben, die jedoch unterschiedlich auf den Betrachter wirken. Bei der visuellen Auswertung scheint die Abbildung 4.9 b einen größeren Wellenfrontfehler aufzuweisen als Abbildung 4.9 a. Dies ist darauf zurückzuführen, daß die Linienkrümmung besser erkannt wird als die Variation des Abstandes der geraden Linien.

a: um vertikale Achse gekippt

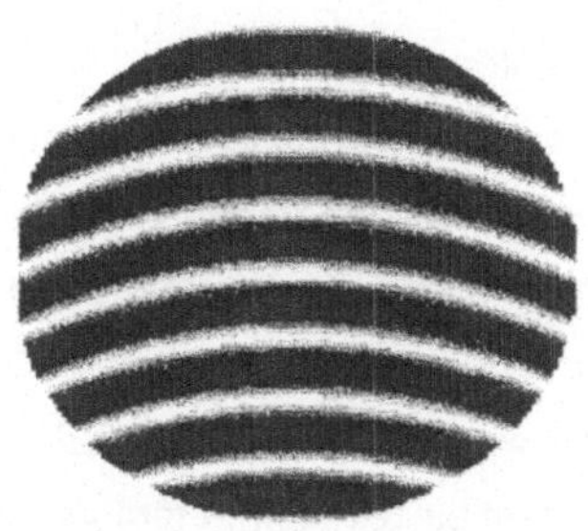

b: um horizontale Achse gekippt

Abb. 4.9 Interferenzstreifen bei Zylinderfehler (Zylinderachse parallel zur vertikalen Achse, vgl. Abb. 4.7 b). a: Kippung um vertikale, b: um horizontale Achse. Die Streifenordnungen verhalten sich von links nach rechts bzw. oben nach unten monoton.

Dieses Beispiel zeigt, daß die Methode der visuellen Interpretation von Interferogrammen die Möglichkeit einer Täuschung des Betrachters beinhaltet und daher auf Fälle beschränkt bleiben sollte, in denen ein dominierender und deshalb leicht zu identifizierender Fehler vorliegt. Meist läßt sich auch noch der Abstand zwischen höchstem und tiefstem Punkt (auch als "Peak-Valley"-Wert bezeichnet) bestimmen. Für eine detaillierte Auswertung ist daher die Anwendung rechnergestützter Verfahren, wie sie in den nächsten Abschnitten beschrieben werden, unerläßlich.

4.1.4.2 Rechnergestütze Auswertung

Aus den Ausführungen zur visuellen Streifenauswertung im vorangegangenen Abschnitt wurde deutlich, daß diese zwar eine Hilfe zur Interpretation von Interferogrammen liefern können, jedoch keinesfalls eine quantitative numerische Berechnung ersetzen können. Zur Aufnahme und Weiterverarbeitung im Rahmen der hier beschriebenen Untersuchungen wurde ein Bildverarbeitungssystem auf Basis eines Rechners mit *80386*-Prozessor und Bildspeicherkarte sowie einer CCD-Kamera eingesetzt. Für die speziellen experimentellen Belange waren keine geeigneten Programme erhältlich, so daß zur Optimierung der Bildaufnahme bei gleichzeitiger Dokumentation ein eigenes Programm geschrieben werden mußte, ohne das die Möglichkeiten, die sich durch die rechnergestützte Bildverarbeitung eröffnen, nicht hätten genutzt werden können. Für die Auswertung der abgespeicherten Interferogramme standen

Programme zur Streifenanalyse [68] zur Verfügung, die die Berechnung der Oberflächenkonturen bzw. des transmittierten Wellenfeldes ermöglichen.

1) "Statische" Streifenauswertung

Der Name dieses Verfahrens leitet sich aus der Tatsache ab, daß hierbei im Gegensatz zu dem unter 2) beschriebenen Verfahren keine Bewegung eines Referenzspiegels notwendig ist. Bei dieser Methode wird ein einzelnes Interferogramm aufgenommen. Eine Beschreibung dieses Verfahren, das nach dem Prinzip der Fourieranalyse arbeitet, wird in [70] gegeben. Weitere Verfahren werden z.B. von [71,72] beschrieben; ein Vergleich findet sich in [73]. Ausgehend von einem einzelnen Interferogramm, wird über eine Fourieranalyse die Topographie der Wellenfront berechnet. Verfahrensbedingt dürfen keine geschlossenen Linien enthalten sein, was durch Verkippen des Referenzspiegels und die dadurch hervorgerufene Überlagerung einer Struktur aus äquidistanten Streifen, zu realisieren ist.

2) Auswertung nach der Phasen-Shift-Methode

Die Auswertung nach dem Phaseverschiebungs- ("Phase-Shift-") Verfahren geht von mehreren Interferogrammen aus, zwischen denen eine definierte Verschiebung des Referenzspiegels erfolgt [74]. Die Aufnahme der dazu mindestens benötigten drei Interferogramme (bei höheren Anforderungen an die Genauigkeit empfiehlt sich die Verwendung von vier oder evtl. fünf Bildern) erfolgt dabei zeitlich nacheinander. Dadurch bedingt ist dieses Verfahren nur einsetzbar, wenn die Zeitkonstante der Änderungen im zu betrachtetenden Objekt groß gegen die für die Aufnahme aller Bilder benötigte Zeit ist und sich außerdem während der gesamten Messung keine insbesondere durch Erschütterungen des Aufbaus hervorgerufenen Schwingungen auf die Komponenten des Interferometers übertragen. Andernfalls ändert sich durch die Variation der Abstände und der Winkel der optischen Elemente zueinander die Phasenlage der Strahlen und damit die von der Kamera registrierte Helligkeit. Die Folge davon sind Fehler in der Auswertung, die nach Größe und Art statistisch sind.

4.1.5 Separation der Effekte

Nach der Auswertung eines Interferogramms müssen die Daten noch interpretiert werden, um die verschiedenen Anteile der Wellenfrontverzerrung bzw. Oberflächendeformation voneinander separieren zu können. Im allgemeinen Fall geschieht dies zweckmäßigerweise mit den Zernike-Polynomen [9], die in radialer und azimutaler Richtung den Einfluß der Fehler als Funktion der Ordnung angeben. In Fällen mit einfacher Symmetrie treten dabei nur die niedrigsten Ordnungen auf. Bei den im Rahmen dieser Arbeit untersuchten optischen Komponenten können diese Ordnungen und die von ihnen verursachten Effekte bzgl. der Strahllage und Fokusparameter in vier Gruppen aufgeteilt werden.

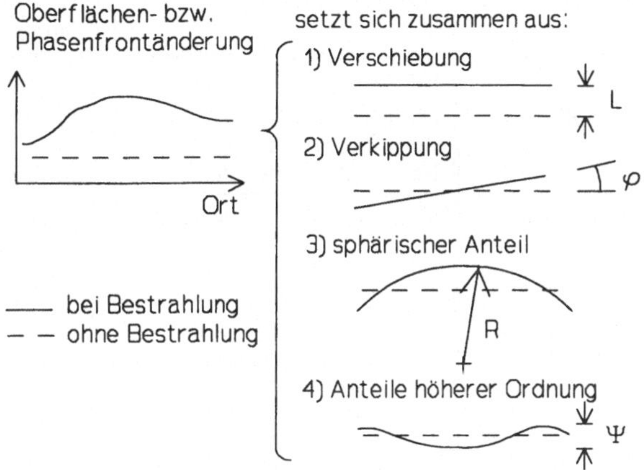

Abb. 4.10 Schematische Darstellung der Aufteilung einer Oberflächendeformation bzw. Wellenfrontänderung in die Gruppen: Verschiebung (charakterisiert durch die Änderung der optischen Weglänge L), Verkippung (um den Winkel φ), sphärischer Anteil (Krümmungsradius R) und übrige Fehler höherer Ordnung (Maximalwert Ψ).

Die Abbildung 4.10 zeigt schematisch die Analyse einer gegebenen Oberflächendeformation bzw. Phasenfrontänderung nach diesen Kriterien. Die Effekte Verschiebung, Verkippung, sphärischer Anteil und die Anteile höherer Ordnung sind mit verschiedenen Einflüssen auf den Strahl verbunden. Die Tabelle 4.1 faßt die Verknüpfung dieser Anteile mit dem Einfluß auf das Propagationsverhalten in einem Strahlführungssystem und auf die Fokusparameter bei Benutzung einer Fokussieroptik zusammen. Während die Bestimmung der Größen "Verschiebung" als Mittelwert aller Punkte der Oberfläche bzw. Phasenfront und "Verkippung" als mittlere Steigung keiner weiteren Erklärung bedarf, bedarf der Begriff des Krümmungsradius einer Präzisierung. Die Bestimmung des effektiven Krümmungsradius einer Kontur veranschaulicht die Abbildung 4.11. Während der Kreis mit Radius R_A die ganze Kontur erfaßt, ist die relevante Beschreibung des effektiven Krümmungsradius durch den Kreis mit Radius R_S gegeben. Dessen Anpassung ist auf den Bereich bezogen, in dem der Strahl die Komponente trifft. Nur in diesem Bereich wirkt sich die Kontur auf die Phase des Lichtes aus. Im Interesse einer konsistenten Beschreibung wird diese Anpassung auf den effektiven Strahldurchmesser (siehe Kapitel 2) bezogen.

Anteil der Deformation bzw. Wellenfrontänderung		Art der Beeinflussung des Strahls	
Beschreibung	charakteristische Größe	Propagationsverhalten	im Fokus einer Bearbeitungsoptik
Verschiebung	optische Weglänge L	bei Spiegeln (Einfallswinkel φ_I): Strahllageversatz $\Delta y = 2 \cdot L \cdot \sin \varphi_I$, bei Linsen: kein Einfluß	Strahl nicht mehr symmetrisch zur optischen Achse, jedoch keine Aberrationen
Verkippung	Winkel φ	Strahlrichtung ändert sich	Fokuslage verschiebt sich quer zur optischen Achse
sphärischer Anteil	Krümmungsradius R	Position der Strahltaille und Divergenz ändert sich	Fokusposition verschiebt sich in Richtung der optischen Achse
Anteile höherer Ordnung	Wellenfrontfehler Ψ	abhängig von der Art des Fehlers	Fokusfläche wird größer

Tab. 4.1 Einfluß verschiedener Anteile der Oberflächendeformation bzw. Wellenfrontverzerrung auf das Propagationsverhalten und die Fokusparameter.

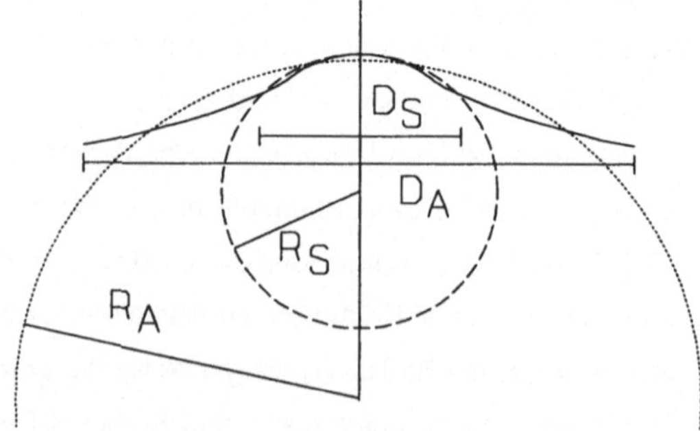

Abb. 4.11 Skizze zur Ermittlung des effektiven Krümmungsradius einer Oberfläche oder Wellenfront (durchgezogene Linie). Der große Kreis mit Radius R_A symbolisiert die Anpassung der Kontur auf dem gesamten Durchmesser D_A der Apertur, der kleine mit Radius R_S die Anpassung im Bereich des effektiven Strahldurchmessers D_S.

Zur Erläuterung des sphärischen Anteils sei gesagt, daß dessen Einfluß auf dem Linseneffekt beruht und somit eine Verschiebung der Position der Strahltaille zur Folge hat. Bei Verwendung einer Fokussieroptik wirkt sich dies durch eine Verschiebung der Fokusposition in Richtung der optischen Achse aus. Der Anteil der Kontur, der durch den Begriff "Wellenfrontfehler" charakterisiert wird und mathematisch nach Subtraktion der gegebenen Form minus der Summe aus Verschiebung, Verkippung und sphärischem Anteil übrigbleibt, ist bereits im Abschnitt 3.2 bei der Diskussion der Aberrationen aufgetaucht. Man erkennt daraus den unmittelbaren Zusammenhang zwischen dieser Größe und der Fokussierbarkeit.

Die Hauptaufgabe der experimentellen und numerischen Untersuchungen, die im Kapitel 5 beschrieben werden, wird also sein, aus den Daten die hier angeführten Parameter zu ermitteln und daraus dann den Einfluß auf die Fokussierbarkeit abzuleiten, die aus Sicht der Materialbearbeitung die entscheidende Größe ist.

4.1.6 Interferometeraufbauten

Die im Rahmen dieser Arbeit durchgeführten Untersuchungen wurden mit Interferometern realisiert, die auf dem Prinzip der Zweistrahl-Interferenz basieren. Eine Zusammenstellung der Grundformen findet sich z.B. in [27]. Je nach Aufgabenstellung wurde der Aufbau den Erfordernissen angepaßt.

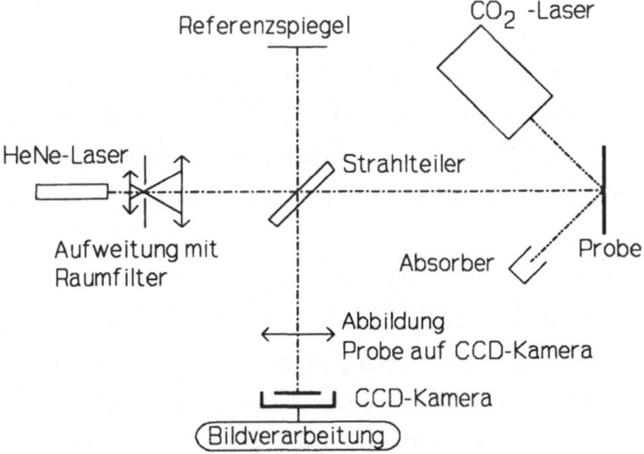

Abb. 4.12 Skizze zum Aufbau eines Interferometers nach Twyman-Green zur Messung der Deformation bei Bestrahlung mit einem Hochleistungslaser. Die Probe dient gleichzeitig als Endspiegel.

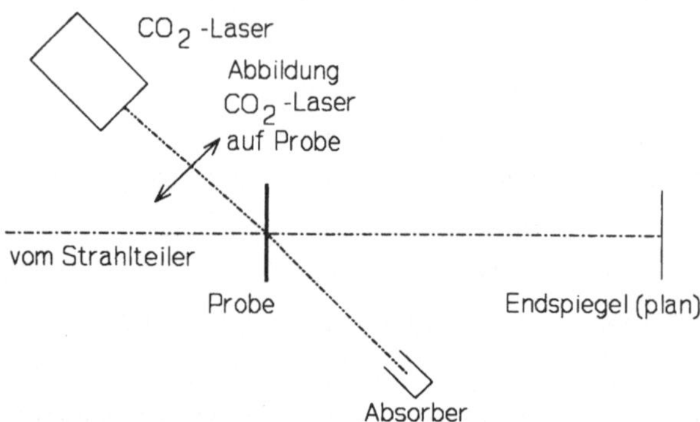

Abb. 4.13 Wie Abbildung 4.12, jedoch für eine transmittierende Komponente.

Die einfachste Form des Interferometers zur Vermessung von optischen Elementen während der Bestrahlung mit einem Hochleistungslaser ist die des Twyman-Green-Aufbaus, wobei reflektierenden Komponenten die Probe als Endspiegel dient (Abbildung 4.12). Bei transmittierenden wird die Probe vor einem (bei nicht fokussierenden Proben planen) Endspiegel aufgestellt (Abbildung 4.13). Mit diesen Aufbauten können insbesondere folgende Messungen durchgeführt werden:

- Oberflächendeformation der dem Strahlteiler zugewandten Seite bei reflektierenden und transmittierenden Proben,
- optische Deformation transmittierender Proben, d.h. Interferenz zwischen dem Licht, das an der dem Strahlteiler zugewandten Seite reflektiert wird mit dem, das an der abgewandten Seite reflektiert wird. Der Referenzspiegel des Interferometers ist dabei überflüssig, da das Interferometer als Fizeau-Aufbau von den beiden Oberflächen der Komponente gebildet wird.

Der Vorteil des Aufbaus nach Abbildung 4.13 gegenüber dem Mach-Zehnder-Aufbau (Abbildung 4.16) besteht in einer Verdopplung der Empfindlichkeit der Meßanordnung, da sich die zu beobachtenden Wellenfrontfehler verdoppeln. Dabei tritt jedoch folgendes Problem auf: die Abbildung des Objektes auf die Kameraebene ist nicht mehr eindeutig. Es treten zwei Gegenstandsweiten auf, die sich um den doppelten Abstand des Objektes vom Endspiegel unterscheiden: zum einen die Abbildung des Objektes beim ersten Durchlauf über den Endspiegel und zum anderen beim zweiten Durchlauf direkt auf die Beobachtungsebene. Da sich der Endspiegel insbesondere bei Messungen zur Deformation bei Bestrahlung mehrere hundert Millimeter vom Objekt entfernt befinden muß, ist keine in Schärfe und Abbildungsmaßstab hinreichend gleiche Abbildung der beiden Objekte zu erzielen. Dadurch wird die erzielbare laterale Auflösung des Objektes vermindert, wenn keine zusätzlichen Maßnahmen ergriffen werden. Die Möglichkeit, dies durch Verkleinern des Öffnungsverhältnisses der Abbildungsoptik zu realisieren, ist nur bis zu 1:(f/D) ≤ 1:22 sinnvoll, da eine darüber hinaus gehende Abblendung Unschärfe durch Beugung bewirkt. Dieses Vorgehen ist jedoch für die betreffenden Aufbauten nicht ausreichend und löst außerdem nicht das Problem des mit der Gegenstandsweite variierenden Abbildungsmaßstabes. Besonders stark treten die genannten Schwierigkeiten bei Verwendung großer Wellenlängen wie z.B. in Interferometern mit CO_2-Lasern als Lichtquelle auf.

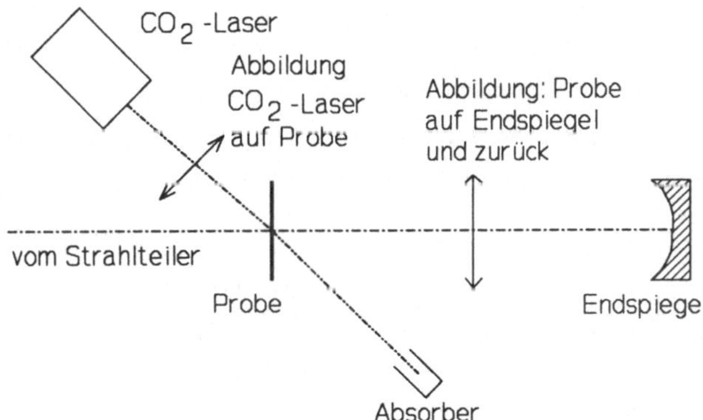

Abb. 4.14 Skizze zum Aufbau eines Interferometers mit interner Abbildung der Probe nach dem ersten Durchgang auf den Endspiegel und von dort wieder seiten- und höhenrichtig auf die Probe im zweiten Durchgang, um ohne Verlust an lateraler Auflösung die Wellenfrontauflösung des Interferometers zu verdoppeln.

Eine im Rahmen dieser Arbeit erfolgte Weiterentwicklung des Aufbaus nach Abbildung 4.13 stellt das Interferometer mit interner Abbildung dar (Abbildung 4.14). Prinzip ist der Aufbau nach Twyman-Green, bei dem das Objekt nicht als Endspiegel fungiert und daher auf dem Hin- und Rückweg des Lichtes vom Strahlteiler zum Endspiegel, also zweimal durchlaufen wird. Die Idee besteht darin, das Objekt nach dem ersten Durchgang auf den Endspiegel abzubilden. Beim Rückweg vom Endspiegel geschieht die Abbildung in der selben Weise im reziprokem Maßstab. Als Nebenbedingung ist zu beachten, daß die Abbildung des Objektes auf sich selbst in beiden transversalen Achsen seitenrichtig erfolgt und daß die

Forderung, die einfallende ebene Wellenfront des Interferometers in eine eben solche wieder zu überführen, beachtet wird. Alle Bedingungen können erfüllt werden, wenn folgender Aufbau gewählt wird: eine Linse der Brennweite f befindet sich im Abstand 2·f hinter dem Objekt und ebenfalls 2·f vor einem konkaven sphärischen Spiegel mit dem Krümmungsradius R = f. Das Objekt wird dann im Maßstab 1:1 auf den Endspiegel und zurück abgebildet. Es sind auch andere Kombinationen von R, f und Maßstab denkbar. Die Abbildung 4.14 zeigt schematisch diese Situation, wobei im Interesse der Übersichtlichkeit nur der Teil des Strahlengangs ab dem Strahlteiler eingezeichnet ist, da der übrige Teil identisch mit dem in Abbildung 4.12 ist.

Von besonderem Interesse für die Weiterentwicklung von optischen Komponenten ist es, diese auf ihre Eignung auch für künftige Laser mit höheren als den heute üblichen bzw. möglichen Leistungen zu testen. Zur Lösung dieser Aufgabe wurde der in der Abbildung 4.15 schematisch vorgestellte Aufbau verwendet, bei dem der Laser die Probe durch geeignete Strahlformung und -führung mehrmals in definierter Weise trifft und so im gezeigten Beispiel die dreifache Leistung des für Meßzwecke zur Verfügung stehenden Lasers eingestrahlt werden kann. Dieses Konzept eignet sich auch zum Testen resonatorinterner Optiken, die eine entsprechend dem Auskoppelgrad des Resonators größere Strahlungsleistung erfahren.

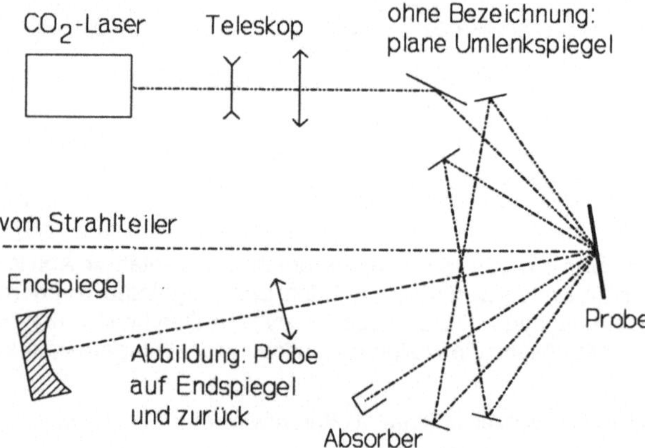

Abb. 4.15 Skizze zum Aufbau eines Interferometers mit mehrfacher Bestrahlung der Probe zur Erzielung höherer eingestrahlter Leistungen, als der vorhandene Laser abgibt. Außerdem interne Abbildung im Interferometer zur Verdopplung der Auflösung.

Eine weitere Möglichkeit, ein Interferometer aufzubauen, bietet das Mach-Zehnder-Prinzip, das vor allem für transmittierende Proben Verwendung findet, siehe Abbildung 4.16. Insbesondere bei stark deformierenden Proben ist hierbei vorteilhaft, daß das Objekt nur einmal durchlaufen wird, um keine zu großen Wellenfrontdeformationen zu erzeugen, die eine höhere als die noch auflösbare Dichte der Interferenzstreifen verursachen würden.

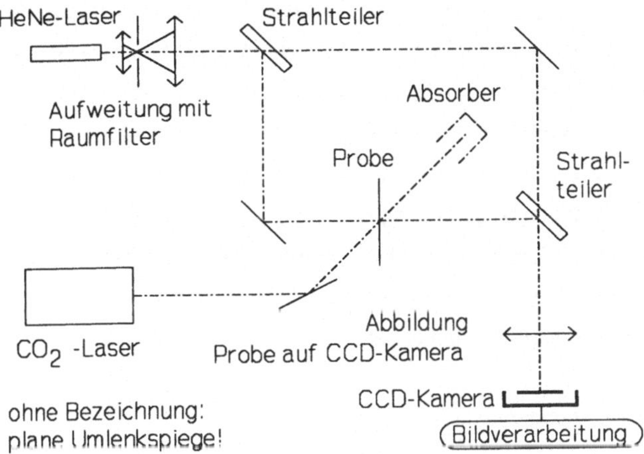

Abb. 4.16 Prinzip des Mach-Zehnder-Interferometers zur Messung der optischen Deformation bei Bestrahlung mit einem Hochleistungslaser in Transmission.

Abhängig vom zu untersuchenden Objekt und der zu erwartenden Deformation ist der geeignete Aufbau auszuwählen, wobei für diese Arbeit auch Aufbauten mit der Kombination aus normalem Twyman-Green, Mach-Zehnder und Twyman-Green mit interner Abbildung zum Einsatz kamen, um simultan möglichst viele Informationen, auch bei verschiedenen Interferometerwellenlängen, gewinnen zu können.

4.2 Messung der Absorption

Im Vorangegangenen wurde bereits auf die Bedeutung des Parameters Absorption im Hinblick auf die Charakterisierung optischer Komponenten hingewiesen. Neben der Formtreue der Oberfläche ist sie das zweite wesentliche Merkmal zur Qualifizierung. Eine einfache Abschätzung soll die Größenordnung der bedingt durch die Absorption umgesetzten Energie verdeutlichen. Eine Komponente, die eine Absorption von A = 0,2 % aufweist und die von einem Strahl mit P = 5 kW Leistung bestrahlt wird, stellt eine Wärmequelle von $P_A = A \cdot P =$ 10 W dar. Dies bewirkt neben einem (im allgemeinen tolerierbaren) Verlust an nutzbarer Strahlleistung vor allem eine Aufheizung der Komponente, die für die beschriebenen Effekte hinsichtlich der transienten Eigenschaften während der Bestrahlung verantwortlich ist, die Aberrationen bewirken und auch zur Zerstörung führen können. Die Absorption gehört daher zu den wichtigsten Kenngrößen optischer Komponenten für Hochleistungslaser.

4.2.1 Prinzip der Absorptionsmessung

Das Meßverfahren ist unter der Bezeichnung Laserkalorimetrie bekannt [75,76,77] und wird unter verschiedenen Varianten der Versuchsbedingungen in vielen Labors angewandt [35,37, 39,78,79,80,81]. Das zugrunde liegende Prinzip hierbei ist, daß die Änderung der inneren Energie (als Temperaturerhöhung meßbar) gleich dem Anteil der von der Probe absorbierten Laserenergie ist. Einige Labors führen die Messung im Vakuum (weniger als 100 hPa), andere bei Atmosphärendruck durch. Die Leistungen der zur Bestrahlung verwendeten Laser bewegen sich im Bereich von 70 bis 1500 W. Zur Überprüfung der Übereinstimmung der gemessenen Werte und um damit die Konsistenz der mit unterschiedlichen Apparaturen gewonnenen Ergebnisse sicherzustellen, besteht zwischen dem IFSW und einigen dieser Labors ein teilweise reger Probenaustausch. Die Übereinstimmung der Ergebnisse liegt dabei im Rahmen von ±10% und wird unter dem Aspekt der Fehlerquellen gesondert diskutiert.

Andere Meßverfahren beruhen auf der Änderung der optischen Eigenschaften bei Bestrahlung [82] oder auf thermischen Einflüssen auf die Luft in der unmittelbaren Umgebung der Oberfläche (PDS-Verfahren) [83]. Während die Laserkalorimetrie ein Verfahren zur Messung der integralen Absorption ist, in dem über den Bereich des Strahldurchmessers, der typ. ein Zehntel bis die Hälfte der Probengröße beträgt, gemittelt wird, sind die beiden letztgenannten Verfahren zur Messung der Absorption mit hoher Ortsauflösung von bis zu 20 μm geeignet.

4.2.2 Aufbau der Laserkalorimetrie

Den für die Absorptionsmessung notwendigen Aufbau zeigt schematisch die Abbildung 4.17. Er besteht im einzelnen aus:

- Einem Laser der zu messenden Wellenlänge mit hinreichend stabiler Leistung und definierter Polarisation. Je nach Spezifikation der Probe sind die entsprechenden Einfallswinkel und die Polarisationsrichtung einzustellen.
- Einer Strahlumlenkung und -formung, um auf der Probe den gewünschten Strahldurchmesser zu erzielen. Hierbei hat es sich bewährt, den Auskoppelspiegel des Lasers auf die Probe abzubilden. Dadurch wird erreicht, daß alles Licht, das durch den Auskoppelspiegel tritt, auf der Probe als Bildebene wieder in dieser Verteilung gesammelt wird. Die Vorteile hierbei sind zum einen, daß die durch die Blendenwirkung der Apertur des Auskoppelspiegels erzeugte Beugung die Probe erreicht und nicht wie dies bei freier Propagation der Fall ist, die Halterung der Probe trifft und damit fehlerhafte Meßergebnisse zur Folge hätte. Zum anderen bleibt dadurch die Intensitätsverteilung des Strahls auf der Probe unabhängig davon, welcher Strahldurchmesser verwendet wird.
- Für die Halterung und die Kontaktierung des Temperatursensors gibt es verschiedene Konzepte: Einbau der Probe in einen Halter aus wärmeleitendem Material, der den Sensor enthält [78] (siehe Abbildung 4.18), Auflage der Probe auf dem Sensor [84], Klemmung der Probe mit dem Sensor in einem der Klemmelemente [37]. In jedem Fall ist für eine gute thermische Isolation des Systems aus Probe, Halter (falls vorhanden) und Temperatursensor gegen die Umgebung zu sorgen, was durch Befestigungselemente aus schlecht wärmeleitendem Material, z.B. Kunststoff möglich ist.
- Um Meßfehler bei direkter Bestrahlung des Halters durch Randfelder des Strahls zu vermeiden, kann eine Blende vor der Halterung vorgesehen werden. Wesentlich günstiger ist es jedoch, die Halterung selbst mit einer hochreflektierenden Beschichtung zu versehen, so daß auftreffende Strahl nur in einem vernachlässigbaren Maße absorbiert wird. Die Justage der Blende erübrigt sich dann. Ein solcher Halter konnte erfolgreich für die hier diskutierten Messungen eingesetzt werden.
- Schließlich ist der durch die Probe transmittierte bzw. von ihr reflektierte Strahl (bei teilreflektierenden Proben außerdem die zusätzlichen Reflexe) in einem Strahlabsorber (z.B. Leistungsmeßgerät) zu absorbieren, wobei insbesondere auf Rückreflexe von diesem auf die Probe zu achten ist.
- Zur Temperaturmessung als Funktion der Zeit ist ein Sensor je nach Art (temperaturabhängiger Widerstand oder Thermoelement) an ein Widerstands- oder Spannungsmeßgerät

anzuschließen, das die Werte in geeigneten Zeitintervallen einem angeschlossenen Rechner zur Verfügung stellt.

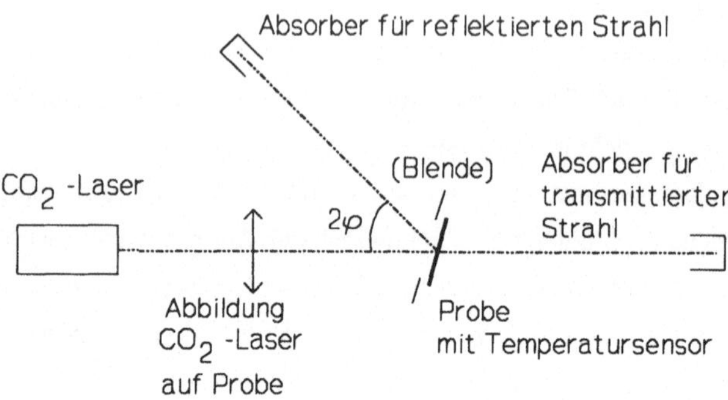

Abb. 4.17 Aufbau zur Messung der Absorption nach der Methode der Laserkalorimetrie: Strahlengang für eine teilreflektierende Komponente.

Der am IFSW realisierte Aufbau ist mit Pt100 Platinwiderständen der höchsten Genauigkeitsklasse [85,86] bestückt und wird in Vierdrahttechnik mit einem fünfeinhalbstelligen Digitalvoltmeter mit Konstantstromquelle betrieben. Dem Probenhalter ist besondere Aufmerksamkeit zu schenken, da er zum einen die Wärme gut zum Temperatursensor leiten soll, andererseits aber möglichst wenig zusätzliche Wärmekapazität in das System mit einbringen soll, da sonst die meßbare Temperaturerhöhung geringer und damit ungenauer wird, siehe auch Abschnitt 4.2.4.4.

Die Abbildung 4.18 zeigt schematisch den Aufbau des Probenhalters. Die Probe liegt im Probenhalter, an dem der Temperaturmeßwiderstand mit wärmeleitendem Kleber befestigt ist. Die Halterung erfolgt über einen Deckel mit Ausfräsungen, die wie ein Bajonettverschluß wirken und der mittels wärmeleitender Metallschrauben mit dem Halter verbunden wird. Die Wellfeder dient dabei der Aufbringung einer Federkraft zur Einspannung der Komponente und zum Ausgleich zwischen verschieden dicken Proben. Der Halter ist über drei Schrauben auf dem Umfang in dem äußeren Fassungsring zentriert. Diese Schrauben sind aus Kunststoff und an der Kontaktstelle zum Halter angespitzt, um den Wärmeübergang möglichst gering zu halten.

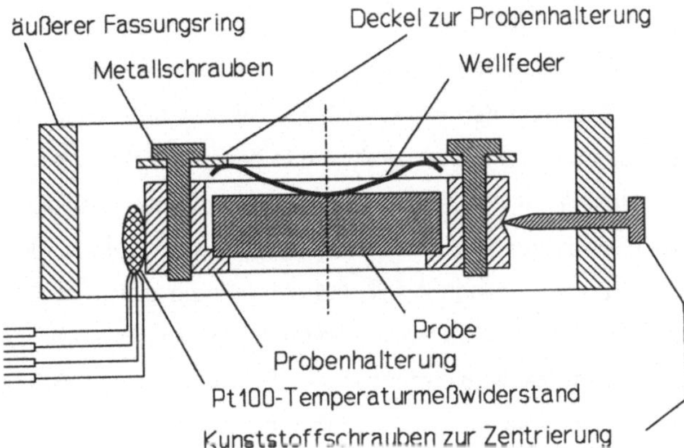

Abb. 4.18 Skizze zur Konstruktion des Probenhalters, verwendbar für transmittierende und reflektierende Proben. Die Wellfeder dient der Anpassung an unterschiedliche Probendicken.

4.2.3 Meßverfahren

Die Durchführung der Messung geschieht dergestalt, daß die Probe eine definierte Zeit bestrahlt wird und währenddessen sowie in der anschließenden Abkühlphase die Temperatur aufgezeichnet wird. Einzustrahlende Energie und Dauer der Beobachtungszeit sind der Auflösung der Temperaturmessung und den Zeitkonstanten des Systems, die durch die Wärmeleitung in der Probe und zum Halter gegeben sind, anzupassen. Die Zeiten der Bestrahlung liegen bei den im Rahmen dieser Arbeit betrachteten Proben typischerweise zwischen 5 und 60 sec und richten sich nach folgenden Kriterien:

- Die Temperaturerhöhung muß so groß sein, daß sie mit hinreichender Genauigkeit gemessen werden kann. Mit dem verwendeten Meßsystem können 0,01 K noch sicher aufgelöst werden, so daß die Temperaturdifferenzen mindestens 1 K betragen sollten.
- Andererseits sollte die Temperatur nicht unnötig stark ansteigen, da sonst die thermischen Verhältnisse durch verstärkte Abstrahlungsverluste und sich ändernde Konvektionsströmungen schwer rechnerisch erfaßbar werden. Außerdem besteht die Gefahr der Zerstörung der Probe.

Im Abschnitt 4.2.4.4 werden diese Angaben ergänzt, nachdem die in Versuchen zur Genauigkeit ermittelten Daten vorgestellt worden sind.

Die Vorbereitungen für eine Messung umfassen die Durchführung einer Leermessung, d.h. der Halter wird ohne eingebaute Probe bestrahlt und die Temperaturerhöhung in einer vorgegebenen Zeit ermittelt. Mit dieser Prozedur kann verifiziert werden, daß die Justage so erfolgt ist, daß keine Strahlung den Halter trifft und dessen Absorption die Messung nicht verfälscht. Zur Verbesserung der Genauigkeit wird in dem am IFSW entwickelten Programm [87] der hierbei ermittelte Wert der Temperaturerhöhung bei der Auswertung der Messung berücksichtigt. Die Durchführbarkeit einer Leermessung setzt voraus, daß der Halter so angeordnet wird, daß der Strahlengang mit und ohne Probe gleich ist. Dies ist jedoch im allgemeinen nur für die Messung transmittierender Komponenten sowie für reflektierende Proben bei kleinen Einfallswinkeln (typischerweise < 5°, abhängig vom Halter) erfüllt. Andernfalls, insbesondere bei der Messung von Spiegeln unter einem Einfallswinkel von 45°, ist mit den vorhandenen Haltern keine Leermessung möglich. In diesem Fall ist sicherzustellen, daß die Apertur des Halters groß genug gegen den Strahl ist.

Für die eigentliche Messung müssen neben den Wärmekapazitäten des Halters und des Temperatursensors die Daten der Probe (Masse, spezifische Wärme) gemessen bzw. bekannt sein. Daraus wird die Wärmekapazität bestimmt, wobei nur die im Wärmekontakt mit der Probe stehenden Teile Berücksichtigung finden.

4.2.4 Auswertung

Der Auswertung der Messung zur Bestimmung des gesuchten Wertes der Absorption (A) liegt die Gleichsetzung der Änderung der thermischen Energie von Probe und Halter und der Energie der absorbierten Laserstrahlung zugrunde:

$$A = \frac{\sum (m_i \cdot c_i) \cdot \Delta T}{P \cdot \Delta t} \quad . \tag{4.18}$$

Hierbei bedeutet $\Sigma(m_i \cdot c_i)$ die Summe der Wärmekapazitäten aller Elemente (durch den Index i symbolisiert), die mit der Probe in Wärmekontakt stehen sowie der Probe selbst, P bezeichnet die Laserleistung, ΔT ist eine gemessene Temperaturerhöhung und Δt eine Zeitdifferenz. Die Bedeutung der beiden letztgenannten Größen wird im folgenden diskutiert.

Mittels des oben erwähnten Programms werden die bei der Messung aufgenommenen Kurven der Temperatur als Funktion der Zeit entsprechend dieser Gleichung ausgewertet, wobei die Berechnung der Absorption A auf zwei Arten erfolgen kann, die auf unterschiedlichen Interpretationen beruhen. Für beide Verfahren ist es notwendig, den Abkühlvorgang mathematisch zu erfassen, um mittels einer approximierten Funktion diesen extrapolieren bzw.

die Tangenten an die Kurve bestimmen zu können. Als gute Näherung kann angenommen werden, daß die Temperaturänderung bedingt durch Konvektion und Wärmeleitung zur äußeren Halterung proportional zur Temperaturdifferenz ist. Diese Annahme ist nicht streng erfüllt, da bei Temperaturerhöhungen ab ca. 10 K auch die Wärmestrahlung einen nicht vernachlässigbaren Beitrag liefert. Folgt man jedoch dieser Annahme (und die gemessenen Kurven bestätigen, daß dies gerechtfertigt ist, da die Temperaturerhöhungen typischerweise nur wenige Kelvin betragen), so ergibt sich, daß die Temperatur exponentiell mit der Zeit fällt. Darauf aufbauend können aus den gemessenen Temperaturen die Koeffizienten der Exponentialfunktion ermittelt werden. Dieses Zwischenergebnis dient dann als Basis für die weiteren, unten aufgezeigten Auswerteverfahren.

4.2.4.1 Ballistisches Verfahren

Der Auswertung nach dem ballistischen Verfahren liegt die Annahme zugrunde, daß die gesamte absorbierte Energie instantan im System Probe plus Halter deponiert worden sei. Die Berechnung der Absorption ist gleichbedeutend damit, die Temperaturerhöhung ΔT zu ermitteln, die dieser Energiezunahme entspricht. Zu diesem Zweck wird der Temperaturverlauf zurückextrapoliert, im einfachsten Fall zurück bis zum Zeitpunkt der halben Bestrahlungszeit ($t_B/2$). Um Totzeiteffekten bedingt durch die endliche Wärmeleitung vom Bestrahlungsort zum Temperatursensor Rechnung zu tragen, sollte bei genauerer Betrachtung stattdessen der Wendepunkt zwischen Beginn der Bestrahlung und Erreichen der maximalen Temperatur am Sensor ermittelt werden. Zur Auswertung wird Gleichung (4.18) interpretiert als

$$A = \frac{\sum (m_i \cdot c_i)}{P \cdot t_B} \cdot \Delta T \ , \qquad (4.19)$$

wobei ΔT die ermittelte Temperaturdifferenz und $P \cdot t_B$ die eingestrahlte Energie ist. Zur Bestimmung der Kurve des exponententiellen Abfalls der Temperatur mit der Zeit muß ein Abschnitt gewählt werden, der möglichst nahe an der Bestrahlungszeit liegt, ohne jedoch in den Bereich des Übergangs von ansteigender in abfallende gemessene Temperatur zu kommen, siehe Abbildung 4.19. Ist die Zeitkonstante des Abkühlvorgangs groß gegen die Bestrahlungszeit, so ist die Differenz in der berechneten Absorption zwischen diesen beiden Varianten der Rückextrapolation (auf den Zeitpunkt der halben Bestrahlungszeit bzw. den Wendepunkt) sehr gering (typischerweise 10^{-3}).

Generell kann festgestellt werden, daß das ballistische Auswertungsverfahren unter folgenden Voraussetzungen das angepaßte ist:

- Bestrahlungszeit und Temperaturausgleich zwischen Probe und Sensor sind kurz gegen die Zeitkonstante der Abkühlung und
- die Abkühlung geschieht möglichst langsam.

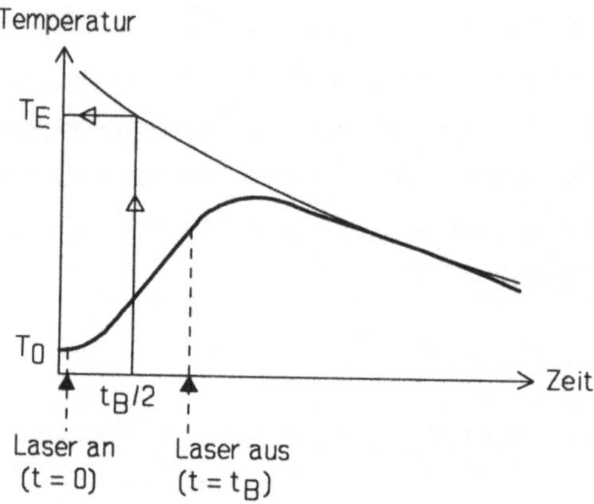

Abb. 4.19 Schematische Meßkurve einer Absorptionsmessung, ausgewertet nach dem ballistischen Verfahren. Die dick ausgezogene Kurve symbolisiert die gemessenen Werte, die dünne den angepaßten exponentiellen Verlauf. Die gesuchte Temperaturdifferenz ergibt sich zu $\Delta T = T_E - T_0$.

4.2.4.2 Gradientenverfahren

Die Auswertung der Absorption nach dem Gradientenverfahren geht davon aus, daß die gemessene Temperatur ebenso schnell ansteigt wie die mittlere Temperatur von Probe und Halter. Dies bedeutet, daß die Temperaturdifferenz zwischen Sensor und Probe konstant sein muß, sieht man von einem Anlaufverhalten zu Beginn der Bestrahlung ab. Voraussetzung hierfür ist, daß die Wärmeleitung von der Probe zum Sensor sehr viel besser sein muß als diejenige vom Sensor zur Umgebung. Die Temperatur steigt dann während der Bestrahlung linear mit der Zeit an. Die Gleichung (4.18) wird dazu wie folgt umgeschrieben:

$$A = \frac{\sum (m_i \cdot c_i)}{P} \cdot \left(\left(\frac{\Delta T}{\Delta t}\right)_1 - \left(\frac{\Delta T}{\Delta t}\right)_2 \right) \quad . \tag{4.20}$$

Die Gradienten $(\Delta T/\Delta t)_{1,2}$ sind zu geeigneten Zeitpunkten während der Bestrahlungszeit (1) und der Abkühlphase (2) zu ermitteln. Ersterer ist so zu wählen, daß obige Bedingung erfüllt ist, also im linearen Teil der Temperaturkurve (t_1 in der Abbildung 4.20). Ausgehend von der mittleren Temperatur, bei der diese Steigung bestimmt wird ($T(t_1) = T_{1,2}$ in der Abbildung), ist sodann der zweite Zeitpunkt t_2 im Bereich des Abkühlens bei der selben Temperatur ($T(t_2)$ =

$T(t_1) = T_{1,2}$) zu ermitteln und dort ebenfalls die Steigung (die an dieser Stelle negativ ist), zu bestimmen.

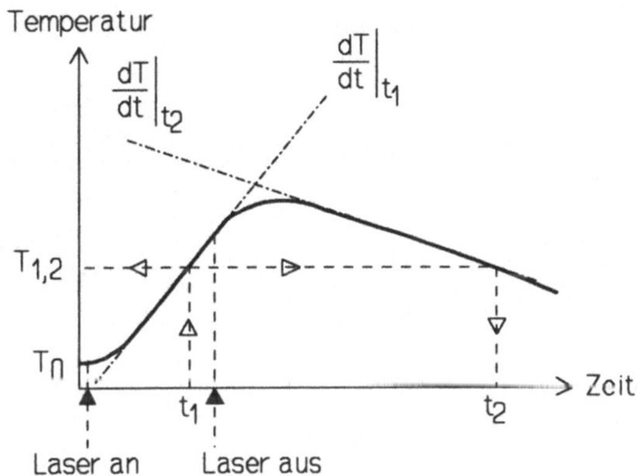

Abb. 4.20 Schematische Meßkurve einer Absorptionsmessung, ausgewertet nach dem Steigungsverfahren. Die dick ausgezogene Kurve symbolisiert die gemessenen Werte, die dünnen die angepaßten Geraden mit den Steigungen dT/dt zu den Zeiten t_1 und t_2.

Aus den Voraussetzungen kann abgelesen werden, daß dieses Verfahren geeignet ist, wenn:

- gute Wärmeleitung innerhalb der Probe und von der Probe zum Halter stattfindet,
- die Bestrahlungszeit lang genug ist, um den Bereich des linearen Temperaturanstiegs zu erreichen und
- die Randbedingungen, die die Abkühlung bewirken, konstant sind.

Der letzte Punkt wurde überprüft durch das gezielte Anblasen mit einem Lüftermotor vor, während und nach der Bestrahlung. Trotz der auf diese Weise forcierten Konvektion war das Ergebnis der Absorptionsberechnung innerhalb der Fehlergrenzen konsistent mit den unter normalen Umständen erzielten Werten. Dies bedeutet, daß der geringere Temperaturanstieg $(\Delta T/\Delta t)_1$ während der Bestrahlung rechnerisch durch den schnelleren Temperaturabfall $(\Delta T/\Delta t)_2$ während der Abkühlung kompensiert wird, wie dies die Intention dieser Interpreptation der Formel auch ist.

4.2.4.3 Vergleich der beiden Auswerteverfahren

Um den Fehler zu ermitteln, der durch die Auswerteverfahren selbst entsteht, wurde eine Versuchsreihe [88] durchgeführt, bei der die Messungen jeweils nach beiden Methoden ausgewertet wurden. Für eine ZnSe-Probe sind in der Abbildung 4.21 die Ergebnisse aufgetragen. Man erkennt, daß das ballistische Verfahren für den gezeigten Fall über den betrachteten Bereich der Bestrahlungszeiten ein im Rahmen der Meßgenauigkeit konstantes Resultat liefert, wohingegen das Gradientenverfahren eine Mindestbestrahlzeit (hier ca. 60 s) erfordert, um korrekte Werte zu ergeben: bei kürzeren Zeiten ist die Annahme, daß die Wärmeflüsse im Gleichgewicht seien, nicht erfüllt.

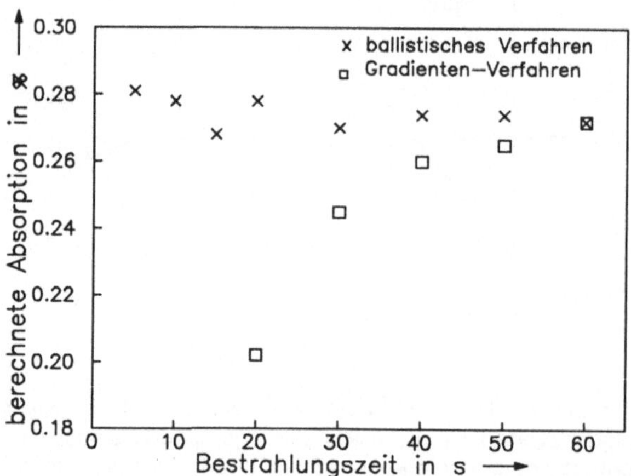

Abb. 4.21 Absorptionsmessung: berechnete Absorption als Funktion der Bestrahlungszeit.

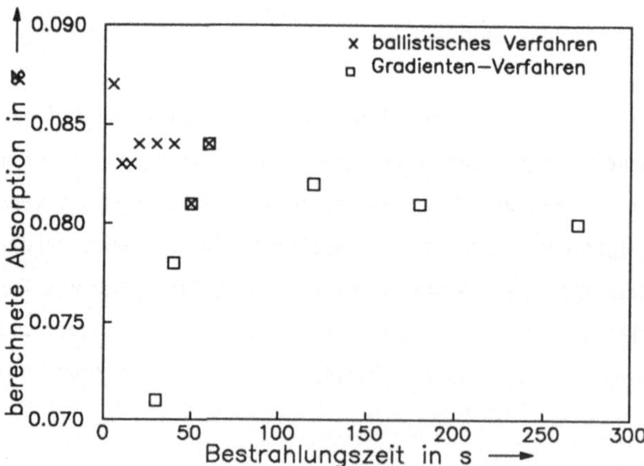

Abb. 4.22 Absorptionsmessung: berechnete Absorption als Funktion der Bestrahlungszeit, wie Abb. 4.21, jedoch niedrigerer Absorptionswert.

Für noch längere Bestrahlungszeiten beginnt sich ein Temperaturgleichgewicht zwischen Probe und Umgebung einzustellen. Bei der Abbildung 4.22 wurden daher bei niedrigerer Absorption längere Bestrahlungszeiten realisiert. Hier ist der beschriebene Sättigungseffekt erkennbar, der den Temperaturanstieg $(dT/dt)_1$ vermindert und daher zur Berechnung zu kleiner Absorptionswerte mit zunehmender Bestrahlungszeit führt. Für Probenmaterialien mit anderen Wärmeleitungseigenschaften gelten dementsprechend analoge Bedingungen, jedoch bei anderen Bestrahlungszeiten bzw. Laserleistungen.

4.2.4.4 Anforderungen an die Meßapparatur

Um die Absorption mit der gewünschten Genauigkeit messen zu können, sind bei der Konzipierung der Meßapparatur Aspekte zur Laserleistung, Probenhalterung und erzielbaren Auflösung bei der Temperaturmessung zu beachten. Bei der Messung von Proben mit geringer Absorption kann sonst das Problem auftreten, daß die Laserleistung nicht ausreicht, um eine genügende Temperaturerhöhung der Probe zu bewirken, so daß die Bestimmung der Absorption mit einem zu großen Fehler behaftet ist. Um neben den Ausführungen zur elektrischen Kalibrierung die Betrachtungen zur Genauigkeit zu vervollständigen, sei der Zusammenhang an dieser Stelle aufgezeigt. Formt man die grundlegende Formel so um, daß sich die notwendige Laserleistung mal Bestrahlungszeit in Abhängigkeit von der minimalen Temperaturdifferenz, die mit hinreichender Auflösung gemessen werden kann, ergibt, so erhält man:

$$P \cdot \Delta t = \frac{\sum (m_i \cdot c_i)}{A} \cdot \Delta T \quad . \tag{4.21}$$

Für eine ZnSe-Komponente (D = 38 mm, d = 3 mm, A = 0,2 %) und einen Halter mit $m \cdot c$ = 6 J/K (am IFSW verwendeter Typ aus Aluminium) beträgt die gesamte Wärmekapazität $\Sigma(m_i \cdot c_i)$ = 13 J/K. Für eine Auflösung von 0,01 K bei der Temperaturmessung und einer geforderten Genauigkeit von 1% muß dabei ΔT = 1 K betragen. Für das Produkt $P \cdot \Delta t$ ergibt sich ein minimaler Wert von 6,5 kJ, mit dem die Probe bestrahlt werden muß. Wie die Abbildungen 4.21 und 4.22 zur Untersuchung der Genauigkeit zeigen, sollte die Bestrahlungszeit Δt in diesem Fall 100 s nicht überschreiten. Die minimale erforderliche Laserleistung muß also 65 W betragen. Bei der Durchführung der Messung im Vakuum können wegen der dort entfallenden Wärmeverluste durch Wärmeleitung an die Luft und Konvektion längere Bestrahlungszeiten ohne Genauigkeitseinbußen realisiert werden, so daß die notwendige Laserleistung geringer als der eben berechnete Wert sein kann. Bei der Konstruktion der Probenhalterung muß also auf folgende Punkte geachtet werden:

- eine möglichst geringe Wärmekapazität, zu realisieren durch die Wahl eines Materials mit geringer spezifischer Wärme und eine Minimierung der Masse sowie

- gute Wärmeleitfähigkeit, um eine korrekte Temperaturmessung sicherzustellen.

Bei der Messung von Proben mit höherer Absorption bzw. Bestrahlung mit mehr Leistung treten diese Kriterien in den Hintergrund, da der Temperaturanstieg größer ausfällt. Jedoch ist zu beachten, daß in diesem Fall die Temperaturgradienten innerhalb der Probe und zwischen Probe und Temperatursensor ansteigen. Dies bringt es mit sich, daß durch die Wärmeverluste durch Konvektion und Schwarzkörperstrahlung ein Teil der Energie von der Probe wieder abgegeben wird, bevor er von der Temperaturmessung erfaßt werden kann. Die Schwarzkörperstrahlung trägt bei den verwendeten Aufbauten bei 10 K Temperaturerhöhung bereits einige Prozent zur Wärmeabgabe bei. Die genaue Relation der verschiedenen Verluste hängt von der konkreten Geometrie ab, da eine große Oberfläche von Probe und Halter die Wärmeleitung an die umgebende Luft und eine evtl. auftretende Konvektion begünstigt.

4.2.5 Absorptionswerte

Die Tabelle 4.2 enthält im Rahmen dieser Arbeit ermittelte, typische Absorptionswerte einiger optischer Komponenten für CO_2-Laser-Anwendungen. Weitere Werte findet man z.B. in [84]. Die angegebenen Werte können je nach Hersteller, Güte des Substratmaterials oder Design der Beschichtung variieren, sie gelten für neue Komponenten, bei gebrauchten können sie um einen Faktor zwei höher liegen.

Substrat-material	Absorption in [%] für (nahezu) senkrechten Einfall (φ < 3°) bzw. (nahezu) senkrechten Einfall (φ < 3°) / φ = 45° (S-Polarisation) / φ = 45° (P-Polarisation)		
	keine Beschichtung	beidseitig antireflex-beschichtet	Spiegelseite hochreflektierend beschichtet
ZnSe	0,05-0,07	0,16-0,22	-
KCl	0,03	-	-
CdTe	-	0,30	-
GaAs	-	0,30	-
Ge	-	0,66	-
Cu	0,7 / 0,5 / 1,0	-	0,12-0,16 / 0,09-0,13 / 0,19-0,28
Si	-	-	0,25 / 0,14-0,23 / 0,35-0,67

Tab. 4.2 Absorptionswerte in [%] einiger Komponenten bei λ = 10,6 μm.

4.2.6 Ergänzende Betrachtungen zu transmittierenden Proben

Um aus den gemessenen Werten für die totale Absorption (A_T) einer Komponente Informationen über den Extinktionskoeffizienten a und die Anteile der Beschichtungen (A_B) und des Substrates (A_S) gewinnen zu können, seien noch einige Betrachtungen dazu angestellt.

4.2.6.1 Bestimmung des Extinktionskoeffizienten

Bei Materialien, die für die Herstellung transmittierender Komponenten eingesetzt werden, kann der Extinktionskoeffizient a mit Hilfe des Beerschen Gesetzes aus der Messung der Absorption A bestimmt werden. Dieses Gesetz gibt an, wie sich die Intensität I als Funktion des Ortes z entlang der optischen Achse verhält (I_0: Intensität bei z = 0):

$$I(z) = I_0 \cdot e^{-a \cdot z} \quad . \tag{4.22}$$

Ist die Absorption die einzige Ursache der Abschwächung, so folgt für eine Strecke der Dicke d, die klein gegen a^{-1} ist:

$$I_0 - I(d) \approx A_S \cdot I_0 \quad . \tag{4.23}$$

Die Bedingung $d \ll a^{-1}$ ist notwendig, um die Intensität I im rechten Term in guter Näherung gleich der einfallenden Intensität setzen zu können. Es folgt dann für den Extinktionskoeffizienten eines Substrates der Dicke d aus der gemessenen Absorption:

$$a = -\frac{1}{d} \cdot \ln(1 - A_S) \quad . \tag{4.24}$$

Es ist hierbei zu beachten, daß die Messung von A_S nicht ohne Probleme ist, da der Einfluß der Probenoberflächen, die einen schwer zu kontrollierenden Beitrag zur gemessenen Absorption liefern, eliminiert werden muß. Dies kann z.B. durch Messungen an mehreren gleichartigen, aber unterschiedlich dicken Proben geschehen. Für die Anwendung bei CO_2-Lasern sind speziell die Werte der Materialien ZnSe (a = 0,0005 cm^{-1}) und GaAs (a = 0,007 cm^{-1}) [37,38] von Interesse.

4.2.6.2 Messungen an unbeschichteten Proben

Wie bereits im Abschnitt 2.2.1 ausgeführt, reflektieren unbeschichtete Oberflächen einen Teil der einfallenden Intensität. Dennoch läßt sich leicht zeigen, daß die Leistung, die in einer solchen Probe vorliegt und damit bei der Berechnung der Absorption nach den oben geschilderten Auswerteverfahren einzusetzen ist, gleich der einfallenden Leistung P ist. Sei R_G die Reflektivität der Oberflächen, so wird von der einfallenden Leistung der Anteil $P_0 = P \cdot (1 - R_G)$ in die Probe eintreten. Von diesem wird beim Austritt an der zweiten Oberfläche der Anteil $P_1 = P \cdot (1 - R_G) \cdot R_G$ wieder in die Probe zurückreflektiert. Bei der N-ten Reflexion schließlich:

$P_N = P \cdot (1 - R_G) \cdot R_G^N$. Um die Gesamtleistung in der Probe zu erhalten ist die Summation über alle P_i aus zuführen, wobei man $\Sigma P_i = P$ erhält. Hierbei ist zu beachten, daß Interferenzeffekte unberücksichtigt geblieben sind. Stehen die Oberflächen der Probe hinreichend parallel zu einander, so liegt ein Fabry-Pérot-Resonator vor und die Leistung im Inneren der Probe kann größere Werte als die eingestrahlte Leistung P annehmen. Es empfiehlt sich daher, bei unbeschichteten Proben nur solche mit Keilwinkel zu verwenden, um diesen Effekt zu vermeiden.

4.2.6.3 Teilreflektierend / antireflex-beschichtete Proben

Eine weitere wichtige Klasse von Proben sind solche, die auf einer Seite eine teilreflektierende (Reflektivität R_1) und auf der anderen eine Antireflex-Beschichtung (typischerweise $R_2 < 0{,}5\%$, wird vernachlässigt) aufweisen. Diese werden vor allem in Lasern mit stabiler Resonatorkonfiguration als Auskoppelspiegel eingesetzt. Die Absorptionsmessung an einer solchen Proben kann auf zwei Arten durchgeführt werden: erstens die teilreflektierende Beschichtung zeigt zum Laser (Meßwert A_A), zweitens die Antireflex-Beschichtung ist dem Laser zugewandt (Meßwert A_B). Bezeichnet man mit A_1 die Absorption der teilreflektierenden Schicht, mit A_2 die der Antireflex-Schicht und mit A_3 die des Substrates, so gelten folgende Beziehungen:

$$A_A = A_1 + (1 - R_1) \cdot (A_2 + A_3) \tag{4.25}$$

und

$$A_B = A_1 + (1 + R_1) \cdot (A_2 + A_3) \quad . \tag{4.26}$$

Aufgelöst nach A_1 und $A_2 + A_3$ ergibt sich:

$$A_2 + A_3 = \frac{1}{2 \cdot R_1} \cdot (A_B - A_A) \tag{4.27}$$

und

$$A_1 = \frac{1}{2 \cdot R_1} \cdot (A_A \cdot (1 + R_1) - A_B \cdot (1 - R_1)) \quad . \tag{4.28}$$

Die getrennte Bestimmung der Absorption der teilreflektierenden Seite, die sich im eingebauten Zustand im Innenraum des Lasers befindet, erlaubt es z.B. bei einer Verschmutzung (und damit erhöhter Absorption), festzustellen, ob die Ursache dafür im Inneren des Lasers oder in der Umgebung zu suchen ist.

4.3 Methode der Finiten Elemente

Neben den experimentellen Untersuchungsmethoden zum Deformationsverhalten optischer Komponenten bei Bestrahlung ist es sinnvoll, auch numerische Verfahren zur Verfügung zu haben. Damit lassen sich Studien zum Einfluß verschiedener Parameter durchführen, ohne daß experimentelle Unsicherheiten das Ergebnis verfälschen können. Als zweckmäßige Art der Beschreibung der Problematik hat sich die Methode der Finite-Elemente-Analyse (im folgenden kurz FEA genannt) erwiesen [89,90].

Die FEA ist ein sehr weites Gebiet mit einem umfangreichen theoretischen Hintergrund [91,92,93], der hier nicht weiter behandelt werden soll. Für die Berechnungen im Rahmen dieser Arbeit stand das Finite Elemente Programmpaket PERMAS [94] zur Verfügung, das an der Universität Stuttgart entwickelt worden ist [95] und auf der CRAY2 des hiesigen Rechenzentrums implementiert ist. Programme zur Vor- und Nachbearbeitung übernehmen die Umsetzung der geometrischen Daten und Eigenschaften in die Übergabeformate von PERMAS und bereiten die Rechenergebnisse auf, in dem aus den Resultaten für Temperatur und Verschiebungen z.B. optische Weglänge etc. berechnet werden [96].

Grundidee der FEA ist die Aufteilung eines gegebenen Körpers (Kontinuum) in diskrete Volumenelemente, deren Größe den Raumfrequenzen der Randbedingungen (z.B. Lagerung), den Einwirkungen von außen (z.B. Strahldurchmesser), der Strukturfeinheit des Körpers und den resultierenden Werten wie Temperaturverteilung und Verzerrungen anzupassen ist. Die Ausnutzung vorhandener Symmetrien ermöglicht eine Reduktion des Rechenaufwandes: so braucht z.B. bei axialer Symmetrie anstelle der Berechnung im dreidimensionalen Raum nur ein Schnitt entlang der radialen Achse betrachtet und also nur eine zweidimensionale Halbebene berechnet zu werden.

Unter der Einwirkung einer Bestrahlung der Komponente wird durch die Absorption ein Teil der Strahlungsleistung in Wärme umgesetzt und heizt so die Struktur auf. Die Geometrie der einzelnen Elemente bestimmt ihre Oberfläche, die in Verbindung mit den Wärmeleitungseigenschaften und dem Temperaturgradienten den Wärmefluß bestimmt. Durch das Zusammenwirken von Ausdehnung, elastischen Eigenschaften und Randbedingungen wird das die Komponente repräsentierende Gitter verzerrt und aus den Verschiebungen der Oberfläche folgen sofort die Wellenfrontänderungen für den gegebenfalls an dieser Fläche reflektierten Strahl. Die Abbildung 4.24 zeigt das Schema einer Modellierung.

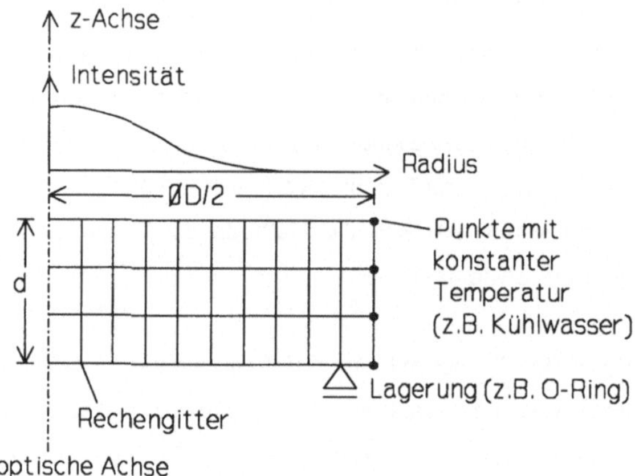

Abb. 4.24 Skizze zum Rechengitter für die Berechnung einer Planplatte (Dicke d, Durchmesser D) mit der Methode der Finiten Elemente unter Ausnutzung der radialen Symmetrie des Problems. Eingezeichnet sind neben dem Rechengitter die Intensitätsverteilung des einfallenden Strahls, der Ort der Lagerung sowie die Punkte, die zur Berücksichtigung der Kühlung auf konstanter Temperatur gehalten werden.

Die optische Weglänge in Transmission muß durch Auswertung des Integrals der optischen Weglänge in Form einer Summe geschehen. Die korrekte Berechnungsmethode hierfür ist das Raytracing-Verfahren, wobei für Elemente, deren Dicke und Strahlablenkungen auf dem Weg durch die Komponente klein gegen den Durchmesser ist, auch die (rechentechnisch weniger aufwendige) Möglichkeit, auf Geraden parallel zur optischen Achse die optische Weglänge zu berechnen, im Rahmen der notwendigen Genauigkeit (Abweichungen kleiner ein hunderstel der zu betrachtenden Wellenlänge) zu richtigen Ergebnissen führt.

Um die Einflüsse der Bestrahlung einer optischen Komponente zu beschreiben, ist die Kenntnis der folgenden Daten notwendig:

- thermische und mechanische Konstanten des Materials,
- Intensitätsverteilung und von der Komponente absorbierter Anteil der Leistung, wobei zwischen Oberflächen- und Volumenabsorption zu unterscheiden ist. Während bei Kupferspiegeln z.B. nur erstere auftritt, sind bei transmittierenden Komponenten das Substrat und die Beschichtungen (falls vorhanden) als Volumenabsorber zu betrachten, wenn eine möglichst genaue Modellierung erfolgen soll. Da die Beschichtungen i.a. sehr dünn gegen das Substrat sind (typisch 1:100 bis 1:1000), können sie auch als Oberflächenabsorber

behandelt werden. In diesem Fall sind dann allerdings keine Aussagen z.B. über die dort auftretenden Temperaturen mehr möglich.

Damit lassen sich dann die durch Wärmebelastung verursachten Änderungen der thermischen und mechanischen Größen bestimmen. Es gelten die in der Abbildung 4.24 skizzierten Zusammenhänge. Um von den thermischen und mechanischen Größen zu den letztlich interessierenden optischen zu gelangen, müssen die thermooptischen und elastooptischen Konstanten hinzugezogen werden, die in der Tabelle 4.3 zusammengefaßt sind. Bei der Interpretation der Tabelle sind folgende Punkte zu beachten:

- Bei Spiegeln bzw. für den reflektierten Strahl bei Strahlteilern liefert nur die Oberflächenverschiebung einen Beitrag.
- Die Definition der Größen (α bzw. α^* und p_{11}) ist in verschiedenen Quellen unterschiedlich, was die Vergleichbarkeit der Angaben erschwert. So wird von einigen Autoren die Querkontraktionszahl ν von der thermischen Ausdehnung α^* abgespalten [97], jedoch ist in manchen Quellen nicht ersichtlich, ob α oder α^* gemeint ist.

Um Problemen auch mit den teilweise nur ungenau bekannten elastooptischen Konstanten aus dem Weg zu gehen, wird dieser Term in den Rechnungen für diese Arbeit nicht betrachtet. Daß die möglichst vollständige Erfassung der optischen Eigenschaften im Rahmen des vorhandenen Modells noch verfeinert werden muß, kann an der im Abschnitt 5.2.3.5 diskutierten Diskrepanz zwischen den numerischen und den experimentellen Resultaten ersehen werden.

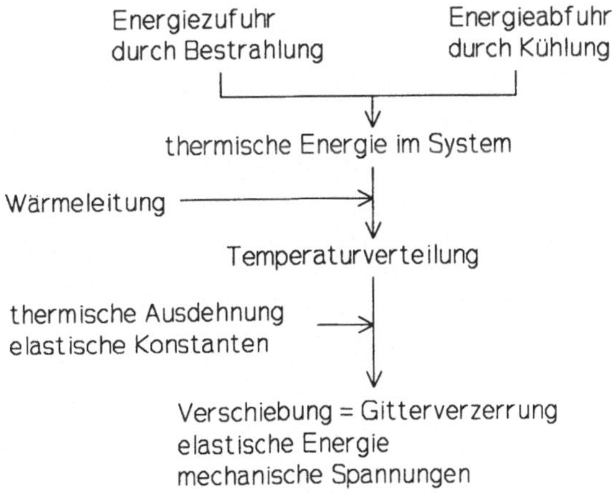

Abb. 4.24 Zusammenhänge zwischen Wärmeeinbringung und resultierenden Effekten.

Zusammenhang	zugehörige Größe		Beitrag zur optischen Weglänge
	Benennung	Symbol	
thermo-mechanisch	thermische Ausdehnung	α	$(n-1)\cdot\alpha\cdot d\cdot\Delta T$ bzw. $(n-1)\cdot(1+\nu)\cdot\alpha^{*}\cdot d\cdot\Delta T$ [97]
thermo-optisch	Temperaturabhängigkeit des Brechungsindex	dn/dT	$dn/dT\cdot d\cdot\Delta T$
elasto-optisch	Einfluß mechanischer Spannung auf den Brechungsindex	p_{11}	$(E_Y/4)\cdot n^3\cdot\alpha\cdot p_{11}\cdot d\cdot\Delta T$ [98] bzw. $(1/6)\cdot n^3\cdot\alpha\cdot p_{11}\cdot d\cdot\Delta T$ [89]

Tab. 4.3 Thermische und elastische Einflußgrößen auf die optische Weglänge einer Komponente der Dicke d bei einer Temperaturänderung um ΔT.

5 Verhalten optischer Komponenten bei Bestrahlung

In diesem Kapitel werden die experimentellen und numerischen Untersuchungen an verschiedenen Komponenten bei der Bestrahlung mit Hochleistungs-CO_2-Lasern vorgestellt. Dabei wurden folgende, für die Anwendung besonders wichtige Komponenten betrachtet:

- Kupferspiegel mit und ohne reflexionserhöhende Beschichtung und unterschiedlicher Geometrie der Kühlwasserführung,
- Planplatten aus ZnSe mit Antireflex-Schicht und unterschiedlicher Art der Wasserkühlung.

Die Auswertungen von Messungen und die Berechnungen basieren auf den im Kapitel 4 beschriebenen Verfahren und Interpretationsweisen.

5.1 Kupferspiegel

In der Anwendung spielen Kupferspiegel zur Strahlführung (Umlenkspiegel) und -formung (Teleskope, Fokussieroptiken) eine dominierende Rolle. Dennoch ist das Wissen über die optimale Geometrie wie auch die Kühlwasserführung bislang unzureichend. Die hier vorgestellten Untersuchungen verfolgen daher das Ziel, aufbauend auf der in Abschnitt 3.1.3 gezeigten verformungsarmen Konstruktion (und im Hinblick auf ihre Verbesserung im Abschnitt 3.4.3) die Praxistauglichkeit für Strahlleistungen von mehr als zehn Kilowatt nachzuweisen, wobei auch die Spiegelhalterung und verschiedene Kühlwasserführungen mit in die Prüfung einbezogen werden. Außerdem werden Hinweise auf künftige Entwicklungen gegeben und zur Ergänzung andere gebräuchliche Spiegelkonzepte angeführt.

5.1.1 Spiegel mit integrierter Kühlwasserführung

Die in diesem Abschnitt beschriebenen Untersuchungen wurden an Originalspiegeln und -halterungen durchgeführt, wie sie im Strahlführungssystem des IFSW zum Einsatz kommen. Die Spiegel weisen einen Durchmesser von 100 mm und eine Dicke von 25 mm auf und sind auf der Rückseite mit Einstichen versehen, um eine durch die Montage bedingte Deformation zu verhindern. Die Ausführung von Spiegel und Halterung wurde bereits im Abschnitt 3.1.3, Abbildung 3.2 bis 3.4 vorgestellt. Die Spiegel verfügen über eine integrierte Wasserkühlung in Form von eingefrästen Kanälen, die sich standardmäßig d = 4,5 mm unterhalb der Oberfläche befinden. Abweichende Geometrien werden in Abschnitt 5.1.2 betrachtet. Neben der bislang üblichen Geometrie dieser Kanäle mit je einem Verteil- und Sammelkanal, die durch mehrere parallelverlaufende (und auch hydraulisch parallelgeschaltete) Kanäle verfügen, kommt auch eine Geometrie mit einem einzigen Kanal (spiralförmig mit je einem Anschluß im Zentrum und am äußeren Rand) zur Untersuchung, die aufgrund von Überlegungen zur effizienteren Kühlung bei hohen Leistungen gewählt wurde [99]. Die Abbildungen 5.1 und 5.2 zeigen schematisch die Kühlwasserführung bei Spiegeln mit parallellaufenden Kühlkanälen bzw. mit spiralförmigem Kühlkanal. Durch die Montage der Spiegel in den Originalbauteilen, wie sie auch für das IFSW-Strahlführungssystem Verwendung finden, werden alle auftretenden Effekte unter Bedingungen gemessen, die identisch denen im realen Einsatzfall sind.

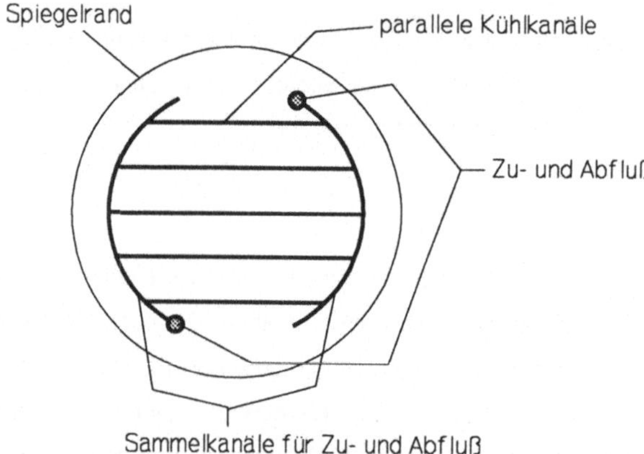

Abb. 5.1 Skizze zum Spiegel mit integrierten, parallellaufenden Kühlwasserkanälen. Der Querschnitt in den Sammelkanälen sollte gleich der Summe der Querschnitt in den parallel geschalteten Kanälen sein.

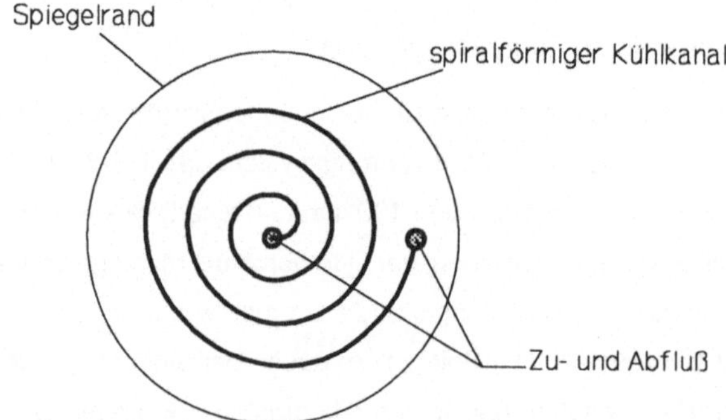

Abb. 5.2 Skizze zum Spiegel mit integriertem, spiralförmigem Kühlwasserkanal. Der Kanalquerschnitt ist so zu dimensionieren, daß der Strömungswiderstand hinreichend klein ist, jedoch eine turbulente Strömung sichergestellt ist (wegen des besseren Wärmeübergangs).

5.1.1.1 Experimenteller Aufbau

Zur Bestrahlung der Spiegel stand ein CO_2-Laser mit einer Ausgangsleistung von 5,5 kW zur Verfügung [60]. Der Lasermode läßt sich durch eine Überlagerung von Anteilen eines TEM_{00} und eines TEM_{01^*}-Mode in guter Näherung beschreiben. Bei den Experimenten zur Untersuchung der Anwendbarkeit der verschiedenen Spiegelkonzepte für Einsatzfälle mit Laserleistungen von mehr als 10 kW wurde eine möglichst hohe Strahlbelastung angestrebt, die dadurch erreicht wurde, daß die Probe nicht nur einmal, sondern dreimal vom Laserstrahl getroffen wurde, siehe Abbildung 4.15 in Abschnitt 4.1.6. Für die Polarisation des einfallenden Strahls wurde die P-Polarisation gewählt, da die Absorption dafür größer ist als für S-Polarisation, vgl. Tabelle 4.2 im Abschnitt 4.2.5. Die eingestrahlte Leistung auf der Probe wird aus der Laserausgangsleistung unter Berücksichtigung der Verluste aller verwendeten Spiegel bestimmt und beträgt 15,5 kW (±1,0). Berechnet man aus der auftreffenden Laserleistung bei jedem Durchgang über den Spiegel und der jeweiligen winkelabhängigen Absorption die insgesamt vom Spiegel absorbierte Leistung, so erhält man für die unbeschichteten Exemplare 158 W (±10) und für das beschichtete 45 W (±3).

Die gewünschten Strahldurchmesser auf der Probe können entweder durch die Abbildung des Auskoppelspiegels des Lasers auf die Probe oder durch ein Teleskop zwischen dem Laser und der Probe realisiert werden. Die Abbildung wird verwendet, um bei gleicher Form der Intensitätsverteilung verschiedene Strahldurchmesser durch Wahl des Abbildungsmaßstabes zu erzielen. Das Teleskop dagegen erlaubt es, den Strahldurchmesser über Distanzen von mehreren Metern auf wenige Prozent konstant zu halten und wird daher eingesetzt, wenn die Probe im Verlauf des Strahlengangs mehrfach zu bestrahlen ist, so auch in diesem Fall. Die Strahldurchmesser zum Testen der Spiegel des Strahlführungssystems orientieren sich an den in der Praxis relevanten Werten, die auch eine Überstrahlung des Spiegels und somit ein Bestrahlen der Halterung einbeziehen können. Normalerweise wird dies allerdings durch geeignet positionierte Blenden im System verhindert. Gewählt wurden zwei Strahlradien: 11 und 25 mm. Die mittleren Leistungsdichten auf der Spiegeloberfläche betragen unter Berücksichtigung der Einfallswinkel 3,0 bzw. 0,55 kW cm^{-2}. Für die numerische Simulation, die z.Z. auf radialsymmetrische Geometrie beschränkt ist, wird daraus der Radius einer äquivalenten Kreisfläche berechnet. Für einen Einfallswinkel von 45° auf der Probe beträgt der so berechnete Radius das $2^{0,25}$ fache des Strahlradius.

5.1.1.2 Numerische Simulation

Das bei der numerischen Simulation verwendete Modell wurde dem realen Spiegel soweit wie möglich gerecht. Das bestehende Programm bedurfte dabei erheblicher Verfeinerungen [96]. Insbesondere wurden im Inneren des Rechengitters des Spiegels die Ränder des Kühlkanals als Knotenpunkte mit konstanter Temperatur definiert und zur genauen Erfassung der mechanischen Eigenschaften des Spiegels die Bereiche des Kanals als Zonen ohne Steifigkeit definiert. Durch eine geeignete Wahl der Gitterabstände kann dann die gewünschte bzw. gegebene Geometrie der Kanäle (Höhe, Breite und Abstand untereinander) realisiert werden. Die Abbildung 5.3 zeigt schematisch das zur numerischen Simulation verwendete Modell.

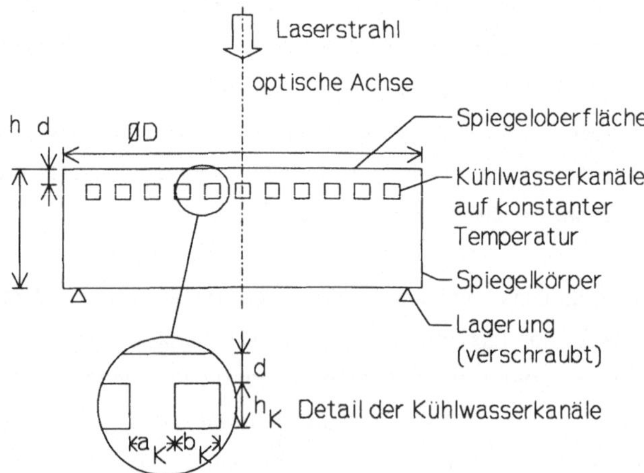

Abb. 5.3 Skizze zur Modellierung des Spiegeltyps des Strahlführungssystems mit integrierter Wasserkühlung. Die geometrischen Daten des Kühlkanals sind: d: Abstand von der Spiegeloberfläche, h_K: Höhe, b_K: Breite und a_K: Abstand untereinander. Das radialsymmetrische Modell vermag die spiralförmige Führung des Kühlwasserkanals gut wiederzugeben.

Mit der Vereinfachung, die Ränder der Kühlkanäle auf konstanter Temperatur zu halten, kann zwar nicht die vollständige Dynamik bei Beginn der Bestrahlung exakt ermittelt werden, jedoch lassen sich die Verhältnisse damit gut beschreiben, wie die Übereinstimmung (s.u.) mit den experimentellen Ergebnissen zeigt, und zuverlässige Resultate erzielen. Außerdem ist bei Kupferspiegeln der transiente Bereich auf wenige zehntel Sekunden nach dem Einschalten des Lasers beschränkt und damit im Hinblick auf die Materialbearbeitung irrelevant [78]. Im Fall des betrachteten Experiments beträgt die Temperaturerhöhung des Kühlwassers zwischen Ein- und Auslauf im stationären Zustand 0,75 K.

Abb. 5.4

Unbeschichteter Kupferspiegel (Durchmesser 100 mm) mit integrierter Spiralkühlung, eingestrahlte Leistung: 15,5 kW. Interferogramme: eine Streifenperiode entspricht λ/4 des He-Ne-Laser). Strahlradien 25 bzw. 11 mm, mit Bildverarbeitung [68] ausgewertete Oberfläche (Gesichtsfeld: ∅ = 91 mm).

a: Interferogramm im unbelasteten Zustand

b: Interferogramm bei 15,5 kW, Strahlradius 25 mm

c: wie b, jedoch Strahlradius 11 mm

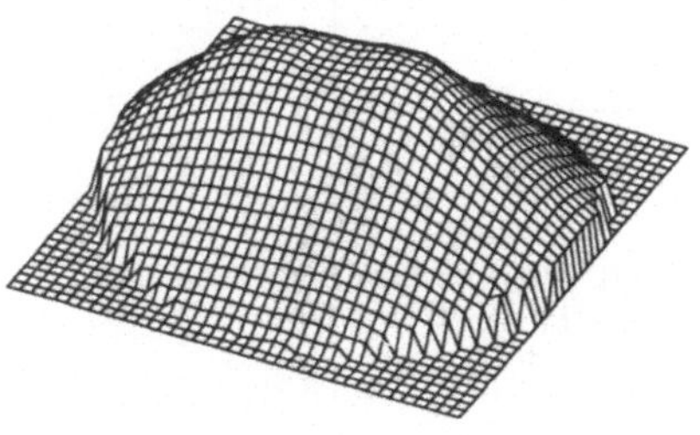

d: Oberflächenkontur zu b, max. Höhe: 1,0 μm, ohne Verkippung

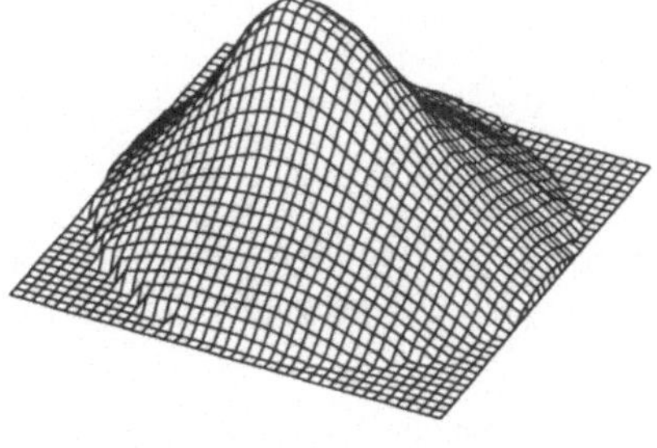

e: Oberflächenkontur zu c, max. Höhe: 1,5 μm, ohne Verkippung

5.1.1.3 Ergebnisse

1) Spiralförmiger Kühlkanal: Experiment und numerische Simulation

Um zunächst eine Vorstellung von den Messungen zu geben, seien die Interferogramme des untersuchten Spiegels und die daraus berechneten Oberflächenkonturen gezeigt. Die Abbildung 5.4 zeigt in Bild a den unbelasteten Zustand (durch Verkippen des Spiegels sind horizontale Streifen eingestellt worden), in b und c die Situation bei Bestrahlung mit großem (b) und kleinem (c) Strahlradius. In d und e schließlich sind die ausgewerteten Konturen dargestellt, die sich auf das jeweils darüber dargestellte Interferogramm beziehen.

Mit Hilfe der rechnergestützten Streifenauswertung [68] und zusätzlicher eigener Programme zur Ermittlung des effektiven Krümmungsradius werden die Interferogramme analysiert. Ziel ist, die einzelnen Effekte im Sinne der Tabelle 4.1 voneinander zu separieren, um die Daten beurteilen zu können. Die Abbildungen 5.5 bis 5.8 zeigen die gemessenen Werte für die Deformation der Oberfläche (ohne Verkippung), die Verkippung, den Krümmungsradius der Oberfläche im Bereich des Strahls sowie den effektiven Konturfehler, vgl. Abbildung 4.10, jeweils für die beiden Strahlradien von 11 und 25 mm.

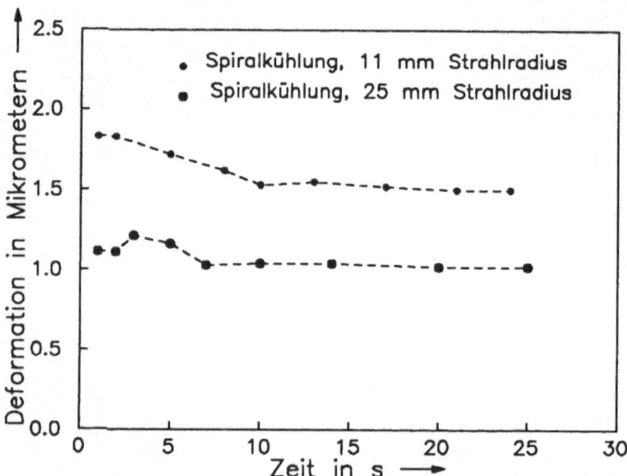

Abb. 5.5 Unbeschichteter Spiegel mit Spiralkühlung: Deformation der Oberfläche als Funktion der Zeit bei 15,5 kW eingestrahlter Leistung.

Man liest aus Abbildung 5.5 ab, daß die Deformation innerhalb weniger als einer Sekunde einen dem stationären Wert vergleichbaren erreicht. Damit ist dieser Effekt wesentlich schneller als die Materialbearbeitung z.B. beim Schneiden oder Schweißen (Dauer: typischerweise einige Sekunden bis einige zehn Sekunden) und damit unkritisch, da sich die Strahlparameter während der Bearbeitung nicht ändern. Weiterhin erkennt man, daß in den ersten Sekunden nach Beginn der Bestrahlung die gemessenen Werte größer sind als im stationären Fall. Dies wird darauf zurückzuführen sein, daß die Temperaturverteilung zu diesen Zeiten wegen der endlichen Wärmeleitfähigkeit noch nicht derjenigen im Gleichgewicht entspricht, so daß die Deformation lokal anders ausfällt. Dieses Verhalten fällt auch in den Abbildungen 5.7 bis 5.10 auf.

Die mit der Zeit weiter ansteigende Verkippung in Abbildung 5.6 zeigt, daß diese nicht vom Spiegelkörper selbst verursacht ist (dieser befindet sich nach wenigen Sekunden im thermischen Gleichgewicht, siehe Abbildung 5.5), sondern auf die Erwärmung des Halters zurückzuführen ist, der bei der experimentellen Anordnung von Randfeldern des Strahls getroffen wurde. Hier schafft eine Blende Abhilfe, die sich kurz vor dem Spiegel befindet.

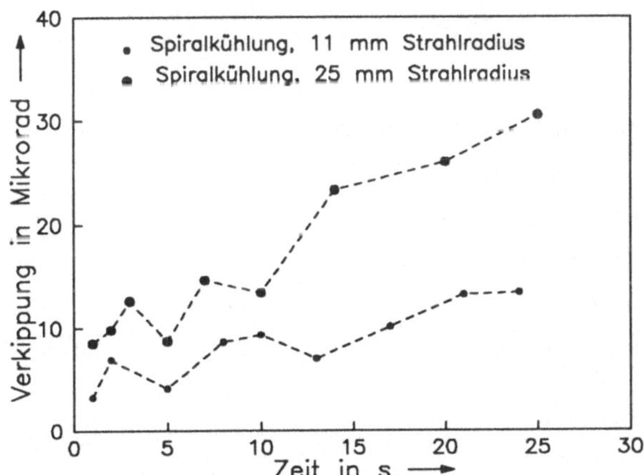

Abb. 5.6 Unbeschichteter Spiegel mit Spiralkühlung: Verkippung der Oberfläche als Funktion der Zeit bei 15,5 kW eingestrahlter Leistung.

Der in Abbildung 5.7 gezeigte Krümmungsradius der Oberfläche ist dafür verantwortlich, daß die Komponente als Zerstreuungslinse wirkt, die zu einer Fokusverschiebung der Bearbeitungsoptik führt. Bei den hier auftretenden Radien von ca. 200 m und größer ist diese jedoch gering, wie die genauere Betrachtung in Kapitel 6 zeigen wird (für ein Strahlführungssystem mit mehreren Spiegel gelten allerdings strengere Maßstäbe, was dort ebenfalls ausgeführt wird). Der anfänglich sprunghafte Verlauf der oberen Kurve ist nicht real, sondern hat seine Ursache darin, daß die Bestimmung der Radien in diesem Bereich mit einem Fehler von ±15% behaftet ist.

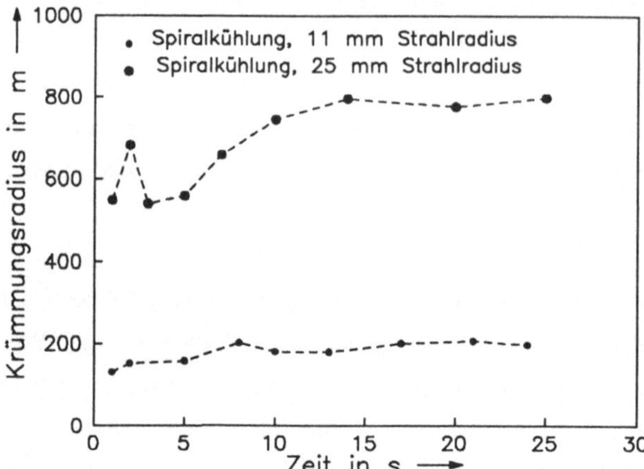

Abb. 5.7 Unbeschichteter Spiegel mit Spiralkühlung: Krümmungsradius der Oberfläche als Funktion der Zeit bei 15,5 kW eingestrahlter Leistung.

Als letzter Parameter wird in Abbildung 5.8 noch der restliche Konturfehler der Oberfläche dargestellt, der die Degradation des Fokus bewirkt. Der optische Fehler im Bereich des Strahls ist unter zu Hilfenahme der Gleichung (4.3) zu berechnen und beträgt maximal das doppelte der in Abbildung 5.8 dargestellten Werte, also 0,3 bis 0,4 μm oder drei bis vier hunderstel der Wellenlänge. Wie in Kapitel drei gezeigt wurde, ist dieser Fehler unkritisch, wobei allerdings beachtet werden muß, daß er sich bei mehreren Spiegeln im System aufaddiert.

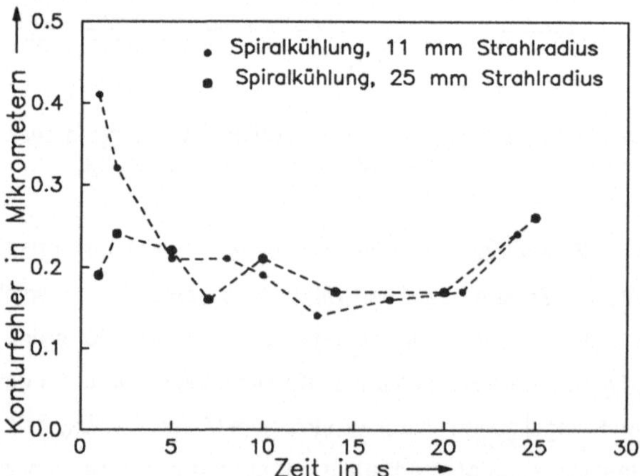

Abb. 5.8 Unbeschichteter Spiegel mit Spiralkühlung: Konturfehler der Oberfläche als Funktion der Zeit bei 15,5 kW eingestrahlter Leistung.

Weitere Messungen wurden hinsichtlich der Kühlwasserparameter durchgeführt. Es zeigte sich dabei, daß die Menge im Bereich zwischen 2 und 3 l / min keinen Einfluß auf das Verhalten des Spiegels hat. Die gemessenen Werte weichen nur im Bereich ihrer Streuung (weniger als fünf Prozent) voneinander ab. Hinsichtlich der Fließrichtung in der Spirale wurde beim größten verwendeten Strahlradius von 25 mm kein Einfluß beobachtet, da hierbei ohnehin nur ungefähr zwei Windungen der Spirale im Bereich des Strahls liegen. Bei noch größeren Strahldurchmessern, die die Apertur von 100 mm vollständiger ausleuchten, ist jedoch schon von der Anschauung her einsichtig, daß der Zufluß im Zentrum günstiger ist, da in diesem Fall der Spiegel im Zentrum durch die absorbierte Leistung und am Rand durch das aufgeheizte Kühlwasser erwärmt wird. Die daraus resultierende homogenere Temperaturverteilung (im Vergleich zur umgekehrten Fließrichtung) bewirkt dann eine gleichmäßigere Ausdehnung und mithin bessere optische Eigenschaften.

Die Ergebnisse der numerischen Simulation zeigen eine gute Übereinstimmung mit den gemessenen Daten und sind in den Abbildungen 5.9 und 5.10 für Deformation und Krümmungsradius dokumentiert. Die Rechnung bestätigt sowohl das zeitliche Verhalten als auch die absoluten Werte für diese besonders wichtigen Kenngrößen.

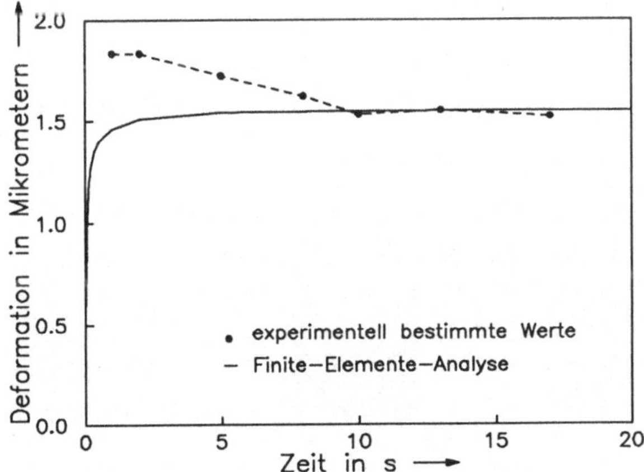

Abb. 5.9 Unbeschichteter Spiegel mit Spiralkühlung: Deformation der Oberfläche als Funktion der Zeit bei 15,5 kW eingestrahlter Leistung, Strahlradius 11 mm.

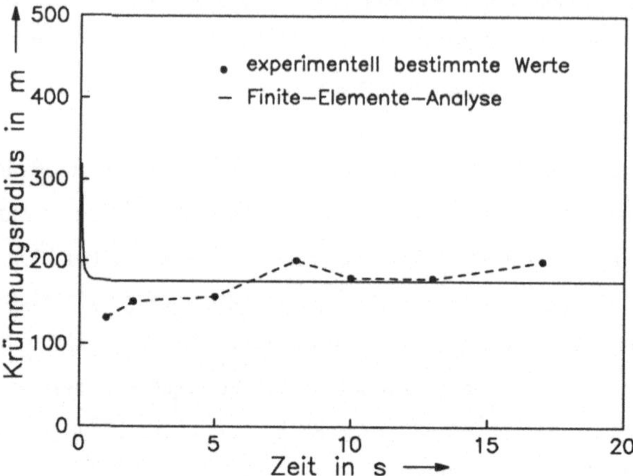

Abb. 5.10 Unbeschichteter Spiegel mit Spiralkühlung: Krümmungsradius der Oberfläche als Funktion der Zeit bei 15,5 kW eingestrahlter Leistung, Strahlradius 11 mm.

Ergänzend sei noch die berechnete Temperaturverteilung als Isothermendarstellung in Abbildung 5.11 wiedergegeben.

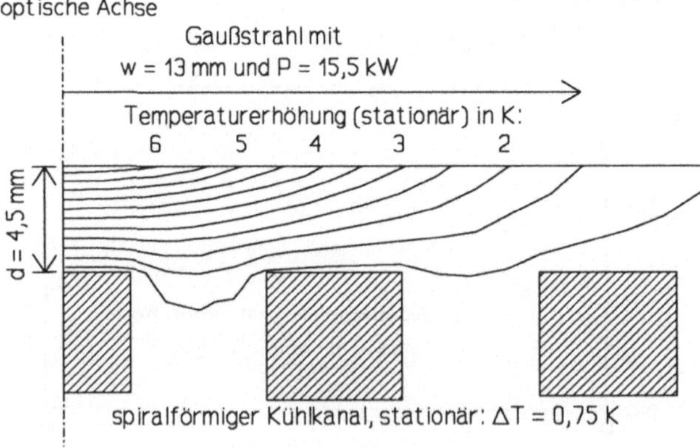

Abb. 5.11 Unbeschichteter Spiegel mit Spiralkühlung: berechnete Isothermen im stationären Zustand bei 15,5 kW eingestrahlter Leistung, Strahlradius 13 mm bei der Simulation (senkrechte Inzidenz) entspricht 11 mm im Experiment (mittlerer Einfallswinkel 45°).

2) Spiegel mit parallelen Kühlkanälen

Der unbeschichtete Spiegel mit parallelen Kühlkanälen zeigt hinsichtlich Deformation und Oberflächenkrümmung das gleiche Verhalten wie derjenige mit Spiralkühlung, wobei die Werte aber um 20 bis 30 Prozent ungünstiger sind, was auf eine schlechtere Wärmeverteilung im Spiegel schließen läßt. Zusätzlich zu diesem Nachteil ist zu beobachten, daß der Spiegel selbst eine Verkippung zeigt, die, wie die Vergleichsdaten der spiralförmig gekühlten Probe offenbaren, nicht vom Halter herrührt, da sie sich entgegen der in Abbildung 5.6 gezeigten Verkippung mit einer Zeitkonstanten von ein bis zwei Sekunden einstellt. Dies entspricht dem im Zusammenhang mit der Abbildung 5.5 diskutierten Anlaufverhalten, so daß der Schluß, daß es sich um einen Wärmeleitungseffekt innerhalb des Spiegelkörpers handelt, naheliegt. Dies weist eindeutig darauf hin, daß das Kühlwasser nicht gleichmäßig durch alle Kanäle strömt. Selbst bei gleichmäßiger Durchströmung der Kanäle bewirkt der Temperaturanstieg des Wassers entlang der Fließrichtung einen Temperaturgradienten im Spiegel, da es sich während des Durchfliessens um die in Abschnitt 5.1.1.2 erwähnten 0,75 K erwärmt. Dieser Gradient trägt mehrere Mikrorad zur Verkippung bei (abhängig vom Kühlwasserdurchsatz).

Die Abbildung 5.12 zeigt ein aufgenommenes Interferogramm, Referenzzustand wie Abbildung 5.4 a. Der schräge Verlauf der Streifen im Gegensatz zur Abbildung 5.4 b und c zeigt die Verkippung, die nicht durch Ausblenden der Randfelder des Strahls verhindert werden kann. Außerdem erreicht sie mit Werten von 40 µrad den in Abschnitt 3.4 berechneten, nicht mehr tolerierbaren Bereich. Die Spiralkühlung ist also eindeutig überlegen.

Abb. 5.12 Unbeschichteter Kupferspiegel (ØD = 100 mm) mit integrierter Kühlung durch parallele Kanäle, eingestrahlte Leistung: 15,5 kW. Interferogramm: eine Streifenperiode entspricht λ/4 des He-Ne-Laser). Strahlradius 25 mm, Gesichtsfeld: Ø = 91 mm.

3) Spiegel mit reflexionserhöhender Beschichtung

Wie zu erwarten, weist dieser Spiegel wesentlich bessere Werte für Deformation und Oberflächenkrümmung auf als die unbeschichteten. Sie sind einen Faktor zwei günstiger.

5.1.1.4 Ausblick

Mit diesen Ergebnissen läßt sich auch das Verhalten für einen beschichteten Spiegel bei einer Laserleistung von über 50 kW vorhersagen. Rechnet man die absorbierte Leistung des unbeschichteten Spiegels von 158 W auf einen beschichteten mit einer Absorption von 0,28% um, so müßte dieser von einem Laserstrahl mit P = 158 W / 0,28% = 56 kW bestrahlt werden, um die selbe Leistung zu absorbieren. Unter der Voraussetzung, daß die Beschichtung dies aushält, können also die gemessenen Deformationswerte des unbeschichteten Spiegels gleich denen eines beschichteten bei 56 kW eingestrahlter Leistung gesetzt werden.

Nachdem anhand des Vergleichs zwischen Experiment und numerischer Simulation die Zuverlässigkeit der letzteren überprüft worden ist, können also mit ihrer Hilfe eine Vielzahl von Parametern und Geometrien untersucht werden. An dieser Stelle sei exemplarisch der Einfluß der Dicke des Deckels (Maß d in Abb. 5.3) über den Kühlkanälen aufgezeigt. Insbesondere ist hier eine Verringerung dieses Maßes von Interesse, wie auch Aktivitäten an anderer Stelle belegen [100].

Abstand Spiegeloberfläche–Kühlkanal	Geometrie des (spiralförmigen) Kühlkanals		
d [mm]	Höhe h_K [mm]	Breite b_K [mm]	Abstand a_K [mm]
4,5	5	4	4
1	5	2	2

Tab. 5.1 Maße für die Variation des Abstandes zwischen Spiegeloberfläche und Kühlkanälen, siehe auch Abb. 5.3.

Die berechnete Temperaturerhöhung auf der optischen Achse und den Krümmungsradius der Oberfläche als Funktion der Zeit zeigen die Abbildungen 5.13 und 5.14. Die geringere Dicke wirkt sich also vorteilhaft auf das Deformationsverhalten des Spiegels aus, sowohl in Form einer kleineren Zeitkonstante als auch eines größeren Krümmungsradius, und zeigt somit die Richtung der künftigen Entwicklung auf.

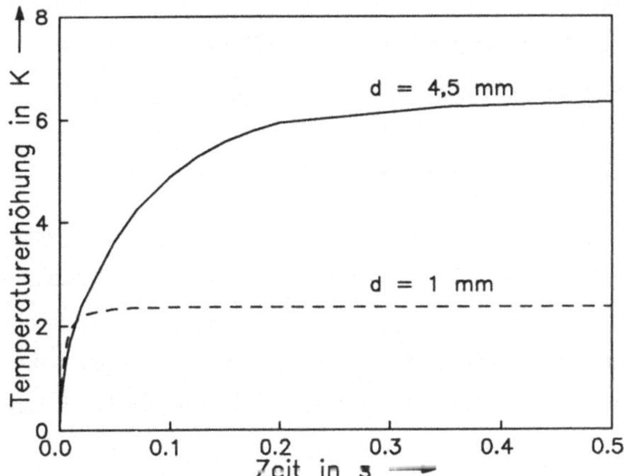

Abb. 5.13 Berechnete Temperaturerhöhung auf der optischen Achse als Funktion der Zeit für Spiegel mit 4,5 bzw. 1 mm dickem Deckel. Laserleistung: 15,5 kW, absorbierte Leistung: 158 W, Strahlradius 13 mm.

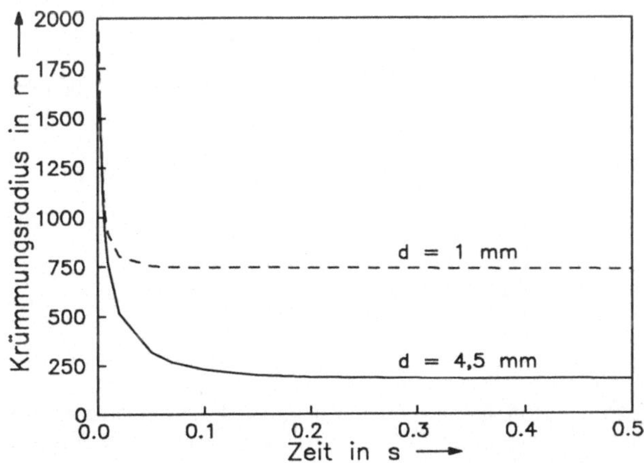

Abb. 5.14 Berechneter Krümmungsradius der Oberfläche als Funktion der Zeit. Gleiche Daten wie Abbildung. 5.13

5.1.1.5 Vergleich mit anderen Autoren

Aus den Messungen und Simulationsrechnungen wurde ersichtlich, daß die Zeitkonstante für die Ausbildung der Oberflächendeformation unter einer halben Sekunde liegt. Bei Messungen anderer Autoren [101], die über Zeitkonstanten von einigen zehn Sekunden berichten, sind also möglicherweise noch andere Effekte involviert, insbesondere inadäquate Geometrien mit schlechter Wärmeleitung von der Spiegeloberfläche zum Kühlwasser sowie Halterungen, die über ihre Verkippung das Meßergebnis beeinflussen.

5.1.2 Spiegel mit äußerer, direkter Kühlung

Die Spiegelkonstruktion mit einer zylindrischen Scheibe als Spiegelkörper ist bereits in Abbildung 3.5 vorgestellt worden. Dort wurde auch auf die Empfindlichkeit des Systems gegen Verformung durch den Überwurfring und Druck im Kühlwassersystem hingewiesen. Die Abbildung 5.15 weist auf die wesentlichen Punkte dieser Konstruktion hin. Nachdem dieser Aufbau den aufgestellten Grundsätzen über deformationsfreie Montage und günstige Wärmeleitung von der Oberfläche zum Kühlwasser (bedingt durch die große Dicke von typischerweise 20 mm bei 100 mm Durchmesser) widerspricht, wird auf eine weitergehende Diskussion verzichtet.

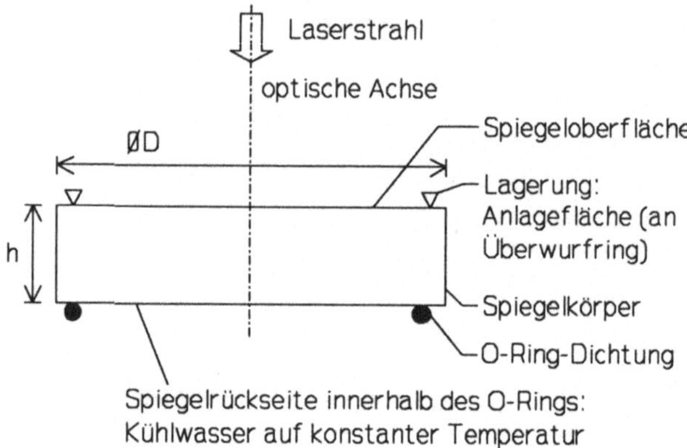

Abb. 5.15 Skizze zur Modellierung eines Spiegeltyps mit massivem, zylindrischem Spiegelkörper und direkter Kühlung durch ein Kühlwasservolumen auf der Rückseite, vgl. auch Abbildung 3.5.

5.1.3 Spiegel mit indirekter Kühlung

Außer den bereits diskutierten Kühlwasserführungen, die den Spiegelkörper direkt berühren, besteht auch die Möglichkeit, das Wasser durch einen abgeschlossenen Kühlkörper zu führen und den eigentlichen Spiegelkörper durch thermischen Kontakt (z.B. mit Wärmeleitkleber oder -paste) zu kühlen. Die Abbildung 5.16 veranschaulicht die Situtation. Der Vorteil dieser Konstruktion liegt darin, daß beim Austausch des Spiegels der Kühlwasserkreislauf nicht geöffnet werden muß. Nachteilig im Vergleich zur direkten Kühlung ist jedoch die notwendige Verbindungszone zwischen Spiegel- und Kühlkörper, die einen schlechteren Wärmeübergang darstellt als die Wärmeleitung in den Körpern selbst. Als Folge davon entsteht an dieser Stelle ein Temperatursprung, so daß die Spiegeltemperatur immer höher ist als bei einer Ausführung mit direkter Kühlung. Für Hochleistungslaseranwendungen mit mehr als 100 W abzuführender absorbierter Leistung ist dieses Konzept daher nicht geeignet.

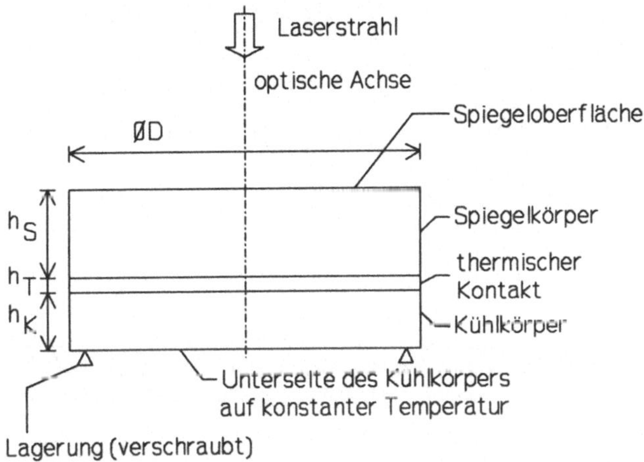

Abb. 5.16 Skizze zur Modellierung eines Spiegeltyps mit massivem, zylindrischem Spiegelkörper und indirekter Kühlung durch thermischem Kontakt zu einem Kühlkörper auf der Rückseite.

5.1.4 Spiegel mit nicht-rotationssymmetrischer Geometrie

Als Variante zu der in Abschnitt 5.1.1 beschriebenen Ausführung von Spiegeln mit direkter Wasserkühlung ist auch die in der Abbildung 5.17 gezeigte Konstruktion üblich. Sie wird vor allem für 90°-Umlenkspiegel (Einfallswinkel also 45°) in Fokussieroptiken mit asphärischen Spiegeln [102] und in Robotern [103] eingesetzt. Der Vorteil bei dieser Anordnung ist, daß die Befestigungsebene senkrecht bzw. parallel zu den optischen Achsen steht und daß dadurch, im Gegensatz zu den oben diskutierten Konstruktionen, in Richtung des zylindrischen Spiegelkörpers die zur Halterung notwendigen Teile auf einer Fläche nur wenig größer als die Apertur (Durchmesser D) untergebracht werden können. Das erklärt, warum diese Anordnung bei den oben erwähnten, platzbeschränkten Anwendungen, verwendet wird. Auch wenn im Rahmen dieser Arbeit keine experimentellen Untersuchungen daran stattfanden und die numerische Simulation wegen der axialen Symmetrie des Rechengitters nicht möglich war, so verdient diese Geometrie es dennoch, zumindest in Form einiger Abschätzungen, insbesondere bzgl. der Strahllagestabilität, betrachtet zu werden.

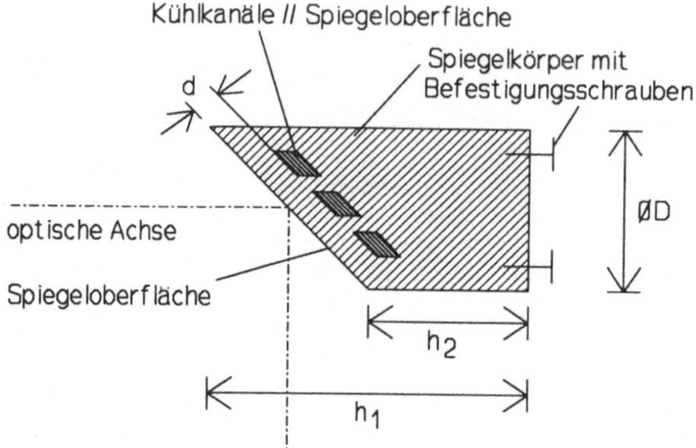

Abb. 5.17 Skizze zur Spiegelgeometrie für 90°-Umlenkspiegel, hergestellt als schräggeschnittener Zylinder. Die Befestigungsfläche steht senkrecht bzw. parallel zu den optischen Achsen. Kühlkanäle parallel zur Oberfläche, Abstand d.

Der wesentliche Unterschied zu den bisher betrachteten Anordnungen ist der, daß sich eine Erwärmung des Spiegels zwangsläufig in einer Verkippung der Oberfläche niederschlägt. Diese kann wie folgt abgeschätzt werden: Bei einer homogenen Temperaturerhöhung um ΔT wird die obere (Index 1) bzw. untere (2) Seite des Spiegels (siehe Abbildung 5.17) näherungsweise um $\Delta h_{1,2} = \alpha \cdot h_{1,2} \cdot \Delta$ länger. Die resultierende Verkippung beträgt also (man beachte, daß bei dieser Geometrie $h_1 - h_2 = D$ ist):

$$\varphi = \frac{dh_1 - dh_2}{D} = \frac{\alpha \cdot (h_1 - h_2)}{D} \cdot \Delta T = \alpha \cdot \Delta T \ . \tag{5.1}$$

Die Temperaturerhöhung, die einzusetzen ist, hängt nun von der Position der Kühlkanäle ab. Bei Variante 1 sind die im Abschnitt 3.5 gemachten Betrachtungen heranzuziehen. Dort wurde für einen Spiegel, der mit der Leistung P beaufschlagt wird, ΔT berechnet zu $\Delta T = A \cdot P / (c_p \cdot \varrho \cdot dV/dt)$. Sei N die Anzahl der nacheinander vom Kühlwasser durchflossenen Spiegel (serieller Anschluß), so beträgt der Temperaturunterschied (zwischen dem ein- und ausgeschalteten Zustand des Lasers) im letzten Spiegel dieser Reihe das N-fache dieses Wertes. Für dessen Verkippung folgt also:

$$\varphi_N = N \cdot \frac{\alpha \cdot A}{c_p \cdot \varrho \cdot \dot{V}} \cdot P \quad . \tag{5.2}$$

Da sich eine Verkippung umso stärker auf die Strahllage auswirkt, je weiter der Spiegel von der Bearbeitungsstation entfernt ist, sollte beim Einsatz solcher Spiegel das Kühlwasser die Spiegel in der selben Reihenfolge durchfließen, wie der Laserstrahl verläuft. Löst man diese Gleichung nach P auf, so erhält man die maximale Leistung, die ein solches Strahlführungssystem transportieren kann. Gibt man folgende Vorgaben:

- tolerierbare Verkippung $\varphi_N = 10$ µrad,
- Kupferspiegel ($\alpha = 16{,}6 \cdot 10^{-6}$ K^{-1}, A = 1%),
- Maße: $h_1 = 70$ mm, $h_2 = 20$ mm, ∅D = 50 mm,
- N = 10 Spiegel in Reihe (z.B. in einem Roboter),
- Kühlung: dV/dt = 3 l/min Wasser ($c_p = 4{,}19$ J/(g·K), $\varrho = 1{,}00$ g/cm^3),

so erhält man als maximal zulässige Strahlleistung: P = 1,3 kW. Bei paralleler Bedienung der Spiegel mit Kühlwasser ist N = 1 in der Gleichung zu setzen und die zulässige Leistung steigt dementsprechend auf das 10fache.

5.2 Transmittierende Komponenten aus ZnSe

Neben den Kupferspiegeln des vorangegangenen Abschnittes sind Komponenten aus ZnSe von besonderer Wichtigkeit für Anwendungen an Hochleistungs-CO_2-Lasern. Sie werden vor allem in folgender Weise eingesetzt:

- teilreflektierende / antireflex-beschichtete Auskoppelspiegel des Laserresonators,
- beidseitig antireflex-beschichtete Planplatten zum gasdichten Abschluß von Spiegel-Fokussieroptiken und
- beidseitig antireflex-beschichtete Fokussierlinsen.

Um möglichst aussagekräftige und übertragbare Ergebnisse zu erhalten, wurden vorrangig Planplatten untersucht, da hier die Formparameter klarer definiert sind als bei Linsen, die in Abhängigkeit von der Brennweite variierende Formen aufweisen.

Zu den Randbedingungen, die möglichst definiert vorgegeben werden müssen, gehört die Kühlung. Hier kommt in der Praxis fast immer diejenige mit Kühlwasser zur Anwendung, siehe auch Abschnitt 3.2. Die folgenden Abbildungen zeigen die beiden prinzipiellen Möglichkeiten, transmittierende Komponenten mit einer Wasserkühlung zu versehen.

Die Abbildung 5.18 zeigt die indirekte Kühlung, bei der die Halterung den Wärmekontakt zwischen optischem Element und Kühlwasser vermittelt, im Gegensatz zur direkten Kühlung in Abbildung 5.19. Unter Aspekten des praktischen Einsatzes haben beide Vor- und Nachteile hinsichtlich der Handhabung.

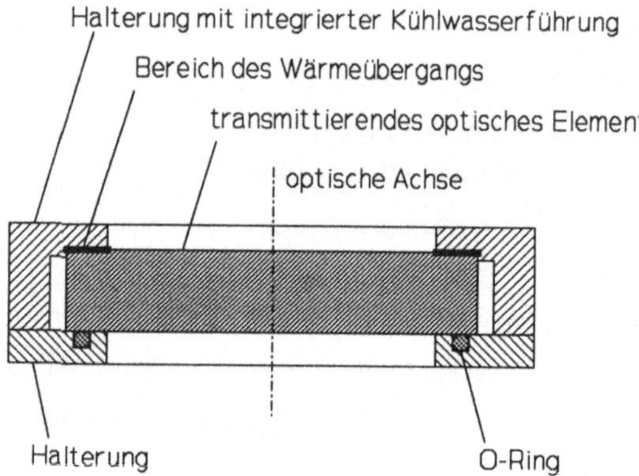

Abb. 5.18 Transmittierende Optik in Halterung mit indirekter Kühlung, d.h. das Kühlwasser fließt in der geschlossenen Halterung und die Komponente wird durch den Wärmeübergang zwischen Komponente und Halter gekühlt.

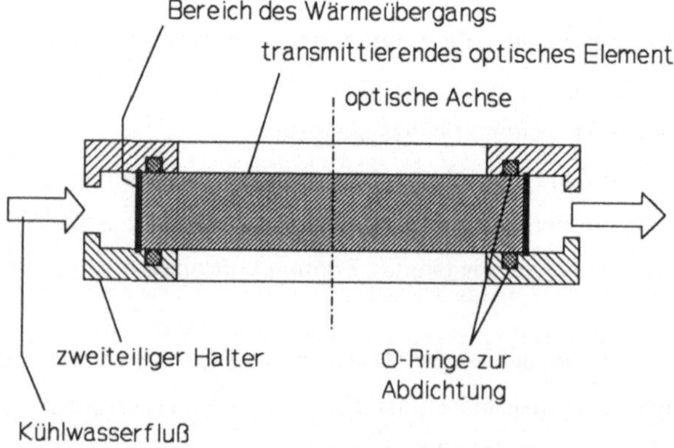

Abb. 5.19 Transmittierende Optik in Halterung mit direkter Kühlung, d.h. das Kühlwasser fließt in einer offenen Halterung und umspült die Komponente. Der Wärmeübergang geschieht direkt zwischen Komponente und Kühlwasser.

Für die indirekte Kühlung sprechen:

- Der geschlossene Kühlwasserkreislauf braucht bei einem Austauch der Komponente nicht geöffnet zu werden. Da die Komponente niemals selbst mit dem Wasser in Kontakt kommt, entstehen keine Probleme durch die Benetzung, die bei ZnSe u.a. eine erhöhte Absorption und bei KCl die Auflösung der Komponente zur Folge hat.
- Die Anlage der Komponente an die Halterung (und nicht auf nachgebende O-Ringe) ist im Interesse der Lagestabilität der Komponente und in bezug auf die im Abschnitt 3.5.3 diskutierten Gesichtspunkte zu begrüßen.

Direkte Kühlung hat folgende Vorteile:

- Die Kühlung erfolgt über die Mantelfläche und nicht über ggf. beschichtete Bereiche der Oberfläche, deren Wärmeleitfähigkeit durch die Beschichtung herabgesetzt sein kann.
- Die Lagerung zwischen zwei O-Ringen erfolgt elastisch und bewahrt die Komponente vor Zerstörung bei zu starkem Zudrehen der Befestigungsschrauben. Ferner ist der fertigungstechnische Aufwand der Halterung etwas geringer, da keine Anlagefläche mit einer gleichguten Ebenenheit wie die Oberfläche der Komponente notwendig ist, da die O-Ringe Unebenheiten ausgleichen.

Das Verhalten bei Bestrahlung und die sich ergebenden Temperaturerhöhungen werden im Anschluß diskutiert.

5.2.1 Experimentelle Untersuchungsmethoden

Die Abbildung 5.20 zeigt schematisch (ohne Betrachtung der Ausdehnung in radialer Richtung) das Verhalten eines Ausschnitts einer transmittierenden Probe bei Bestrahlung. Für die optischen Weglängen L_{EF} zwischen zwei Ebenen $E,F \in [1...4]$ gelten die folgenden Beziehungen. Die hochgestellten Indizes k und w verweisen auf die Werte im *k*alten bzw. *w*armen Zustand der Komponente, der Index λ auf die Abhängigkeit der Größe von der benutzten Wellenlänge.

1) Im kalten Zustand (obere Bildhälfte) gilt

$$L_{12}^{k} = L_{34}^{k} = d \quad , \tag{5.1}$$

wobei der Brechungsindex der Luft gleich 1 gesetzt ist (tatsächlich 1,0003, was jedoch einen Fehler von weniger als 10^{-3} Wellenlängen darstellt und damit irrelevant ist) und

$$L_{23}^{k} = l \cdot n_{\lambda}^{k} \quad . \tag{5.2}$$

2) Im warmen Zustand bei Bestrahlung (untere Bildhälfte) gilt

$$L_{12}^{w} = L_{34}^{w} = d \cdot n_{\lambda}^{w} \tag{5.3}$$

und

$$L_{23}^{w} = l \cdot n_{\lambda}^{w} \; . \tag{5.4}$$

Mit Hilfe dieser Gleichungen können die Meßergebnisse der verschiedenen Varianten der interferometrischen Aufbauten interpretiert werden.

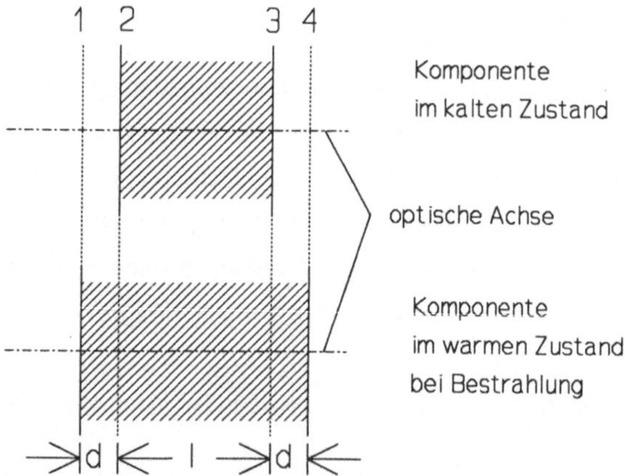

Abb. 5.20 Skizze einer transmittierenden Optik im unbelasteten Zustand (oben) und während der Bestrahlung (unten). Infolge der Temperaturerhöhung dehnt sie sich dabei jeweils um d nach beiden Seiten gleichermaßen aus, wenn der Temperaturgradient in radialer Richtung verläuft und in Richtung der optischen Achse vernachlässigt werden kann. Die Ebenen 2 und 3 bezeichnen die Lage der Oberflächen im kalten, 1 und 4 im warmen Zustand.

Die Abbildung 5.21 skizziert die Strahlengänge der Aufbauten beim Durchgang durch die Komponente. Die Zusammenhänge zwischen den durch die Messungen zugänglichen Größen der optischen Weglängenänderungen ΔL, die, wie im Kapitel 4 über die Interferometrie dargelegt wurde, mit der Streifenwertigkeit W, der Streifenanzahl N und der Meßwellenlänge λ über

$$\Delta L = W \cdot N \cdot \lambda \tag{5.5}$$

zusammenhängt und den optischen Größen d und n(T) der Komponente sind für die verschiedenen Interferometeranordnungen (siehe Abschnitt 4.1) im folgenden dargelegt. Aus den Abbildungen 5.19 und 5.20 lassen sich diese Werte ableiten.

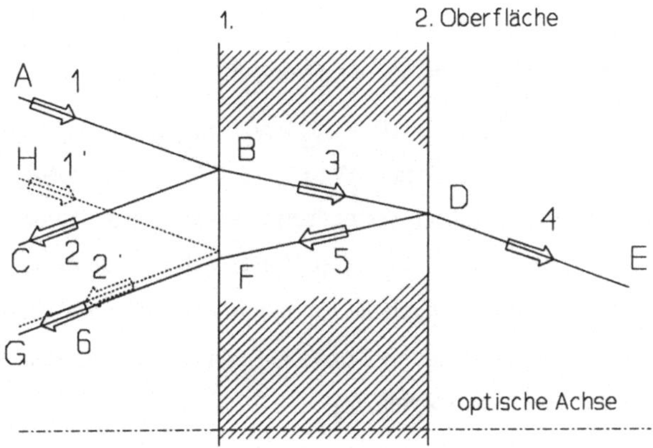

Abb. 5.21 Skizze zum Strahlengang der Interferometer bei einer transmittierenden Optik zur Messung der Oberflächendeformation und der optischen Weglängenänderung bei Transmission.

- Messung 1: Messung der Oberflächenkontur: Weg 1 + 2, mit HeNe-Laser
  Die Messung erfolgt durch Vergleich der optischen Weglänge der Strecke AB + BC mit dem externen Referenzstrahl (nicht eingezeichnet), einfacher Durchgang $M_1 = 1$ über die Probenoberfläche mit Einfallswinkel $\varphi_1 = 0{,}5 \cdot \sphericalangle ABC = 160$ mrad. Daraus folgt für die Streifenwertigkeit W_1 des Mach-Zehnder-Interferometers:

$$W_1 = \frac{1}{M_1 \cdot 2 \cdot \cos\varphi_1} = 0{,}506 \quad . \tag{5.6}$$

  Die gemessene optische Weglängenänderung ΔL_1 und die Oberflächendeformation d führen auf:

$$d = W_1 \cdot N_1 \cdot \lambda_{HeNe} \quad . \tag{5.7}$$

- Messung 2: Messung der Summe von Oberflächenkontur und Transmission: Weg 1 + 3 + 4, mit HeNe-Laser
  Die Messung erfolgt durch Vergleich der optischen Weglänge der Strecke AB + BD + DE mit dem externen Referenzstrahl (nicht eingezeichnet), einfacher Durchgang durch die Komponente mit Einfallswinkel $\varphi_2 = 0{,}5 \cdot \sphericalangle BDF = 62$ mrad, entsprechend dem Snellius'schen Brechungsgesetz aus φ_1 zu berechnen. Die Streifenwertigkeit W_2 im Mach-Zehnder-Interferometer folgt zu:

$$W_2 = \frac{1}{\cos\varphi_2} = 1{,}002 \quad . \tag{5.8}$$

Für die gemessene optische Weglängenänderung ΔL_2 gilt:

$$(l + 2 \cdot d) \cdot n_{HeNe}^{w} - (l \cdot n_{HeNe}^{k} + 2 \cdot d) = W_2 \cdot N_2 \cdot \lambda_{HeNe} \quad . \tag{5.9}$$

- Messung 3: Messung der Transmission: Weg 1 + 3 + 5 + 6, mit HeNe-Laser

  Die Messung erfolgt durch Vergleich der optischen Weglänge der Strecke AB + BD + DF + FG mit den Referenzstrahl, der den Weg 1' + 2' mit der optischen Länge HF + FG zurücklegt, doppelter Durchgang durch die Komponente mit Einfallswinkel $\varphi_3 = 0{,}5 \cdot \sphericalangle BDF < 1$ mrad (Aufbau gegenüber Messung 2 geändert). Dieser Aufbau stellt ein Fizeau-Interferometer dar mit der Streifenwertigkeit W_3:

$$W_3 = \frac{1}{2 \cdot \cos\varphi_3} = 0{,}500 \quad . \tag{5.10}$$

  Für die gemessene optische Weglängenänderung ΔL_3 gilt:

$$(l + 2 \cdot d) \cdot n_{HeNe}^{w} - l \cdot n_{HeNe}^{k} = W_3 \cdot N_3 \cdot \lambda_{HeNe} \quad . \tag{5.11}$$

- Messung 4: Messung der Summe von Oberflächenkontur und Transmission: Weg 1 + 3 + 4, mit CO_2-Laser

  Die Messung erfolgt durch Vergleich der optischen Weglänge der Strecke AB + BD + DE mit dem externen Referenzstrahl (nicht eingezeichnet), doppelter Durchgang ($M_4 = 2$) durch die Komponente mit Einfallswinkel $\varphi_4 = 0{,}5 \cdot \sphericalangle BDF < 1$ mrad. Daraus folgt die Streifenwertigkeit W_4 im Twyman-Green-Interferometer zu:

$$W_4 = \frac{1}{M_4 \cdot \cos\varphi_4} = 0{,}500 \quad . \tag{5.12}$$

  Für die gemessene optische Weglängenänderung ΔL_4 gilt:

$$(l + 2 \cdot d) \cdot n_{CO_2}^{w} - (l \cdot n_{CO_2}^{k} + 2 \cdot d) = W_4 \cdot N_4 \cdot \lambda_{CO_2} \quad . \tag{5.13}$$

Die Ergebnisse der Methoden 1, 2 und 3 bilden ein überbestimmtes System, das es erlaubt, die Ergebnisse der Messungen gegeneinander zu prüfen:

$$2 \cdot W_1 \cdot N_1 + W_2 \cdot N_2 = W_3 \cdot N_3 \quad . \tag{5.14}$$

Der Zusammenhang zwischen der beidseitigen Ausdehnung d und der Temperaturerhöhung ΔT gegenüber dem kalten Zustand ist gegeben durch

$$d = \frac{1}{2} \cdot l \cdot \alpha \cdot \Delta T \tag{5.15}$$

unter der Voraussetzung, daß die Temperatur entlang der optischen Achse nur wenig variiert, was für die hier betrachteten Fälle (Dicke der Probe ist klein gegen den Strahlradius und den Probendurchmesser) zutrifft. Mit dem linearen Ansatz für die Temperaturabhängigkeit der Brechungsindizes für die beiden verwendeten Meßwellenlängen gemäß

$$n_{HeNe}^{w} = n_{HeNe}^{k} + \left(\frac{dn}{dT}\right)_{HeNe} \cdot \Delta T \tag{5.16}$$

und

$$n_{CO_2}^{w} = n_{CO_2}^{k} + \left(\frac{dn}{dT}\right)_{CO_2} \cdot \Delta T \tag{5.17}$$

lassen sich die obigen Formeln nach ΔT auflösen. Man erhält für die Messungen 3 und 4 (unter Vernachlässigung des quadratischen Terms in ΔT)

$$\Delta T = \frac{W_3 \cdot N_3 \cdot \lambda_{HeNe}}{l \cdot \left(\alpha \cdot n_{HeNe}^{k} + \left(\frac{dn}{dT}\right)_{HeNe}\right)} \tag{5.18}$$

bzw.

$$\Delta T = \frac{W_4 \cdot N_4 \cdot \lambda_{CO_2}}{l \cdot \left(\alpha \cdot \left(n_{CO_2}^{k} - 1\right) + \left(\frac{dn}{dT}\right)_{CO_2}\right)} . \tag{5.19}$$

Auf diese Weise kann aus ΔT auch die Absorption berechnet werden [82]. Voraussetzung für die Berechnung ist dabei, daß N richtig ermittelt wird: die Bestimmung von N aus der Anzahl der Streifen im Gesichtsfeld kann nicht angewendet werden, da durch Deformation am Rand Streifen aus dem betrachteten Bereich herauswandern, die bei der Zählung fehlen. Vielmehr muß sichergestellt sein, daß am Rand keine Streifen verloren gehen, um die Ordnung an der betrachteten Stelle (meist auf der optischen Achse) korrekt bestimmen zu können. Je nach dem, welche Größen bekannt sind, können mit diesen Gleichungen

- die Temperatur berechnet oder
- die Konsistenz der Meßergebnisse überprüft oder
- die thermooptischen Koeffizienten dn/dT bestimmt oder
- aus gemessenen Werten bei der Wellenlänge des HeNe-Lasers auf die optische Deformation für den CO_2-Laser umgerechnet werden,

wenn alle anderen notwendigen Werte bekannt sind.

5.2.2 Numerische Untersuchung

Das im Abschnitt 4.3 vorgestellte Modell für die Untersuchungen mit der Methode der finiten Elemente erlaubt die Berücksichtigung folgender Parameter:

- Geometrie der Komponente,
- Kühlung, die durch fixe Knotenpunkttemperaturen im jeweils durch die Art der Kühlwasserführung vorgegebenen Bereich des Wärmeübergangs realisiert wird,
- Verwendung der in der Literatur angegebenen bzw. für die konkrete Komponente gemessenen Werte der Absorption in den Beschichtungen bzw. im Substratmaterial sowie der
- Intensitätsverteilung des Laserstrahls.

Das Programm ist damit in der Lage, daraus alle relevanten Größen wie Temperaturverteilung, Änderung der optischen Weglänge in Transmission und Verschiebung der Oberfläche zu berechnen, um diese mit den experimentellen Daten vergleichen zu können.

5.2.3 Ergebnisse

Im Rahmen der durchgeführten Untersuchungen wurden folgende Parameter hinsichtlich ihres Einflusses auf das Verhalten der Optik untersucht:

- Art der Kühlung (direkte und indirekte Wasserkühlung),
- Laserleistung und
- Strahldurchmesser.

Die Darstellung der Ergebnisse basiert wiederum auf den Abschnitt 4.1 dargelegten Grundsätzen und umfaßt die aus den Messungen zugänglichen Werte:

- Deformation für CO_2-Laserstrahlung,
- Phasenfrontkrümmungsradius für CO_2-Laserstrahlung,
- optischer Fehler für CO_2-Laserstrahlung und
- Temperatur.

Die Berechnung erfolgt mit den oben angegebenen Formeln unter Verwendung der Materialdaten [37,104]. Der Einfluß der Phasenfrontkrümmung auf die Fokuslage wird, da er von der betrachteten Brennweite abhängt, in Kapitel 6 zusammenhängend behandelt, ebenso die Wirkung des optischen Fehlers auf die Degradation des Fokus.

Vor der Diskussion der Ergebnisse im einzelnen seien zunächst die durchgeführten Messungen exemplarisch vorgestellt. Als besonders aussagekräftige Methoden haben sich dabei Nr. 3 und 4 herausgestellt. Die Messung nach Methode 3 stellt eine geeignete Möglichkeit dar, um die Temperatur zu bestimmen. Die beiden Oberflächen der Komponente wirken dabei als Interferometer für den HeNe-Laser und stellen einen von allen Schwingungseinflüssen unabhängigen Aufbau dar, was die Voraussetzung ist, um die korrekte Streifenordnung N bestimmen zu können. Die Verwendung der Materialkenngrößen aus der zitierten Literatur gestattet es, den Proportionalitätsfaktor zwischen der beobachteten Streifenverschiebung N_3 und der Temperaturerhöhung ΔT in Gleichung (5.18) zu berechnen. Im realisierten Aufbau ergibt er sich zu 0,832 K / Streifenperiode. Aus der Messung nach Methode 4 folgt der Einfluß der Komponente auf die CO_2-Laserstrahlung ohne Zuhilfenahme von (möglicherweise unsicheren) Umrechnungsfaktoren. Daraus können der Gesamtfehler der Phasenfront, ihr Krümmungsradius (im Bereich des Stahls) und der optische Fehler (im Bereich des Stahls, nach Subtraktion des sphärischen Anteils) direkt bestimmt werden.

Die im folgenden vorgestellten Messungen wurden an einer beidseitig antireflex-beschichteten ZnSe Planplatte mit nachstehenden Daten durchgeführt:

- Durchmesser: 1,5 inch gleich 38,1 mm
- Dicke l: 0,12 inch gleich 3,05 mm
- Absorption A: 0,20 %

Die Bestrahlung erfolgte mit max. 1,4 kW Leistung. Um bei Verwendung unterschiedlicher Strahldurchmesser gleiche Intensitätsverteilungen am Ort der Probe zu erzielen, wurde die in Abbildung 4.13 vorgestellte Projektion des Laser-Auskoppelspiegels auf die Probe verwendet. Es standen Fassungen mit direkter und indirekter Kühlung zur Verfügung.

Um mit der Methode 4 (CO_2-Interferometrie) zu beginnen, sind in Abbildung 5.22 Interferogramme im Referenzzustand (a) und bei Bestrahlung mit unterschiedlichen Strahlradien (b) und (c) sowie ausgewertete Phasenverzerrungen (d) und (e) dargestellt. Die Abbildung 5.23 zeigt Messungen nach der Methode 3 mit einem HeNe-Laser. Neben dem Referenzzustand ohne Belastung sind zwei Interferogramme bei unterschiedlich Strahlradien dargestellt. Die Komponente ist dabei in einer Fassung mit indirekter Kühlung eingebaut. Die Bilder wurden jeweils 20 s nach Einschalten des Lasers aufgenommen und zeigen damit eine Deformation, die sich den stationären Werten auf über 90% genähert hat.

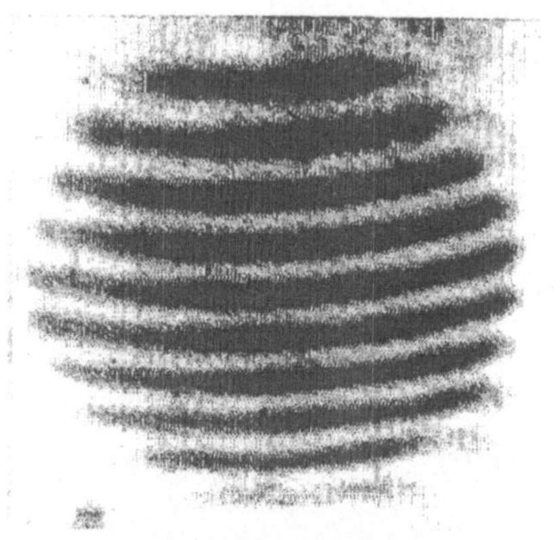

a: Interferogramm im unbelasteten Zustand

Abb. 5.22

Antireflex-beschichtete ZnSe-Planplatte (Durchmesser 38,1 mm), eingestrahlte Leistung: 1,4 kW. Interferogramme: eine Streifenperiode entspricht λ/2 des CO_2-Lasers). Strahlradien 13 bzw. 6,5 mm, mit Bildverarbeitung [68] ausgewertete Oberfläche (Gesichtsfeld: ∅ = 25 mm).

b: Interferogramm bei 1,4 kW, Strahlradius 13 mm

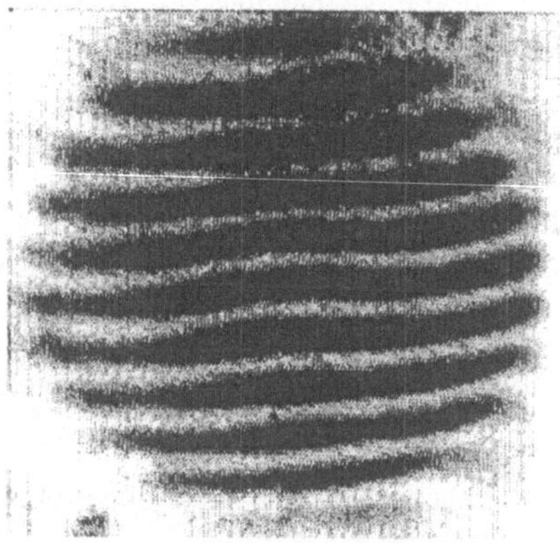

c: wie b, jedoch Strahlradius 6,5 mm

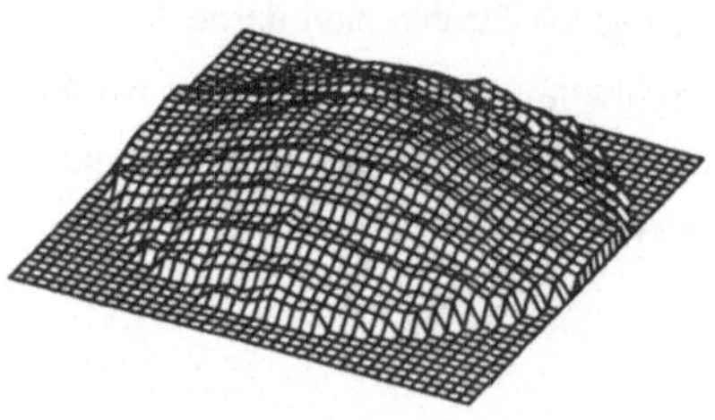

d: Wellenfrontverzerrung zu b, max. Höhe: 1,6 μm

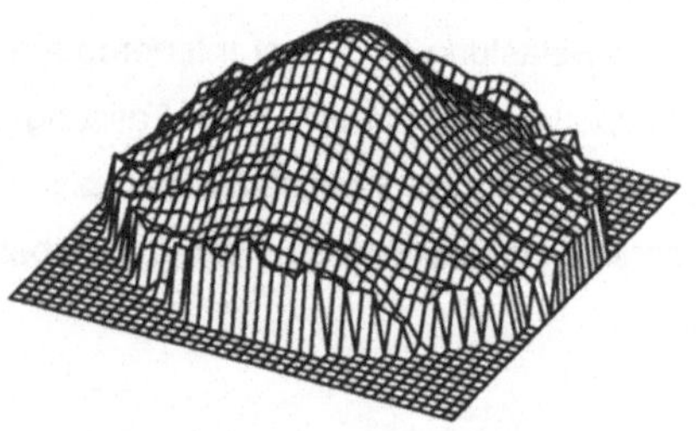

e: Wellenfrontverzerrung zu c, max. Höhe: 3,6 μm

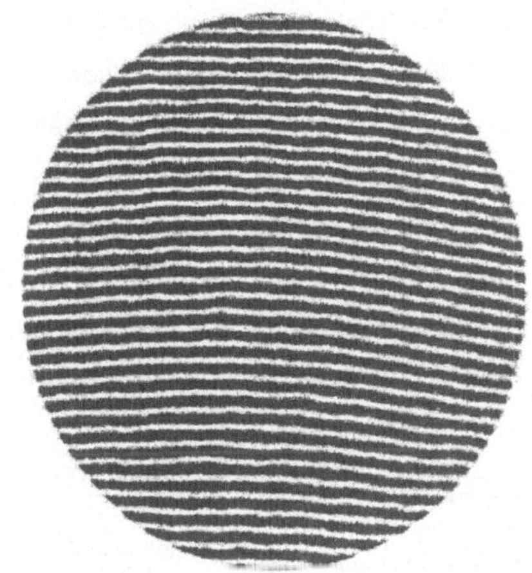

a: Interferogramm im unbelasteten Zustand

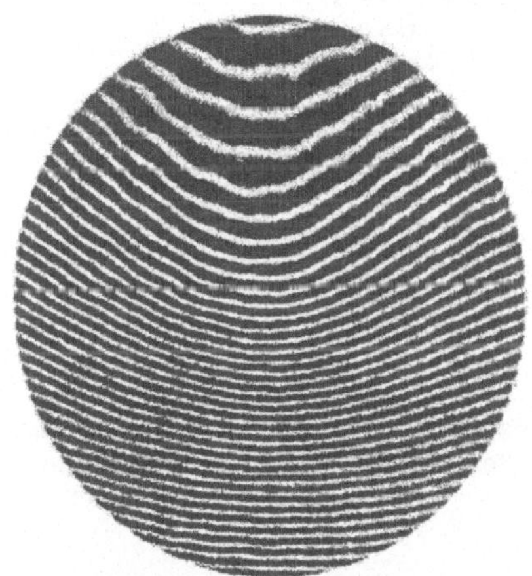

b: Interferogramm bei 1,4 kW, Strahlradius 13 mm

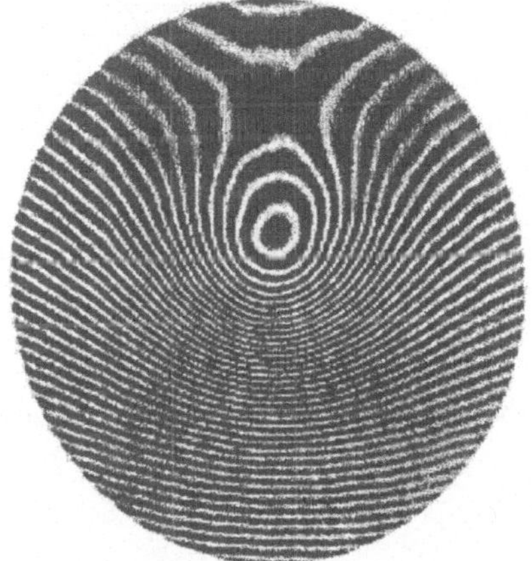

c: wie b, jedoch Strahlradius 6,5 mm

Abb. 5.23 Antireflex-beschichtete ZnSe-Planplatte (∅D = 38,1 mm), eingestrahlte Leistung: 1,4 kW. Interferogramme: eine Streifenperiode entspricht $\lambda/2$ des He-Ne-Lasers). Strahlradien 13 bzw. 6,5 mm, Gesichtsfeld: ∅ = 30 mm.

Eine im Rahmen dieser Arbeit entwickelte Variante zur Aufnahme von Interferogrammen wird in Abbildung 5.24 schematisch dargestellt. Hierbei wird von den fortlaufend aufgenommenen Kamerabildern jeweils derselbe Bildausschnitt (z.B. eine Spalte) ausgelesen und in einem separaten Speicherbereich nebeneinander abgelegt. Auf diese Weise erhält man ein Bild, das die zeitliche Entwicklung in der Art eines y(t)-Diagramms darstellt, auf dem man das dynamische Verhalten verfolgen kann. Das resultierende, von der Darstellung her ungewohnte Interferogramm zeigt also den zeitlichen Verlauf der Interferenzstreifen in der betrachteten Spalte und eignet sich zur direkten Sichtbarmachung der Zeitentwicklung der Deformation.

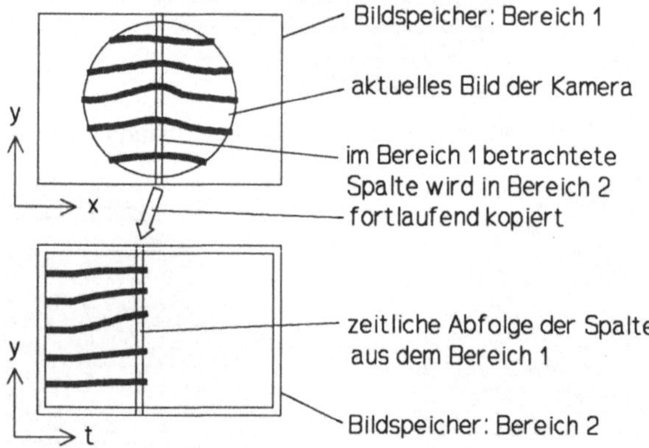

Abb. 5.24 Schematische Darstellung zur Aufnahme von Kamerabildern mit dem Ziel, die zeitliche Entwicklung eines Bildausschnittes (hier die mittlere Spalte des Bildes) zu dokumentieren.

Die Abbildung 5.25 zeigt eine mit dieser Methode durchgeführte Messung am Beispiel des interferometrischen Aufbaus nach Typ 3. Hierbei wurde während der Bestrahlung jeweils die mittlere Spalte aus Abb. 5.23, die einen 30 mm hohen und 0,09 mm breiten Ausschnitt aus der Komponente zeigt, verwendet. Aus Interferogrammen dieser Art läßt sich insbesondere die Temperaturerhöhung besonders zuverlässig ermitteln, die Ergebnisse werden in den folgenden Abschnitten diskutiert.

Abb. 5.25 Antireflex-beschichtete ZnSe-Planplatte (ØD = 38,1 mm), eingestrahlte Leistung: 1,0 kW. Von links nach rechts: zeitliche Abfolge der Interferenzstreifen der mittleren Spalte (vgl. Abb. 5.23 und 5.24): 0,5 s vor bis 20 s nach dem Einschalten. Eine Streifenperiode entspricht $\lambda/2$ des HeNe-Lasers. Strahlradius 13 mm. Gesichtsfeld vertikal: 30 mm, horizontal: 0,09 mm.

Darüberhinaus lassen damit auch die Verhältnisse während der Materialbearbeitung mit ihren Ein- und Ausschaltzyklen realistisch simulieren und anschaulich darstellen, wie die Abbildung 5.26 zeigt. Hierbei wurde der Laser während der fortlaufenden Aufnahme der Interferogramme im angenommenen Zyklus einer Materialbearbeitung jeweils für einige Sekunden ein- und ausgeschaltet, so wie dies z.B. beim Schneiden kleiner Konturen der Fall ist.

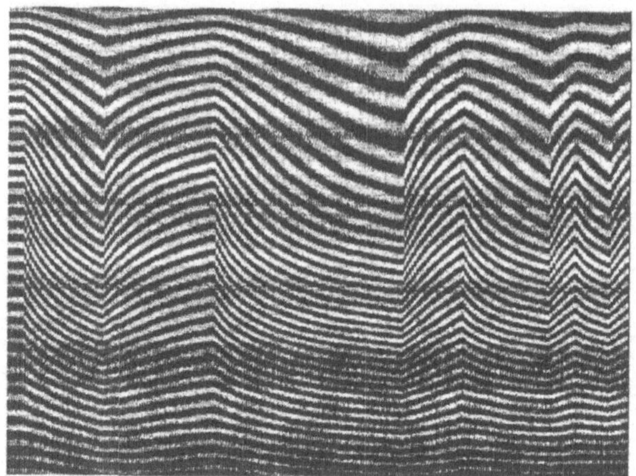

a: Interferogramm der mittleren Spalte: 0 bis 40 s.

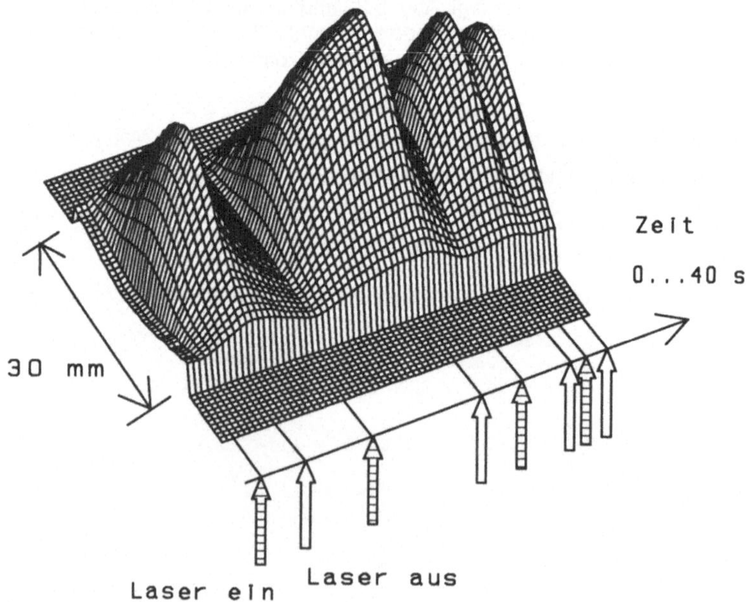

b: Wellenfrontverzerrung zu a, max. Wert für λ=10,6 μm: 3 μm

Abb. 5.26 Antireflex-beschichtete ZnSe-Planplatte, Ein- und Ausschalten des Lasers zur Simulation des zeitlichen Verlaufs einer realen Bearbeitungssituation. Eingestrahlte Leistung: 1,4 kW, Strahlradius 13 mm. Von links nach rechts: zeitliche Abfolge in der mittleren Spalte der Abb. 5.23. Interferogramm und ausgewertete Wellenfront.

Nach dieser Vorstellung der verschiedenen Möglichkeiten, die optischen Daten einer solchen Komponente zu vermessen, wird nun der Einfluß der verschiedenen Parameter diskutiert.

5.2.3.1 Einfluß der Kühlung

Nachdem die unterschiedlichen Möglichkeiten der Wasserkühlung oben bereits angesprochen wurden, soll hier der Einfluß auf die Deformation untersucht werden. Die Abbildung 5.27 zeigt im Vergleich die im CO_2-Interferometer gemessene Krümmung der transmittierten Phasenfront bei 1,4 kW Leistung für die beiden Kühlkonzepte bei zwei verschiedenen Strahlradien. Man erkennt, daß beide Kühlungen gleich effizient sind, was auch durch die mit dem HeNe-Interferometer bestimmte Temperatur bestätigt wird: die Abbildungen 5.28 und 5.29 zeigen die Temperaturerhöhung auf der optischen Achse für drei Leistungen bei 6,5 mm Strahlradius. Um die Diagramme übersichtlich zu halten, zeigt Abbildung 5.28 die Situation bei indirekter und Abbildung 5.29 diejenige bei direkter Wasserkühlung. Weder im erreichten Endwert der Temperatur noch im zeitlichen Verhalten ist ein Unterschied der Kühlkonzepte zu erkennen, so daß der Konstrukteur in dieser Hinsicht die freie Wahl hat.

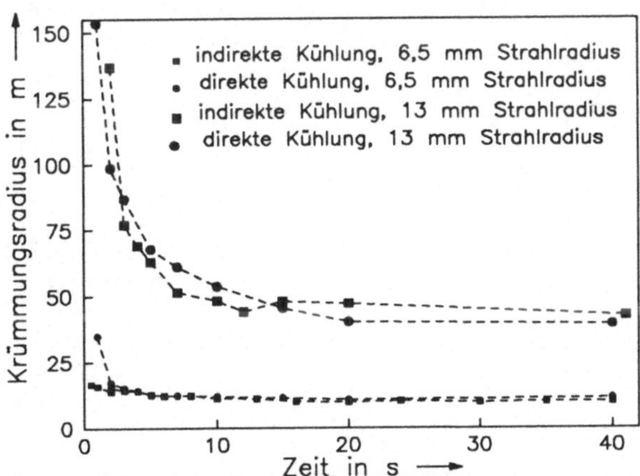

Abb. 5.27 Gemessener Krümmungsradius der Phasenfront als Funktion der Zeit bei 1,4 kW, für direkte und indirekte Kühlung. Strahlradien: 6,5 und 13 mm.

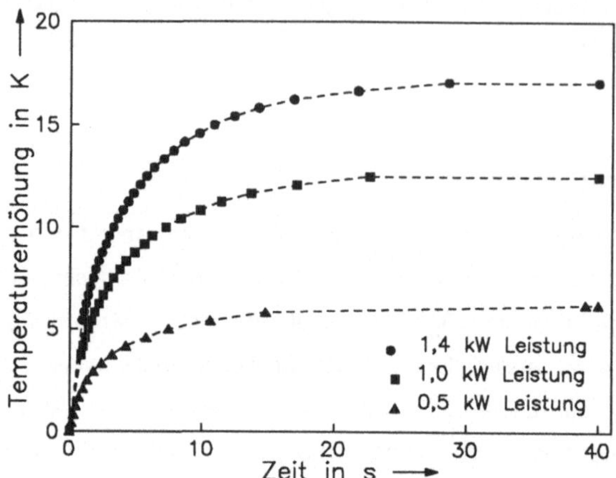

Abb. 5.28 Indirekte Kühlung: gemessene Temperatur auf der optischen Achse als Funktion der Zeit, Leistungen: 0,5, 1,0 und 1,4 kW. Strahlradius 6,5 mm.

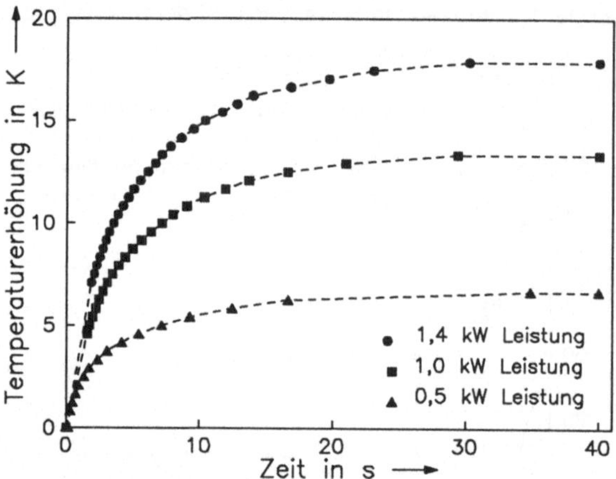

Abb. 5.29 Direkte Kühlung: gemessene Temperatur auf der optischen Achse als Funktion der Zeit, gleiche Daten wie Abbildung 5.28.

Aus den Abbildungen 5.28 und 5.29 kann auch die Zeitkonstante abgelesen werden, mit der sich die Deformation einstellt. Für einen angenommenen exponentiellen Verlauf ergibt sich ein Wert von 5 s (±0,5), unabhängig von der Leistung sowie der Kühlung (und dem Durchmesser, wie ergänzende Messungen zeigen). Mit der selben Methode kann auch das Abkühlverhalten nach Ausschalten des Lasers untersucht werden, siehe Abbildung 5.30. Die Abkühlung weist mit 4 s eine etwas kürzere Zeitkonstante auf.

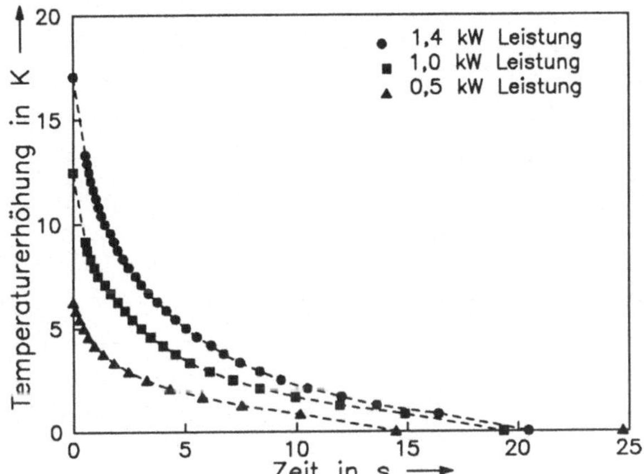

Abb. 5.30 Indirekte Kühlung: gemessene Temperatur auf der optischen Achse als Funktion der Zeit nach Ende der Bestrahlung mit 0,5, 1,0 und 1,4 kW bei 6,5 mm Strahlradius.

5.2.3.2 Einfluß der Leistung

Die Abbildung 5.31 zeigt den Einfluß der eingestrahlten Leistung auf die Änderung der optischen Eigenschaften, insbesondere die Krümmung der Wellenfront auf. Daten zur Temperaturerhöhung sind bereits in den vorangegangenen Abbildungen 5.28 bis 5.30 zu finden. Man erkennt, daß, wie zu erwarten, mit steigender Leistung die kleiner werdenden Krümmungsradien der Phasenfront nach Durchlaufen der Komponente. Die Umrechnung der Phasenfrontkrümmung in die daraus resultierende Fokusverschiebung einer Bearbeitungsoptik wird in Kapitel 6 besprochen.

5.2.3.3 Einfluß des Strahlradius

Die Änderung der optischen Eigenschaften wird nicht nur von der eingestrahlten Gesamtleistung, sondern auch von der Verteilung der Intensität beeinflußt. Hier wird dieser Einfluß anhand der Variation des Strahlradius aufgezeigt. Der resultierende Phasenfrontradius wurde bereits in den Abbildungen 5.27 und 5.31 gezeigt. Diese zeigt bei Halbierung des Strahlradius (Intensitätssteigerung um den Faktor vier) eine Abnahme des Krümmungsradius um einen Faktor vier bis fünf und eine dementsprechend größere Fokusverschiebung. Daraus ist die Schlußfolgerung zu ziehen, daß eine optische Komponente immer möglichst gleichmäßig und vollständig ausgeleuchtet werden sollte, um die optische Deformation gering zu halten. Dabei darf der Strahl jedoch keinesfalls so groß werden, daß an der Apertur Beugung entsteht.

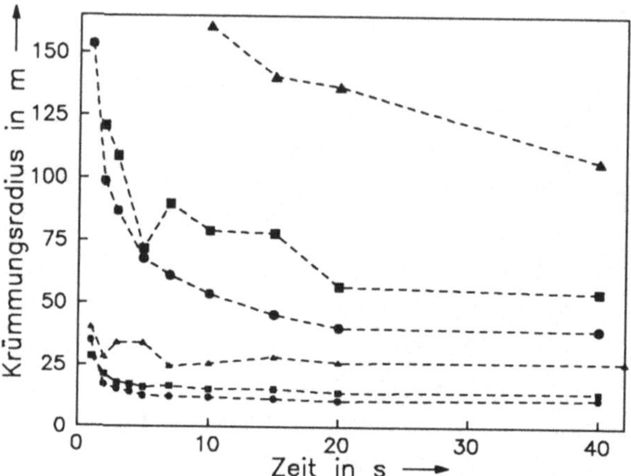

Abb. 5.31 Gemessener Krümmungsradius der Wellenfront als Funktion der Zeit für Leistungen: 0,5 (Dreiecke), 1,0 (Quadrate) und 1,4 kW (Kreise), Strahlradien 6,5 (kleine Symbole) und 13 mm (große Symbole). Direkte Kühlung.

5.2.3.4 Optischer Fehler durch Bestrahlung

Ergänzend zu den bereits erfolgten Betrachtungen zur Phasenfrontkrümmung und Temperaturerhöhung zeigt die Abbildung 5.32 den Fehler, der nach Subtraktion der Sphäre übrigbleibt. Es sei hier an Kapitel 3 erinnert, wo die Zusammenhänge zwischen den Wellenfrontfehlern der sphärischen Aberration sowie des Astigmatismus und der Fokussierbarkeit, d.h. der resultierenden Intensitätsabnahme im Fokus, hergeleitet wurden. Die an dieser Stelle gezeigten Messungen zum Wellenfrontfehler eignen sich, ebenso wie die in Abschnitt 5.1 gezeigten Werte für Kupferspiegel, um mit Hilfe der Ergebnisse aus Kapitel 3 die Fokusdegradation abschätzen zu können. Es handelt sich insofern um eine Abschätzung und nicht um eine exakte Übertragung, als daß der funktionale Zusammenhang zwischen radialer Koordiate im Strahl und lokalem Wellenfrontfehler, der sich bei den Messungen ergibt, nicht identisch mit dem im Falle der sphärischen Aberration oder des Astigmatismus ist. Dennoch ist es eine sinnvolle Methode, um aus den Meßwerten unter Benutzung der Abbildungen 3.11 und 3.13 bzw. 3.14 die Fokusvergrößerung näherungsweise zu bestimmen.

Aus der Abbildung 5.32 kann der Wellenfrontfehler zu 0,1 μm und mehr abgelesen werden, was gemäß dem oben gesagten eine Intensitätsabnahme von bis zu 10% erwarten läßt. Die

Bestimmung dieses Fehlers ist allerdings mit einer erheblichen Unsicherheit behaftet, da hier von der gemessenen Deformation eine berechneter Radius abgezogen wird und lokal falsch gemessene Deformationswerte den gesuchten Wert beeinflussen. Es muß daher mit einer Streuung der Werte um ±30% um den tatsächlichen gerechnet werden.

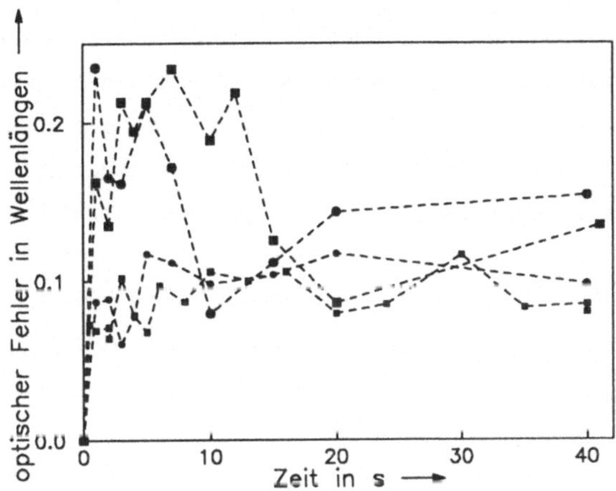

Abb. 5.31 Gemessener optischer Fehler als Funktion der Zeit für 1,4 kW Leistung bei Strahlradien: 6,5 (kleine Symbole) und 13 (große Symbole) mm. Direkte (Kreise) und indirekte Kühlung (Quadrate).

5.2.3.5 Vergleich mit numerischer Berechnung

Beim Vergleich zwischen den experimentellen Ergebnissen und den numerischen Berechnungen zeigt sich, daß die Berechnungen für die Temperaturen Werte liefern, die nur etwa zwei Drittel der gemessenen erreichen. Im selben Maße fallen auch die Deformationen geringer aus. Als Folge der kleineren Deformation sind die numerischen Werte für die Krümmungsradien der Wellenfront um etwa ein Drittel zu groß, so daß der Einfluß auf die Fokusverschiebung als eine der letztendlich interessierenden Größen in der Rechnung zu klein wiedergegeben wird.

Hierbei sind die Meßergebnisse aus folgenden Gründen als zuverlässig anzusehen: Bei der CO_2-Interferometrie werden die optischen Eigenschaften unmittelbar gemessen. Soweit die Messungen erst durch Umrechnung mit evtl. ungenau bekannten Materialkonstanten Resultate liefern, wie z.B. bei der Bestimmung der Temperatur aus der Streifenverschiebung des HeNe-Interferometers, konnte durch Vergleich der Meßwerte aus den unterschiedlichen

Interferometeraufbauten die Richtigkeit der Werte bestätigt werden. Die Konsistenz der aus der Literatur entnommenen optischen Konstanten ist demnach gegeben.

Daraus sind folgende Schlüsse zu ziehen: Im Gegensatz zu den Berechnungen an den gut wärmeleitenden Spiegeln ist die Fixierung der Knotenpunktstemperaturen im Bereich der Kühlung auf die Kühlwassertemperatur hierbei nicht zulässig, da die Wärmeübergangskoeffizienten bei ZnSe kleiner sind als bei Metallspiegeln. Vielmehr muß von einem Temperatursprung um 1 bis 2 K in den hier betrachteten Fällen ausgegangen werden (für indirekte Kühlung, bei direkter Kühlung etwa die Hälfte), was auch die Meßergebnisse bestätigen. Dies allein erklärt jedoch noch nicht die gesamte Diskrepanz. Hinzu kommt noch, daß die Eigenschaften der Beschichtungen hinsichtlich ihrer Wärmeleitung und ihres Wärmewiderstands zum Substrat eine sehr große Unsicherheit aufweisen. Diese Daten beeinflussen aber entscheidend die maximalen Werte der Temperatur. Daß die auftretenden Temperaturen wesentlich höher sein müssen als die berechneten, ergibt sich auch aus der bisweilen unbeabsichtigten Zerstörung von Proben bei der Absorptionsmessung.

Darüberhinaus sind bei der Weiterentwicklung des Programms auch die durch thermoelastischen Eigenschaften bedingten Effekte zu berücksichtigen, wie dies im Zusammenhang mit der Tabelle 4.3 bereits erwähnt wurde.

6 Auswirkungen auf die Fokussierbarkeit

Nachdem im vorangegangenen Kapitel die Ergebnisse der experimentellen und numerischen Untersuchungen vorgestellt worden sind, wird nun der Einfluß dieses Verhaltens der optischen Komponenten auf die Fokussierbarkeit des Laserstrahls am Werkstück herausgearbeitet. Die Kenntnis der Zusammenhänge wird es dann auch ermöglichen, umgekehrt aus den Betrachtungen der Fokusparameter das Anforderungsprofil an die optischen Komponenten abzuleiten.

6.1 Zusammenhang zwischen Deformation und Fokusparametern

Vor der Diskussion konkreter Komponenten bzw. Konstruktionen sollen zunächst die Zusammenhänge der in den Kapiteln 3 und 4 dargelegten Aspekte zu den Themen Oberflächen-/Phasenfrontkrümmung und Fokusverschiebung einerseits sowie Wellenfrontfehler und Fokussierbarkeit andererseits miteinander verknüpft werden.

6.1.1 Fokuslage

Die Wirkung einer Oberflächen- bzw. Phasenfrontkrümmung läßt sich anschaulich über ihre Linsenwirkung verstehen: das betreffende Element, das diesen Effekt verursacht, wirkt wie eine zusätzliche Linse im Strahlengang, die die Laserstrahlparameter bzgl. Lage der Strahltaille und ihrer Größe verändert. Die Brennweite dieser "Linse" ist bei reflektierenden Komponenten vom Einfallswinkel abhängig (vgl. Gl. 4.3) und ist insbesondere bei (nahezu) senkrechtem Einfall durch den halben Krümmungsradius der Oberfläche und bei Einfall unter 45° (90°-Umlenkspiegel) durch das 1/√2-fache des Radius gegeben. Bei transmittierenden Elementen ist diese Brennweite gleich dem Krümmungsradius der Phasenfront. Da sie durch die Aufheizung der optischen Komponente verursacht wird, kann man sie auch als *thermische Linse der Brennweite* f_t bezeichnen. Zusammen mit der Fokussieroptik (Brennweite f_F) in der Station zur Materialbearbeitung bildet sie ein telekopsisches System, für dessen Gesamtbrennweite f gilt:

$$\frac{1}{f} = \frac{1}{f_F} + \frac{1}{f_t} - \frac{l}{f_F \cdot f_t} \quad , \qquad (6.1)$$

wobei l der Abstand der beiden Elemente ist. Da $|f_t|$ bei den hier relevanten Fällen immer groß gegen den Abstand l ist, kann der letzte Term vernachlässigt werden. Betrachtet man die Verhältnisse nach der Fokussieroptik, wobei im ungestörten Fall die Fokuslage z_F auf dem Werkstück durch $z_F = f_F$ gegeben sei und berücksichtigt, daß $|f_T| \gg f_F$ ist, so folgt für die Verschiebung Δz der Fokuslage näherungsweise

$$\Delta z = f - f_F \approx - \frac{f_F^2}{f_t} \quad . \tag{6.2}$$

Die Verschiebung der Fokuslage ist also proportional zum Quadrat der Brennweite f_F der Fokussieroptik. Um diese Betrachtungen analytisch durchführen zu können, wurden hier die Gesetze der geometrischen Optik angewendet, die solange eine gute Näherung darstellen, als die auftretenden Längen groß gegen die Rayleighlänge des Laserstrahls sind. Für eine exakte Berechnung sind die in Kapitel 2 diskutierten Propagationsformeln zu verwenden. Weiterhin sind hier folgende Vereinfachungen gemacht worden, um die Abschätzungen zu erleichtern:

- $|f_t| \gg l$ (wie oben erläutert),
- konstanter Strahldurchmesser auf der Optik (ebenfalls durch $|f_t| \gg l$ begründet) und
- keine wesentliche Beeinflussung der Divergenz des Laserstrahls. Dies erfordert, daß $|f_t| \gg z_R$ (z_R: Rayleighlänge des Strahls vor Eintritt in die Fokussieroptik) gilt.

Diese Voraussetzungen können nicht streng erfüllt sein. Dennoch sind sie bei den im Rahmen dieser Arbeit betrachteten Fällen hinreichend gut realisiert, wie die Ergebnisse aus Kapitel 5 zeigen:

- bei Spiegeln betragen die Brennweiten f_t typischerweise mehrere hundert Meter bei Dimensionen des Strahlführungssystems von wenigen zehn Metern und weniger,
- bei Abschlußfenstern in Fokussieroptiken beträgt l wenige hundert Millimeter und
- bei Fokussierlinsen ist l gleich Null.

Es ist also sinnvoll, mit Gleichung (6.2) die Fokusverschiebung zu berechnen. Ist beispielsweise in einem Strahlführungssystem eine Anzahl von N Spiegeln am Zustandekommen der Größe f_t in Gleichung (6.1) beteiligt und gelten weiterhin die diskutierten Näherungen, so gilt im diesem Sinne für die Brennweite $f_{t,S}$ der thermischen Linsenwirkung des Systems:

$$\frac{1}{f_{t,S}} = \sum_{i=1}^{N} \frac{1}{f_{t,i}} \quad . \tag{6.3}$$

An dieser Stelle seien nun die aufgezeigten Zusammenhänge anhand zweier Graphiken veranschaulicht, um die Beurteilung der in Kapitel 5 vorgestellten Ergebnisse zu erleichtern. Die Abbildung 6.1 zeigt die Fokusverschiebung als Funktion der Brennweite der thermischen Linse, mit der Brennweite der Fokussieroptik als Parameter. Man erkennt zwar die absoluten Verschiebungen des Fokus, jedoch ist die daraus zu entnehmende Information unvollständig ohne die Betrachtung der Rayleighlänge des Laserstrahls. Da nur solche Einflüsse auf die Fokuslage relevant sind, die mindestens etwa ein Zehntel dieses Wertes betragen, wie schon die Untersuchungen im Kapitel 3 gezeigt haben.

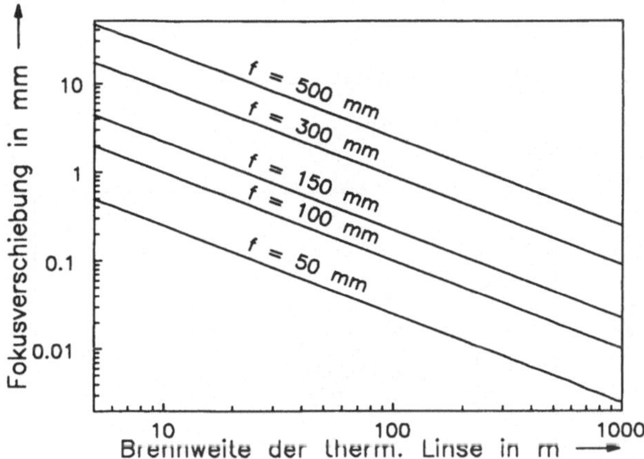

Abb. 6.1 Fokusverschiebung infolge der thermischen Linsenwirkung optischer Komponenten für verschiedene Brennweiten der Fokussieroptik.

Die Abbildung 6.2 zeigt daher für verschiedene Moden, die auf gleichen effektiven Strahlradius w·M = 15 mm (vgl. Abbildung 2.2) normiert sind, wie groß das jeweilige Verhältnis von Fokusverschiebung zu Rayleighlänge ist. Aus dieser Graphik können folgende Schlußfolgerungen gezogen werden:

- Linsenoptiken aus ZnSe weisen mit ihren Phasenfrontkrümmungsradien im Bereich von 10 bis 100 m (bei Leistungen bis max. 1,5 kW) Verschiebungen der Fokuslage um eine oder mehrere Rayleighlängen auf (bezogen auf den Gaußschen Grundmode) und sind daher für Materialbearbeitungsprozesse, die nur eine geringe Variation der Fokuslage zulassen, nur bis zu Leistungen von wenigen hundert Watt geeignet. Es ist auch darauf hinzuweisen, daß diese Ergebnisse an neuwertigen Komponenten erzielt wurden. Bei verschmutzten steigt die Absorption, wie ergänzende Messungen gezeigt haben, erfahrungsgemäß bis um einen Faktor zwei an. Da letztlich die absorbierte Leistung, also das Produkt aus Laserstrahlleistung und Absorption zu betrachten ist, werden die Effekte der thermischen Linse im Laufe der Gebrauchsdauer der Komponente immer stärker.
- Bei Spiegeln betragen die resultierenden thermischen Brennweiten um 500 m (siehe Ergebnisse für den Strahlradius von 25 mm im Abschnitt 5.1) und sind damit akzeptabel. Bei kleineren Strahlradien (betrachtet wurden 11 mm) ergeben sich Werte um 120 m, die wegen der Kumulation des Effektes bei mehreren Spiegeln die Toleranzgrenze überschreiten. Hier muß, wie der Vergleich der Rechnung mit verschiedenen Deckeldicken zeigt, zu Spiegeln übergegangen werden, deren Kühlwasserkanäle nahe (1 mm statt 5 mm) unter

der Oberfläche liegen. Die thermische Linsenwirkung verringert sich dann wieder auf unkritische ca. 500 m.

- Ein Laser mit "schlechter Strahlqualität", d.h. hoher Modenordnung ist unempfindlich gegen Einflüsse der optischen Komponenten.

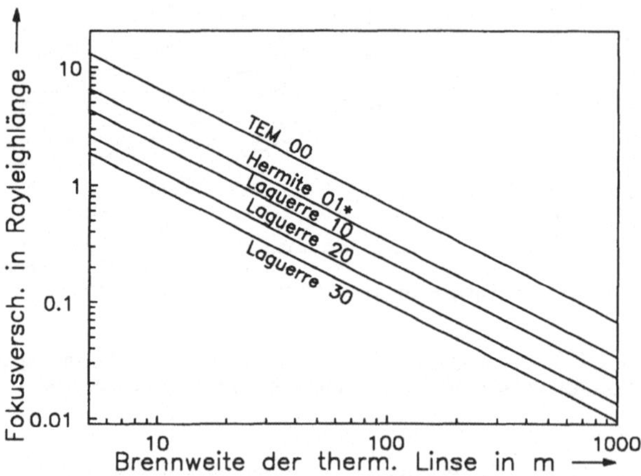

Abb. 6.2 Fokusverschiebung als Folge der thermischen Linsenwirkung optischer Komponenten für verschiedene Moden, normiert auf die Rayleighlänge (unabhängig von der Brennweite der Fokussieroptik). Moden auf gleichen effektiven Strahldurchmesser normiert, siehe Text.

6.1.2 Fokusvergrößerung

Die durch die Wellenfrontdegradation verursachte Fokusvergrößerung läßt sich mit den hier vorgestellten Beschreibungsweisen nicht berechnen. Jedoch kann aus den in Kapitel 5 gewonnen Daten über die Differenz zwischen der Oberflächen- bzw. Phasenfrontkontur und dem sphärischen Anteil, der als Wellenfrontfehler Ψ bezeichnet wurde, zusammen mit den im Kapitel 3 aufgezeigten Zusammenhängen zwischen dem Wellenfrontfehler bei sphärischer Aberration bzw. Astigmatismus (vgl. Abbildungen 3.11 und 3.13) die gesuchte Vergrößerung des Fokus bzw. Abnahme der Intensität abgeschätzt werden. Unter Zuhilfenahme der Tabellen 3.6 und 3.8 können umgekehrt die tolerierbaren Werte für die Abweichung der Kontur von einer Sphäre ermittelt werden. Eine genauere Erfassung der Änderung der Fokusstruktur und der damit einhergehenden Intensitätsabnahme erfordert eine numerische Berechnung auf der Basis der beugungstheoretischen Beschreibung [105].

Analog zum vorhergenden Abschnitt ergeben sich folgende Schlußfolgerungen:

- Linsenoptiken aus ZnSe erreichen mit optischen Fehlern um 0,1 bis 0,2 Wellenlängen die Grenze des Tolerierbaren. Die Intensität im Fokus nimmt ab 1 kW im Bereich einiger Prozent ab.
- Bei Spiegeln betragen die Vergleichswerte ein bis zwei hunderstel Wellenlängen, die sich innerhalb eines Strahlführungssystems zu ein bis zwei zehnteln aufaddieren können. Auch aus diesem Grund ist also der Übergang zu Konstruktionen mit der bereits angesprochenen geringen Deckeldicke anzuraten.
- Auch hier gilt, daß ein Laser mit schlechter Strahlqualität unempfindlich gegen Einflüsse der optischen Komponenten ist.

6.2 Zusammenfassung der Ergebnisse

Zusammenfassend kann also gesagt werden, daß folgende Punkte zu beachten sind, um Spiegel mit möglichst guter optischer Qualität zu erhalten:

- Verformungsarme Halterung nach Abbildung 3.2 bzw. 3.26,
- Spiralförmige Kühlung mit Zufluß im Zentrum für homogene Temperaturverteilung,
- Materialdicke zwischen Spiegeloberfläche und Kühlkanal 1 bis 2 mm sowie
- reflexionserhöhende Beschichtung.

In bezug auf transmittierende Optiken bleibt festzuhalten, daß diese bei absorbierten Leistungen von drei bis fünf Watt ihre Einsatzgrenze erreichen. Dies hängt jedoch auch immer von den Anforderungen ab, die von Seiten der Materialbearbeitung gestellt werden, so daß bei Anwendungen, die nicht auf optimale Konstanz der Fokusparameter angewiesen sind, auch höhere Leistungen akzeptabel sind.

Generell kann gesagt werden, daß durch die Wahl eines sinnvollen Strahldurchmessers, der nach oben durch die realisierbaren Aperturen und nach unten durch die akzeptablen Deformationen der optischen Komponenten bei Bestrahlung eingegrenzt wird, eine Auslegung durchzuführen ist. Der erste Punkt wird durch die Aspekte Preis und, insbesondere bei bewegten Systemen, zulässiges Gewicht diktiert: für typische Anwendungsfälle ist von 50 bis 100 mm Durchmesser der Apertur auszugehen. Die Belastbarkeit der Komponenten ist durch die absorbierte Leistung und die daraus resultierende Deformation gegeben und kann auf der Grundlage der vorgestellten Ergebnisse für unbeschichtete Kupferspiegel (Absorption A = 1%) mit ein bis zwei kW/cm^2 (für hochreflektierend beschichtete Spiegel gelten ca. die vierfachen Werte) und für neuwertige ZnSe-Optiken (A = 0,2%) mit ca. 0,2 W/cm^2 angegeben werden.

Wie bereits erwähnt, sind diese Zahlenwerte für Laser mit "guter Strahlqualität" (d.h. M^2 bei Eins) und Verfahren mit hoher Anforderung an die Konstanz der Fokusposition auf dem Werkstück anzuwenden. Schlechtere Strahlqualitäten und unkritischere Materialbearbeitungsprozesse erlauben auch höhere Werte für die Belastung der optischen Komponenten.

6.3 Ergänzende Ergebnisse aus der Literatur

Zum Verhalten optischer Komponenten bei Bestrahlung existieren viele Veröffentlichungen, die sich auch mit sehr unterschiedlich gelagerten Aspekten befassen, die über den Rahmen dieser Arbeit hinausgehen. An dieser Stelle sei daher ein Überblick dazu gegeben, der keinesfalls den Anspruch der Vollständigkeit erhebt.

- Ausführliche numerische Vergleichsrechnungen zwischen ZnSe und GaAs für verschiedene Reflektivitäten finden sich in [89], zu Cu- und Si-Spiegel in [90].
- Praxisnahe Untersuchungen zur Fokusverschiebung bei Bestrahlung [106] und Deformation optischer Elemente [107] sowie zur verschiedenen anderen Aspekten wie Roboterstrahlführungssystemen [108] und Faserübertragung [109] lassen sich aufzählen.
- Messungen und begleitende Rechnungen finden sich insbesondere in [2], theoretische Untersuchungen, auch an anderen Materialien wie z.B. KCl, in [110-113].
- Kurzzeiteffekte werden in [114] angesprochen.
- Darüberhinaus gibt es eine Reihe von Publikationen, die z.T. auch Aspekte wie die mechanischen Spannungen innerhalb der Komponente betrachten [115-117].

6.4 Vorschläge für weitere Untersuchungen

Weitergehende Arbeiten müssen dem Ziel dienen, optische Komponenten für Laserstrahlquellen mit Ausgangsleistungen um 50 kW (die derzeit in Entwicklung bzw. an der Schwelle zum Einsatz sind) bereitzustellen, wobei auch die typischerweise doppelt so hohen Resonatorinternen Leistungen zu berücksichtigen sind. Die optische Deformation sollte dabei die nicht größer sein als bei den derzeitigen Leistungen, d.h. daß die Deformation im Verhältnis zur Leistung geringer sein muß. Ein Anfang in dieser Richtung wurde bei der Betrachtung der Ergebnisse für die beschichteten und unbeschichteten Spiegel im Kapitel fünf bereits gemacht, sowohl auf der Basis der experimentellen Ergebnisse wie auch der numerischen Simulation. Ferner sind die ansteigenden Spitzenwerte der Intensität zu beachten, die in den Propagationseigenschaften der Strahlen instabiler Resonatoren begründet sind und die zu einem Intensitätsmaximum auf der optischen Achse führen. Hierbei ist auch der Zerstörschwelle von Beschichtungen und Substratmaterialien der Komponenten Aufmerksamkeit zu widmen.

Aus den heute erkennbaren Tendenzen bei der Konzipierung neuer Materialien und Beschichtungen seien für den Bereich der CO_2-Laser folgende Punkte herausgegriffen:

- Der Einsatz von Diamant als Substratmaterial für transmittierende Optiken ist zwar durch Probleme bei der Bereitstellung größerer Aperturen behindert, jedoch verdient dieses Material durch seine ca. fünffach bessere Wärmeleitfähigkeit als Kupfer und seine geringe Absorption über einen breiten Spektralbereich Beachtung [118,119].
- Auch bei der Entwicklung neuer reflexionserhöhender Beschichtungen für Spiegel haben Versuche mit Diamantschichten vorteilhafte Eigenschaften gezeigt [120].
- Bei den Substratmaterialien für Spiegel sind folgende Trends zu beobachten: die Perfektionierung der integrierten Kühlung zum einen mit klassischen Kühlkanälen [100], zum anderen durch Entwicklung neuartiger Konzepte, die auf dem Strom eines Kühlmittels durch eine poröse Schicht unter der Spiegeloberfläche beruhen und die aufgrund der großen Kontaktfläche zwischen Spiegelkörper und Kühlmedium eine günstigere Wärmeübergangseffizienz besitzen [121]. Ferner soll durch Auswahl steiferer Materialien als Kupfer (z.B. Siliziumkarbid) das Gewicht der Spiegel gesenkt werden, um Anwendungen in hochdynamischen Systemen mit großen Beschleunigungen zu forcieren [34].

Diese Materialien und Beschichtungen erfordern eine Vielzahl weiterer Untersuchungen, um ihre Eigenschaften und ihr Verhalten bei Bestrahlung zu verstehen und um letztlich damit ihr Einsatzpotential ausloten zu können.

Zu diesem Zweck ist es unabdingbar, auch die Möglichkeiten der numerischen Simulation zu verbessern, um bei der Wahl der durchzuführenden Experimente sinnvolle Vorentscheidungen treffen zu können. Bei der Vorstellung des verwendeten Programm im Abschnitt 4.3 ist bereits darauf hingewiesen worden, daß die derzeitige Version auf die Behandlung rotationssymmetrischer Modelle beschränkt ist. Diese Einschränkung ist jedoch aufgrund der Möglichkeiten des Programms PERMAS nicht notwendig, da es auch komplizierte Strukturen zu rechnen vermag. Durch eine entsprechende Erweiterung des Modells ist es sogar denkbar, die Halterung mit in die Analyse einzubeziehen und Einflüsse durch deren Bestrahlung, die vor allem zu einer Verkippung des Spiegels führen, ebenfalls berechnen zu können. Auch erscheint es wünschenswert, durch eine geeignete Berücksichtigung der Temperaturverteilung des Kühlwassers, den dynamischen Verlauf nach Einschalten des Lasers besser wiedergeben zu können. Damit ließen sich auch Anwendungsfälle berechnen, deren Elemente durch schlechtere Wärmeleitungseigenschaften größere Zeitkonstanten aufweisen als die im Rahmen dieser Arbeit behandelten Modelle.

7 Zusammenfassung

Die Intention der vorliegenden Arbeit war, die Eigenschaften optischer Komponenten für CO_2-Hochleistungslaser mit einer Wellenlänge von 10,6 Mikrometern und Strahlleistungen von mehreren Kilowatt, zu untersuchen. Insbesondere galt es, den Einfluß dieser Elemente auf die Fokussierbarkeit der Strahlung herauszuarbeiten mit dem Ziel, auf der Basis des Verständnisses der physikalischen Gegebenheiten die Anforderungen abzuleiten, die bei der Konstruktion optischer Systeme für solche Laser beachtet werden müssen. Zu diesem Zweck wurden die Eigenschaften der Laserstrahlung theoretisch untersucht, um die Grundlage für die weiteren Betrachtungen zu schaffen. Darauf aufbauend wurden die Zusammenhänge zwischen den wichtigsten Aberrationen optischer Komponenten und ihrem Einfluß auf die Strahlkenngrößen im allgemeinen und die Fokussierbarkeit im besonderen aufgezeigt.

Nach einem Exkurs zu den Untersuchungsmethoden, mit deren Hilfe die Charakterisierung der betrachteten Komponenten möglich ist, wurde ihr Verhalten bei der Belastung mit Laserstrahlung sowohl experimentell als auch numerisch untersucht. Ziel war es, die Unterschiede zwischen verschiedenen Arten von Elementen (reflektierende und transmittierende) und Varianten bei der Konstruktion solcher Elemente bzw. ihrer Halterungen zu ermitteln, um aus dem Vergleich die Prinzipien abzuleiten, nach denen eine Optik konstruiert sein muß, um den Laserstrahl mit einem Minimum an Beeinflussung vom Laser bis zum Werkstück zu leiten. Das Ziel ist es, durch deformationsarme Komponenten und Halterungen mit stabiler Justage zu erreichen, daß für die Materialbearbeitung ein optimal fokussierbarer Strahl mit konstanten Eigenschaften zur Verfügung steht. Die Hintergründe für die konstruktiven Randbedingungen, die notwendig sind, um dies zu gewährleisten zu können, wurden dargelegt, immer auch mit Blick auf die praktische Umsetzung. Diese Arbeit will damit das Verständnis für die physikalischen Zusammenhänge fördern und Ratgeber für die Konstruktion optischer Komponenten für Hochleistungslaser sein.

8 Literaturverzeichnis

[1] HÜGEL, H.: *Hochleistungs-Gaslaser.* Laser und Optoelektronik 17, Nr. 1 (1985)

[2] DETRIO, J.A.: *Optical distortion and far field measurements for laser window materials.* SPIE Vol. 293 Wavefront Distortions in Power Optics (1981)

[3] ROTHE, R.; SEPOLD, G.: *Bau und Einsatz von Spiegeloptiken für die Werkstoffbearbeitung mit Hochleistungslasern.* VDI-Berichte 535: Materialbearbeitung mit CO_2-Hochleistungslasern, VDI-Verlag (1984)

[4] Mirrors and Windows for High Power Laser / High Energy Laser Systems, SPIE Vol. 1047 (1989)

[5] Optoelektronik in der Technik, Laser '89 München, Springer Verlag (1989)

[6] FEYNMAN, R.P.; LEIGHTON, R.B.; SANDS, M.: *Lectures on Physics.* Addison-Wesley Publishing Company (1977)

[7] CRAWFORD, F.S.: *Berkeley Physics Course.* McGraw-Hill (1968)

[8] GERTHSEN, C.; KNESER, H.O.; VOGEL, H.: *Physik.* Springer Verlag (1986)

[9] BORN, M.; WOLF, E.: *Fundamentals of Optic.* Pergamon Press (1986)

[10] TIZIANI, H.J.: *Optische Grundgesetze.* Vorlesungsmanuskript, Universität Stuttgart

[11] KOGELNIK, H.; LI, T.: *Laser Beams and Resonators.* Applied Optics, Vol. 5, No. 10, Oct. 1966

[12] SIEGMAN, A.E.: *Lasers.* University Science Books (1986)

[13] WEBER, H.: *Laserresonatoren und Strahlqualität.* Laser und Optoelektronik 20, Nr. 2 (1988)

[14] BÉLANGER, P.A.: *Beam propagation and the ABCD ray matrices.* Optics Letters, Vol. 16, No. 4, (1991)

[15] WITTIG, K.: *persönliche Mitteilung*

[16] BORIK, S.; WITTIG, K.; ZOSKE, U.: *Physical Principles of Beam Characterization.* Zur Veröffentlichung in Applied Optics eingereicht

[17] BERGMANN, L.; SCHAEFER, C.: *Lehrbuch der Experimentalphysik.* de Gruyter (1974)

[18] WHITE, A.G.; SMITH, C.P.; HECKENBERG, N.R.; RUBINSZTEIN-DUNLOP, H.; MCDUFF, R.; WEISS, C.O.; TAMM, Chr.: *Interferometric Measurements of Phase Singularities in the Output of a Visible Laser.* Journal of Modern Optics, Vol. 38, No. 12 (1991)

[19] KRAMER, R.; OEBELS, H.; LOOSEN, P.: *Bestimmung und Anwendung der normierten Strahlqualitätskennzahl K bei der Ausbreitung von Laserstrahlung.* Optoelektronik in der Technik, Laser '89 München, Springer Verlag (1989)

[20] KEILMANN, F.; GIESEN, A.; WAHL, T.; BORIK, S.: *Charakterisierung von CO_2-Laserstrahlen durch Plexiglaseinbrand.* Laser-Magazin Nr. 4 (1987)

[21] WHITEHOUSE, D.R.; NILSEN, C.J.: *Plastic Burn Analysis for CO_2 Laser Beam Diagnostics.* Proceedings of ICALEO '90 (Boston), Vol. 71 Laser Materials Processing (1990)

[22] ZOSKE, U.; GIESEN, A.; HÜGEL, H.: *Strahlformung von CO_2-Laserstrahlung, Optoelektronik in der Technik.* Laser '89 München, Springer Verlag (1989)

[23] CONTINENZA, A.; MASSIDDA, S.; FREEMAN, A.J.: *Structural and electronic properties of bulk ZnSe.* Phys. Rev. B, 38 (1988)

[24] HUMMEL, R.E.: *Optische Eigenschaften von Metallen und Legierungen.* Springer Verlag (1971)

[25] PALIK, E.D. (Hrsg.): *Handbook of Optical Constants of Solids.* Academic Press (1985)

[26] BENNETT, J.M.: *Surface Evaluation Techniques for Optical Components.* The International Congress on Optical Science and Engineering (1988)

[27] HECHT, E.: *Optics.* Addison Wesley (1987)

[28] ZÜGGE, H.: *Vorlesungsmanuskript.* Zeiss und Universität Stuttgart

[29] GERRARD, A.; BURCH, J.M.: *Introduction to Matrix Methods in Optics.* John Wiley & Sons (1975)

[30] KINGSLAKE, R.: *Optical System Design.* Academic Press (1983)

[31] WELFORD, W.T.: *Aberrations of the symmetrical optical System.* Academic Press (1974)

[32] FRÜHOLZ, W.: *Numerische Berechnung von Intensitäts- und Phasenverteilung eines Laserstrahls nach Durchgang durch eine Linse mittels Raytracing.* Studienarbeit 90-21, Inst. f. Strahlwerkzeuge, Universität Stuttgart (1990)

[33] GORRIZ, M.: *Adaptive Optik und Sensorik im Strahlführungssystem von Laserbearbeitungsanlagen.* Dissertation, Inst. f. Strahlwerkzeuge, Universität Stuttgart (1991)

[34] Sonderforschungsbereich 349: Hochdynamische Strahlführungs- und Strahlformungseinrichtungen für die räumliche Bearbeitung mit Laserstrahlen, Mitteilung der Universität Stuttgart (1990)

[35] Zeiss, Oberkochen: Produktspezifikationen

[36] Schott Glaswerke, Mainz: Produktspezifikationen

[37] II-VI Inc., Pittsburgh PA: Produktspezifikationen

[38] Laser Power Optics Inc., San Diego CA: Produktspezifikationen

[39] Balzers, Liechtenstein: Produktspezifikationen

[40] Leybold AG, Hanau: Produktspezifikationen

[41] MIYATA, T.: *R&D of optics for high power cw CO_2 lasers in the Japanese National Program*. SPIE Vol. 650 High Power Lasers and Their Industrial Applications (1986)

[42] (ohne Namen): *KCl Optics Handles 20-kW Industrial CO_2 Laser Output*. Laser Focus/Electro-Optics, No. 1 (1985)

[43] Boulder Damage Symposium: Laser-induced Damage in Optical Materials (jährlich)

[44] PLASS, W.: *persönliche Mitteilung*

[45] ZOSKE, U.: *interner Bericht*. Inst. f. Strahlwerkzeuge, Universität Stuttgart

[46] EISEMANN, A.: *Härteversuche mit einem System zur flexiblen Strahlformung*. Studienarbeit 90-27, Inst. f. Strahlwerkzeuge, Universität Stuttgart (1990)

[47] Kugler GmbH, Salem: Produktspezifikationen

[48] KUGLER, L.; SCHULZ, U.: *Asphären mit einer rotatorischen und einer Zustellachse fertigen*. Feinwerktechnik & Messtechnik 99 (1991) 9

[49] Optische Werke G. Rodenstock: Produktspezifikationen

[50] Laser Optics Inc., Danbury CT: Produktspezifikationen

[51] HUTFLESS, J.: *Diagnostik und Regelung von CO_2-Hochleistungslaserstrahlung*. Reihe Fertigungstechnik Erlangen. München: Hanser (1992) (in Vorbereitung)

[52] FRITZ, D.: *Entwurf eines Strahlführungssystems*. Studienarbeit 89-11, Inst. f. Strahlwerkzeuge, Universität Stuttgart (1989)

[53] FRITZ, D.: *Konstruktion von Bauelementen eines Strahlführungssystems*. Diplomarbeit 91-18, Inst. f. Strahlwerkzeuge, Universität Stuttgart (1991)

[54] HÄNLE, U.: *Numerische Analyse von Laser-Umlenkspiegeln in hochdynamischen Strahlführungssystemen*. Institutsbericht 92/8, Inst. f. Statik und Dynamik, Universität Stuttgart (1991)

[55] KUNZ, S.: *Simulation und Entwicklung einer adaptiven Optik für Laserresonatoren*. Studienarbeit 91-36, Inst. f. Strahlwerkzeuge, Universität Stuttgart (1991)

[56] JENKINS, F.A.; WHITE, H.E.: *Fundamentals of Optics*. McGraw-Hill, (1976)

[57] HENNEBERG, P.: Zeiss: *persönliche Mitteilung*

[58] BEA, M.; HENNIG, W.: *Laserstrahlen aus der 'Steckdose': Flexible Laserbearbeitung unter industrienahen Bedingungen*. Technische Rundschau 82, Nr. 34 (1990)

[59] MBB, Ottobrunn, Produktspezifikationen des am IFSW entwickelten Strahlführungssystems

[60] Trumpf Lasertechnik GmbH, Ditzingen, Produktspezifikationen

[61] KOGELNIK, H.W.; IPPEN, E.P.; DIENES, A.; SHANK, C.V.: *Astigmatically Compensated Cavities for CW Dye Lasers.* IEEE J. of Quantum Electronics, Vol. QE-8, No. 3 (1972)

[62] Forschungsverbund Lasertechnologie Erlangen auf der Laser '91 München (1991)

[63] D' ANS-LAX: *Taschenbuch für Chemiker und Physiker.* Springer Verlag (1967)

[64] UNGER, J.: *Konvektionsströmungen.* Teubner Studienbücher (1988)

[65] WYANT, J.C.: *Interferometric optical Metrology: basic Principles and new Systems.* Laser Focus, May 1982 (1982)

[66] KASPARICK, B.: *Laser-interferometrische Techniken.* Industrie-Anzeiger 78 (1988)

[67] VDI-Berichte 749: Laserinterferometrie in der industriellen Meßtechnik, VDI-Verlag (1989)

[68] TIZIANI, H.J. und Mitarbeiter: *Programm zur Analyse von Interferenzstreifen.* Inst. f. Technische Optik, Universität Stuttgart

[69] FRANÇON, M.: *Optical Interferometry.* Academic Press (1966)

[70] TAKEDA, M.; INA, H.; KOBAYASHI, S.: *Fouriertransform method of fringe-pattern analysis for computer-based topography and interferometry.* J. Opt. Soc. Am., Vol. 72 (1982)

[71] KREIS, Th.: *Auswertung holografischer Interferenzmuster mit Methoden der Ortsfrequenzanalyse.* VDI-Forschungsberichte Nr. 108, VDI-Verlag

[72] OSTEN, W.; SAEDLER, J.; WILHELMI, W.: *Schnelle Auswertung von Interferogrammen mit Verfahren der digitalen Bildverarbeitung.* Lasermagazin Nr. 2 (1987)

[73] TIZIANI, H.J.: *Rechnerunterstützte Laser-Meßtechnik.* Technisches Messen Nr. 6 (1987)

[74] TIZIANI, H.J.: *Optische Meßtechnik und Meßverfahren.* Vorlesungsmanuskript, Universität Stuttgart

[75] WOOD, R.M.: *Laser Damage in Optical Materials.* Adam Hilger Series (1986)

[76] RISTAU, D.; EBERT, J.: *Development of a thermographic laser calorimeter.* Applied Optics, Vol. 25, No. 24 (1986)

[77] ITOH, M.; OGURA, I.: *Absorption measurements of laser optical materials by interferometric calorimetry.* J. Appl. Phys. 53(7), (1982)

[78] WAGNER, H.P.; BORIK, S.; GIESEN, A.: *Transientes Verhalten optischer Komponenten bei Bestrahlung.* Optoelektronik in der Technik, Laser '89 München, Springer Verlag (1989)

[79] BORIK, S.; GIESEN, A.: *Finite Element Analysis of the Transient Behavior of Optical Components under Irradiation.* SPIE Vol. 1441 Laser-Induced Damage in Optical Materials (1990)

[80] Laser Zentrum Hannover, Produktspezifikationen

[81] BERGER, M.R.: *Quality control for high power CO_2-Lasers-Optics.* SPIE Vol. 650 High Power Lasers and Their Industrial Applications (1986)

[82] CULOMA, A.; DANIERE, F.: *Caracterisation des composants optiques* in: GERBET, D.; KECHEMAIR, D. (Hrsg.): *Les lasers de puissance et leurs effets.* Bericht der DGA (1991)

[83] OLMSTEAD, M.A.; AMER, N.M.; KOHN, S.; FOURNIER, D.; BOCCARA, A.C.: *Photothermal Displacement Spectroscopy: An Optical Probe for Solids and Surfaces.* Appl. Phys., A 32, S. 141-154 (1983)

[84] RAHE, M.; OERTEL, E.; REINHARDT, L.; RISTAU, D.; WELLING, H.: *Absorption Calorimetry and Laser Induced Damage Threshold Measurements of AR-coated ZnSe and Metal Mirrors.* SPIE Vol. 1441 Laser-Induced Damage in Optical Materials (1990)

[85] Degussa, Hanau: Produktspezifikationen

[86] Jumo, Fulda: Produktspezifikationen

[87] PRESCHA, K.: *Erstellung von Programmen zur automatischen Meßdatenerfassung bei Versuchsständen zur Absorptionsmessung und zur Messung der Kleinsignalverstärkung.* Studienarbeit 89-15, Inst. f. Strahlwerkzeuge, Universität Stuttgart (1989)

[88] DURST, W.: *Optimierung der Absorptionsmessung an Komponenten aus ZnSe.* Studienarbeit 91-29, Inst. f. Strahlwerkzeuge, Universität Stuttgart (1991)

[89] REEDY, H.E.; HERRIT, G.L.: *Comparison of GaAs and ZnSe for high power CO_2 laser optics.* SPIE Vol. 1020 High Power CO_2 Laser Systems and Applications (1988)

[90] HERRIT, G.L.; REEDY, H.E.: *Advanced figure of merit evaluation for CO_2 laser optics using finite element analysis.* SPIE Vol. 1047 Mirrors and Windows for High Power / High Energy Laser Systems (1989)

[91] GALLAGHER, R.H.: *Finite-Element-Analysis.* Springer Verlag (1976)

[92] BOLEY, B.A.; WEINER, J.H.: *Theory of Thermal Stresses.* John Wiley & Sons (1960)

[93] SCHWARZ, H.R.: *Methode der finiten Elemente.* Teubner Studienbücher (1991)

[94] SCHREM, E.: *Handbook for Linear Static Analysis, PERMAS Version 4.0.* INTES Publication UM 404, Rev. D, Stuttgart (1991)

[95] SCHREM, E.: *Programmbausteine und Datenstrukturen für die Implementation der Methode der finiten Elemente.* Dissertation, Fachbereich Luft- u. Raumfahrttechnik, Universität Stuttgart (1978)

[96] SPEER, A.: *Numerische Berechnung der Deformation beschichteter und strukturierter optischer Komponenten mit der Methode der finiten Elemente.* Studienarbeit 92, Inst. f. Strahlwerkzeuge, Universität Stuttgart (1992)

[97] JEWELL, J.M.; ASKINS, C.; AGGARWAL, I.D.: *An Interferometric Technique for the Concurrent Determination of Thermo-optic and Thermal Expansion Coefficients.* SPIE Vol. 1441 Laser-Induced Damage in Optical Materials (1990)

[98] MUYS, P.; STRUYVE, K.: *Mathematical Modelling of Thermal Aberrations Induced by Absorption in High Power Laser Output Couplers.* Radius Engineering R&D Report (1991)

[99] WILDERMUTH, E., *persönliche Mitteilung*

[100] Diehl, Nürnberg: Produktspezifikationen

[101] WECK, M.; KRAUHAUSEN, M.; HERMANNS, C.: *Analyse des Verformungsverhaltens optischer Systeme während der Lasermaterialbearbeitung.* Laser und Optoelektronik 22 (6) (1990)

[102] Optis, Bremen: Produktspezifikationen

[103] Comau, Italien: Produktspezifikationen

[104] Morton International, USA: Produktspezifikationen

[105] ZOSKE, U.: *Modell zur rechnerischen Simulierung von Laserresonatoren und Strahlführungssystemen.* Dissertation, Inst. f. Strahlwerkzeuge, Universität Stuttgart (1991)

[106] BIERMANN, S.; HUTFLESS, J.; LUTZ, N.; GEIGER, M.: *Vergleichende Betrachtungen zur Laserstrahldiagnostik von CO_2-Hochleistungslasern.* Optoelektronik in der Technik, Laser '89 München, Springer Verlag (1989)

[107] KREUTZ, E.W.; LANG, B.; RISTERS, R.: *Investigations of Transmitting Optical Components for CO_2-Laser Radiation.* Optoelektronik in der Technik, Laser '89 München, Springer Verlag (1989)

[108] HOHBERG, G.: *Beam delivery systems for high power lasers.* SPIE Vol. 650 High Power Lasers and Their Industrial Applications (1986)

[109] Gerhard Franck Optronik GmbH: Produktspezifikationen (Vertrieb für Hitachi Cable Ltd.)

[110] SPARKS, M.: *Optical Distortion by Heated Windows in High-Power Laser Systems.* J. of Appl. Phys., Vol. 42 (1971)

[111] GIANINO, P.D.; BENDOW, B.: *Thermal Lensing of Laser Beams in Optically Transmitting Materials.* Appl. Phys., Vol. 2, S. 1-10 und 71-90 (1973)

[112] KLEIN, C.A.: *Concept of an Effective Optical Distortion Parameter: Application to KCl Laser Windows.* Infrared Physics, Vol. 17, Pergamon Press (1977)

[113] KLEIN, C.A.: *Optical distortion coefficients of high-power laser windows.* Optical Engineering, Vol. 29, No. 4, (1990)

[114] PORTEUS, J.O.: *Microcomputer Finite Difference Modeling of Laser Heating and Melting.* NIST Special Publication 775: Laser Induced Damage in Optical Materials (1988)

[115] SHERMAN, G.H.: *CO_2-Laser Optics: Absorption's Dominant Role.* Electro-Optical System Design, Juni (1982)

[116] SPARKS, M.; COTTIS, M.: *Pressure-induced optical distortion in laser windows.* J. Appl. Phys. 44(2), (1973)

[117] (ohne Namen): *Absorption: Die Begrenzung der Lebensdauer einer Laseroptik.* Zeitschrift der Fa. LOT, Nr. 9 und 10 (1991)

[118] Drukker, NL-Cuijk: Produktspezifikationen

[119] SEAL, M.; VON ENCKEVORT, W.J.P.: *Applications of diamond in optics.* SPIE Vol. 969 Diamond Optics (1988)

[120] KLEIN, C.A.: *Thermal Stress Modeling for Diamond-Coated Optical Windows.* SPIE Vol. 1441 Laser-Induced Damage in Optical Materials (1990)

[121] KHOMICH, Yu.: *persönliche Mitteilung*

A Anhang

Die folgenden Abschnitte befassen sich mit Ergänzungen zur Laserstrahlpropagation, den Fehlerquellen der verwendeten Meßverfahren sowie Anregungen für weitere Messungen.

A.1 Unschärferelation und Lasermoden

Die Heisenbergsche Unschärferelation ist eine der elementaren physikalischen Gesetzmäßigkeiten und in den Lehrbüchern beschrieben. Die Betrachtungen an dieser Stelle sollen sich daher auf die konkrete Umsetzung der daraus resultierenden Aussagen auf den Fall der Lasermoden beschränken. Unter Verwendung der Unschärferelation lassen sich die Zusammenhänge zwischen

- den quantenmechanischen Größen (Operatoren, die auf einen Zustand wirken),
- den Verknüpfungsgrößen von Quantenmechanik und klassischer Mechanik (Observable, deren Werte makroskopisch zugänglich sind) und
- den Strahlkennzahlen eines Lasers

aufzeigen. Dieses Gesetz besagt, daß zwei Observable, die den Zustand eines Systems charakterisieren, sich nur unter der Bedingung gleichzeitig genau bestimmen lassen, daß die quantenmechanischen Operatoren, die die angestrebte Bestimmung beschreiben, miteinander kommutieren. Anschaulich kann dies so formuliert werden, daß es in einem System Größen gibt, bei denen Messung oder Festlegung der einen Größe den Wert der zweiten beeinflußt.

Für die Betrachtungen an Laserstrahlen trifft das soeben gesagte insbesondere auf den Strahlradius W_U einerseits und den Divergenzwinkel Θ_U anderseits zu, wobei der Index U auf die Verbindung zur Unschärferelation hinweisen soll (die Verbindung zu den üblichen Strahlkenngrößen wird unten erläutert). In der Quantenmechanik ist Strahlradius als Ortsoperator x und Divergenz als Impulsoperator p_x zu lesen. In der paraxialen Näherung (die bei der Einführung der Gaußschen Moden vorausgesetzt wurde) kann letzterer mit Hilfe der Beziehung von De Broglie geschrieben werden als $p_x \approx h/\lambda \cdot \Theta_U$, wobei h das Plancksche Wirkungsquantum bezeichnet. Bezeichnet $<Q>$ den Erwartungswert (auch erstes Moment genannt) des Operators Q, so charakterisiert die Größe $<Q>^2 = <Q - <Q>>^2$ seine Varianz (auch zweites Moment genannt). Sie stellt ein Maß für die Breite der Verteilung dar: ein kleiner Wert bedeutet, daß die Wahrscheinlichkeit bei einer Messung von Q den Mittelwert zu erhalten, hoch ist.

Auf einen Laserstrahl übersetzt, beschreibt die Wurzel aus der Varianz der Intensitätsverteilung den Strahlradius und die Wurzel aus der Varianz des Impulses quer zur optischen Achse den Divergenzwinkel. Für die Operatoren x und p_x gilt der Zusammenhang

$$<x^2><p_x^2> \geq \frac{h^2}{16\pi^2} \quad . \tag{A.1}$$

Drückt man dies in den Strahlkenngrößen W_U und Θ_U aus, so erhält man

$$W_U^2 \cdot \Theta_U^2 \geq \left(\frac{\lambda}{\pi}\right)^2 \cdot M^4 \quad . \tag{A.2}$$

Hierbei bezeichnet W_U den Strahlradius, der über das zweite Moment definiert ist. Der hier auftretende Faktor M, der in Übereinstimmung mit der in Kapitel 2 angegebenen Literatur [Bélanger, Siegman] definiert ist, gibt dabei an, wie gut die minimale Unschärfe erfüllt ist. Dies ist beim Gaußschen Grundmode TEM_{00}, für den M = 1 ist, exakt der Fall. Man sagt auch, er sei beugungsbegrenzt. Für alle anderen Strahlverteilungen ist M > 1. Das Gleichheitszeichen in Ungleichung (A.2) gilt in der Strahltaille. Bei eindimensionaler Betrachtung gilt

$$W_U^2 = 4 \cdot \sigma^2 \quad , \tag{A.3}$$

wobei σ durch

$$\sigma^2 = \int_{-\infty}^{+\infty} (x - x_S)^2 \cdot I(x)\, dx \tag{A.4}$$

gegeben ist und x_S den Schwerpunkt der Verteilung I(x) bezeichnet. W_U ist damit identisch dem in Kapitel 2 eingeführten effektiven Strahlradius, siehe auch den nächsten Absatz. Θ_U ist analog definiert und kann anschaulich als der Divergenzwinkel verstanden werden, der sich aus der Propagation ergibt, wenn man in Abbildung 2.1 $W_U(z)$ anstelle von w(z) einzeichnet.

Geht man an dieser Stelle zu den Strahlkenngrößen w (Parameterradius der Intensitätsverteilung, vgl. Gleichungen (2.4) bis (2.6)), dem zugehörigen Divergenzwinkel Θ und der zweidimensionalen Betrachtung der Moden mit $M^2 = m + n + 1$ für die Hermiteschen bzw. $M^2 = 2 \cdot p + l + 1$ für die Laguerreschen Moden über, so kann die Gleichung (A.2) sowohl mit dem effektiven Strahlradius $w \cdot M$ und dem entsprechenden effektiven Divergenzwinkel $\Theta \cdot M$ als

$$(w_0 \cdot M) \cdot (\Theta \cdot M) = \frac{\lambda}{\pi} \cdot M^2 \tag{A.5}$$

wie auch mit den Parametergrößen w und Θ als

$$w_0 \cdot \Theta = \frac{\lambda}{\pi} \quad \text{für alle } M \tag{A.6}$$

geschrieben werden, wobei der Index 0 darauf hinweist, daß es sich um die Werte in der Strahltaille handelt. In Gleichung (A.5) ist die Abhängigkeit des Terms auf der rechten Seite vom Mode explizit erkennbar, weshalb ihre linke Seite auch als Strahlparameterprodukt zur Kennzeichnung der Strahlqualität von Lasern in Einheiten von [mm·mrad] verwendet wird [H. Weber: Laserresonatoren und Strahlqualität, Laser und Optoelektronik 20, Nr. 2 (1988)].

Gleichung (A.6) betrachtet nur den Gaußschen Kern, der seine Modenabhängigkeit erst durch die Hermiteschen und Laguerrschen Polynome erhält. Im Übrigen stellt Gleichung (A.5) einen Spezialfall der Formulierung nach Bélanger dar. Der Term $V_B{}^2$ in Gleichung (2.15) entfällt nämlich in der Strahltaille, da dort der Krümmungsradius der Phasenfront, der in V_B zum Ausdruck kommt, unendlich ist und mithin die Ableitung der Phase nach der lateralen Koordinate x Null wird.

Aus der Gleichung (A.6) folgt auch die Rayleighlänge z_R, ausgedrückt durch den Parameterwert w_0, zu

$$z_R = \frac{\pi \cdot w_0^2}{\lambda} , \tag{A.7}$$

ebenfalls identisch für alle Moden. Diese Gleichung ist gleichbedeutend mit der von Bélanger angegeben, wobei dort die Modenabhängigkeit, analog zu Gleichung (A.5), explizit zum Ausdruck kommt.

A.2 Interferometrie

Dieser Abschnitt beschäftigt sich mit einigen auf die Meßaufbauten speziell zugeschnittenen Fragen. Für allgemeinere Betrachtungen informiere man sich z.B. in [C. Steinmetz: Accuracy in Laser Interferometer Measurement Systems, Laser & Optronics June 1988].

A.2.1 Kameradynamik

Die verwendete CCD-Kamera hat in Verbindung mit der Bildverarbeitungskarte eine Grauwertdynamik von max. 255 Graustufen. Da diese Dynamik selten voll ausgenutzt werden kann, z.B. wegen nicht homogener Helligkeit über die gesamte Apertur oder unzureichender Helligkeit, wie sie insbesondere bei der Aufnahme von CO_2-Interferogrammen von Fluoreszenzplatten gegeben ist, beträgt der Fehler durch unzureichende Auflösung meist 5 bis 20%. Der Einfluß dieses Effektes kann deutlich zurückgedrängt werden, wenn die Aufnahme der Interferogramme mit der Überlagerung paralleler Streifen geschieht (durch Verkippen des Referenzspiegels realisierbar). Die Phaseninformation ist dann nur noch innerhalb eines Streifens als Helligkeit codiert. Die Gesamtkontur ist jedoch durch den Verlauf des Streifens innerhalb des Bildes gegeben (vgl. die Abbildungen 4.7b und 4.9b im Abschnitt 4.1.4).

A.2.2 Überlagerte Interferenzen

Beschichtungen auf den Oberflächen von transmittierenden Kompenten des Interferometers, die über eine Breitbandentspiegelung verfügen, weisen eine höhere Restreflektivität für den verwendeten HeNe-Laser auf, als solche Komponenten, die eine schmalbandige Entspiegelung besitzen (siehe z.B. [Spindler & Hoyer: Produktspezifikation]). Dies führt zu überlagerten Interferenzen, die das eigentliche Bild z.T. erheblich stören können. In solchen Fällen muß das Interferogramm u.U. visuell ausgewertet werden, da die üblichen Streifenauswerteprogramme überfordert sind.

A.2.3 Erzielte Genauigkeit

Um das Auswerteverfahren zu testen, wurde ein Zusatzprogramm zur Generierung synthetischer Interferogramme geschrieben, die ein Streifenmuster mit bekannten Strukturen enthalten und die dann mittels des Programms ausgewertet werden. Die berechneten Werte stimmten besser als 1% mit dem vorgegebenen überein. Eine größere Genauigkeit wäre auch gar nicht möglich, siehe die Bemerkungen unter A.2.1. Umgesetzt auf die Wertigkeit der Interferenzstreifen heißt dies, daß die Genauigkeit prinzipiell auf etwa 1/200 der Meßwellenlänge begrenzt ist. Wegen experimenteller Einschränkungen (z.B. bzgl. der Grauwertauflösung) ist jedoch realistischerweise nicht mehr als 1/40 erzielbar gewesen. Kommen weitere Störfaktoren hinzu, wie z.B. Schwingungen des Aufbaus, die zu einem Verwischen der Interferenzstreifen führen, sollte nicht mehr als 1/20 erwartet werden.

A.3 Messung der Absorption

A.3.1 Materialkenngrößen

Die mechanischen (Masse) und kalorimetrischen (spezifische Wärme) Daten sind mit Genauigkeiten im Bereich von ±0,1% bestimmbar [Sartorius-Waagen: Produktspezifikation] bzw. bekannt.

A.3.2 Laserleistung

Die Einzelgröße mit der größten Unsicherheit ist die Laserleistung, insbesondere im Bereich ab einigen 100 W. Ein im Rahmen dieser Arbeit durchgeführter Vergleich verschiedener kommerzieller Meßgeräte ergab Diskrepanzen von bis zu ±15% zwischen Geräten, die lt. Spezifikationen der Hersteller auf ±3% oder besser kalibriert sein sollten. Der Meßfehler der erhältlichen Leistungsmesser begrenzt z.Z. die Absolutgenauigkeit, mit der die Absorption optischer Komponenten bestimmt werden kann. Die Reproduzierbarkeit und die Vergleichbarkeit verschiedener Proben, die am gleichen Laser vermessen wurden, ist jedoch wesentlich besser und durch die Stabilität des Lasers bzw. die Wiederholgenauigkeit der Leistungsmeßgeräte gegeben.

A.3.3 Temperaturmessung

Von entscheidender Bedeutung für die Zuverlässigkeit der Temperaturmessung ist, daß auf der einen Seite ein guter Wärmekontakt zwischen Probe (ggfs. Halter) und Temperatursensor besteht und auf der anderen Seite die Wärmeleitung zwischen Sensor und dessen Befestigung bzw. Anschlußdrähten möglichst gering ist. Sonst ergibt die Messung zu niedrige Temperaturen und damit letztlich zu geringe Werte für die ermittelte Absorption. Die verwendeten Temperaturfühler sind Pt100-Platinwiderstände der Klasse A (nach DIN A IEC 751), für deren Temperaturfehler in [K] gilt:

$$\Delta T = \pm(0{,}15\ \mathrm{K} + 0{,}002 \cdot T)\ . \tag{A.8}$$

wobei der Zahlenwert von T in [°C] einzusetzen ist. Bei den Messungen treten typischerweise Temperaturen von 20 bis 30 °C auf, so daß die Abweichnung gegenüber der wahren Temperatur ±0,17 bis ±0,21 K betragen kann. Für die Auswertung sind jedoch nur die Temperaturdifferenzen maßgebend. Dadurch ist nur die Steigung der ΔT(T)-Kurve von Bedeutung (in obiger Formel also der Koeffizient 0,002). Die relative Abweichung, die somit als Meßunsicherheit in die Meßergebnisse eingeht, ist gleich dieser Steigung, also 0,2%. Um diese möglichst klein zu halten, wurden Widerstände der Klasse A gewählt, die eine um einen Faktor 2,5 genauer spezifizierten Steigungskoeffizienten besitzen als die der Klasse B [Degussa bzw. Jumo: Produktspezifikationen]. Vgl. auch Abschnitt 4.2.4.4 zu den Anforderungen an die Meßapparatur.

A.3.4 Einfluß von Streustrahlung

Strahlanteile, die nicht die Probe, sondern den Halter bzw. den Sensor treffen, haben ihre Ursache in Beugungsanteilen im Laserstrahl bzw. in Strahlanteilen, die durch Streuung an den zwischen Laser und Probe zur Strahlumlenkung und -formung eingesetzten optischen Komponenten entsteht. Letzterer Anteil läßt sich durch optische Elemente mit möglichst hoher Oberflächengüte (und bei transmittierenden Elementen: Homogenität) reduzieren, ersterer durch Verwendung eines abbildenden Systems, wie bei der Beschreibung des Aufbaus bereits erwähnt. Eine weitere sehr gravierende Quelle unerwünschter Strahlung kann der Absorber sein, der je nach Oberflächenstruktur und Einfallswinkel einige Prozent der eingestrahlten Energie reflektiert. Es ist daher ein möglichst großer Abstand zwischen Probe und Absorber und im Falle der Reflexion in eine Vorzugsrichtung (insbesondere bei Absorbern mit ebener Oberfläche) eine nicht in Richtung der Probe erfolgende Abstrahlung anzustreben.

Weitere Möglichkeiten, die Fehler durch direkte Bestrahlung des Halters zu reduzieren, sind folgende:

- Einbau von Blenden unmittelbar vor und hinter der Probe, wobei deren Apertur einige zehntel Millimeter kleiner als die des Halters sein sollte. Die Justage dieser Blenden muß sorgfältig erfolgen, um zu vermeiden, daß durch Beugung des einfallenden Strahls bzw. Reflexion von Streulicht, das von der Probe ausgeht, die beabsichtigte Wirkung, die Bestrahlung des Halters zu verringern, nicht ins Gegenteil verkehrt wird.
- Alternativ dazu kann der Halter mit einer hochreflektierenden Beschichtung, wie sie kommerziell für verschiedene Substratmaterialien (u.a. auch für das am IFSW für die Halter verwendete Aluminium) erhältlich ist, versehen werden. In diesem Fall wirkt sich die Bestrahlung des Halters durch dessen verminderte Absorption geringer aus. Ein solchermaßen verbesserter Halter wurde im Rahmen dieser Arbeit getestet und die gemessene Erwärmung des Halters erwies sich im Vergleich zu einem unbeschichteten Exemplar um den Faktor zwei bis vier (je nach Versuchsbedingungen) niedriger. Der Vorteil gegenüber der oben beschriebenen Möglichkeit besteht darin, daß die Notwendigkeit der Justage zusätzlicher Blenden entfällt. Entgegen dem bisher favorisierten Einsatz von Blenden konnte somit ein wesentlicher Fortschritt hinsichtlich des Justieraufwandes der Meßapparatur erzielt werden.

Ferner ist der Streuung durch die Probe selbst Aufmerksamkeit zu schenken, die bei Proben mit einer rauhen Oberfläche, die stark streuend wirkt, zur Bestrahlung des Halters bzw. Temperatursensors führen kann und dadurch die Berechnung zu großer Werte für die Absorption bewirkt. Dieser Effekt ist durch Vergleich mit nicht streuenden Proben zu ermitteln.

A.3.5 Temperaturdrift und Konvektion

Eine unkontrollierte Drift der Umgebungstemperatur wirkt sich nachteilig auf die Reproduzierbarkeit der Messung aus, stellt aber in klimatisierten Arbeitsräumen kein Problem dar. Wesentlich mehr Beachtung ist der Konvektion durch Luftströmungen zu schenken, die umso stärker sich auswirken können, je größer das Verhältnis der Oberfläche des Meßobjektes zu seiner Wärmekapazität ist. Da sich die Konvektion in den beiden Auswerteverfahren unterschiedlich auswirkt, wird darauf im nächsten Abschnitt gesondert eingegangen.

A.3.6 Fehlerquellen des ballistischen Verfahrens

Das ballistische Verfahren geht davon aus, daß sich nach Ende der Bestrahlung die gesamte eingebrachte Wärmemenge bis zum Temperaturausgleich verteilt. Verluste, die während der Bestrahlung auftreten, bewirken die Berechnung einer zu geringen Absorption, da die gemessenen Temperaturen zu niedrig sind. Hierzu zählt die Konvektion und die Schwarzkörperstrahlung nach dem T^4-Gesetz. Die exponentielle Anpassung der Kurve beim Abkühlvorgang geht von einer reinen Konvektion proportional zur Temperaturdifferenz aus. Ab ca. 10 K Temperaturerhöhung liefert jedoch die Schwarzkörperstrahlung einen Beitrag zur Abkühlung im Bereich einiger Prozent. Der genaue Anteil hängt allerdings stark von der Proben- und Haltergeometrie ab, da diese die Konvektion beeinflußt.

A.3.7 Fehlerquellen des Gradientenverfahrens

Der primäre Meßwert hierbei sind die beiden Steigungen $\Delta T/\Delta t$. Deren Differenzbildung beruht auf der Annahme, daß die während der Bestrahlung auftretenden Verluste durch Konvektion und Strahlung gleich denen sind, die bei gleicher gemessener Temperatur während der Abkühlung auftreten. Dies kann jedoch nur näherungsweise gegeben sein, da durch die Bestrahlung die Probe lokal heiß wird, also ein Temperaturgradient zwischen dem bestrahlten Ort der Probe und der Meßstelle auftritt, wohingegen beim Abkühlen die Temperaturen ausgeglichen sind. Die Bestimmung der zweiten Steigung sollte daher bei einer höheren Temperatur erfolgen. Welche dies ist, kann nur über Simulationsrechnungen ermittelt werden.

Der Einfluß der Konvektion auf das Ergebnis bei konstanter Strömung wurde durch das Anblasen mit einem handelsüblichen Gerätelüfter untersucht. Dabei zeigte sich, daß bei konstanten Strömungsbedingungen (vor, während und nach der Bestrahlung) die berechnete Absorption nur um wenige Prozent des Wertes geringer war als ohne die forcierte Strömung und zeigt so die Richtigkeit des Ansatzes, die beiden Steigungen der Temperatur-über-Zeit-Kurve voneinander zu subtrahieren: die erhöhten Konvektionsverluste wirken sich auf die beiden Terme in erster Näherung gleich aus, so daß sie bei der Differenzbildung entfallen. Bei wechselnden Luftströmungen ist der Einfluß auf das Ergebnis allerdings nicht vorhersagbar.

A.3.8 Verifikation durch Kalibrierung

Mittels elektrischen Heizens der Probe unter Bedingungen, die hinsichtlich der Fläche der Wärmeeinbringung und der Leistung denen bei einer Messung am Laser möglichst nahe kommen, wurde die absolute Genauigkeit überprüft. Der absorbierte Anteil P_A der Laserleistung P_L wird dabei durch elektrische Leistung $P_A = A \cdot P_L \equiv P_E = R_E \cdot U_E^2$ simuliert. Dazu wird am Widerstand R_E, für den ein speziell konstruierter Folienwiderstand verwendet wurde, die Spannung U_E angelegt. Da für die Messung dieser elektrischen Größen sehr viel genauere Geräte zur Verfügung stehen, ist dieses Verfahren als Verifikation des Auswerteverfahrens geeignet. Setzt man das Ergebnis der gemessenen elektrischen Leistung gleich 100%, so ergaben sich bei dem verwendeten Versuchsaufbau der elektrischen Messung Werte von 96% (±2) [W. Plaß und R. Krupka, persönliche Mitteilung]. D.h., daß um die Differenz zuwenig Temperaturerhöhung und damit Wärmeenergie gemessen wird. Die Ursachen sind in unkontrollierter Konvektion oder andere Wärmeleitung, auch vom Meßwiderstand an die Umgebung zu suchen.

Als Résumé bleibt also festzuhalten, daß die Bestrahlung einerseits mit genügend Leistung erfolgen muß, um eine zuverlässig meßbare Temperaturerhöhung zu erzielen, andererseits aber nicht unnötig viel Energie eingestrahlt werden sollte, um Fehler durch Konvektions- und Abstrahlungsverluste möglichst gering zu halten.

A.4 Vorschlag zur Messung der Fokussierbarkeit

Neben den gezeigten interferometrischen Methoden zur Messung der Wellenfront ließe sich mit dem im folgenden skizzierten Versuch die Fokusverschiebung und -vergrößerung z.B. einer Linse direkt bestimmen.

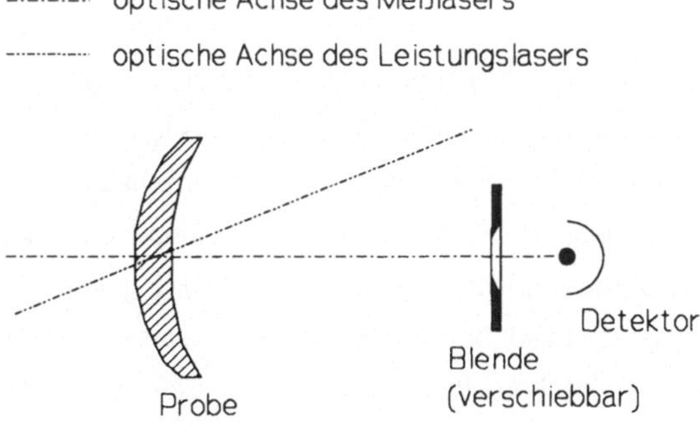

Abb. A.1 Skizze zur Messung der Fokusverschiebung und -vergrößerung am Beispiel einer Linse.

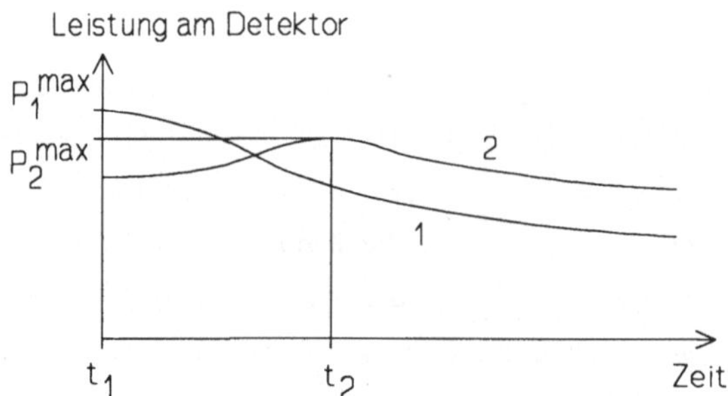

Abb. A.2 Schematische Darstellung zum erwarteten Verlauf des Signal des Detektors im Aufbau der vorherigen Abbildung. Die Ziffern 1 und 2 bezeichnen verschiedene Positionen der Blende entlang der optischen Achse. Erläuterungen im Text.

Die Abbildung A.1 zeigt das Prinzip des vorgeschlagenen Meßaufbaus, Abbildung A.2 den zu erwartenden Signalverlauf des Detektors. Die Idee dabei ist, die Fokusverschiebung durch eine Verschiebung der Blende entlang der optischen Achse zu bestimmen. Der Zeitpunkt, zu dem an verschiedenen Blendenpositionen die maximale Leistung detektiert wird zeigt die Zeitabhängigkeit der Fokuslage und das Absinken der gemessenen maximalen Leistung P^{max} in diesen Positionen ist ein Maß für die Vergrößerung des Fokus.

Die Ziffer 1 in Abbildung A.2 bezeichnet die zu erwartende Meßkurve, wenn die Blende bei ausgeschaltetem Leistungslaser in der Position des Fokus für den Meßlaser steht. Es wird dann die maximale Leistung P_1^{max} gemessen. Nach dem Einschalten des Leistungslasers ($t > t_1$) sinkt die gemessene Leistung infolge der Fokusverschiebung ab. Verschiebt man nun die Blende in eine andere Position, so ist der durch die Ziffer 2 gekennzeichnete Verlauf zu erwarten. Bei ausgeschaltetem Laser befindet sich die Blende außerhalb der Fokusebene, die Leistung ist daher geringer als bei Kurve 1. Nach dem Einschalten des Leistungslasers verschiebt sich die Fokusposition und das Detektorsignal durchläuft ein Maximum (P_2^{max}) zum dem Zeitpunkt t_2, wenn die Fokusebene mit der Blendenebene zusammenfällt. Für spätere Zeiten sinkt die Leistung dann wieder ab. Der Zusammenhang zwischen vorgegebener Blendenposition und Zeitpunkt der maximalen Leistungsmessung ergibt die Variation der Fokuslage, die jeweilige maximale Leistung spiegelt die Fokusvergrößerung wider.

An dieser Stelle bedanke mich ich bei allen Mitgliedern des Institutes, die zum Gelingen dieser Arbeit beigetragen haben.

Stellvertretend für viele gilt dies insbesondere für meine Kollegen Dipl.-Phys. K. Wittig, der mit seinen mathematischen Kenntnissen und seiner steten Bereitschaft zur wissenschaftlichen Diskussion die Lösung mancher Problemstellung, insbesondere in bezug auf die Laserstrahlpropagation, ermöglichte sowie Dipl.-Phys. R. Krupka und Dipl.-Phys. W. Plaß, die durch die zur Verfügungstellung der Ergebnisse weiterführender Messungen wichtige Daten beitrugen. Weiterhin gesondert danken möchte ich A. Speer für sein Engagement bei der Weiterentwicklung des Programms zur numerischen Simulation mit der Methode der Finiten Elemente.

Herrn Prof. Dr. H. J. Tiziani danke ich für die Anfertigung des Mitberichtes und die kritische Durchsicht des Manuskriptes. Für die freundliche Aufnahme an seinem Institut und seine wertvollen Hinweise zur Erstellung dieser Arbeit und das Interesse an ihrem Fortgang möchte ich Herrn Prof. Dr. H. Hügel meinen herzlichen Dank ausdrücken.

Leinfelden, im November 1992

Hügel

Strahlwerkzeug Laser

Eine Einführung

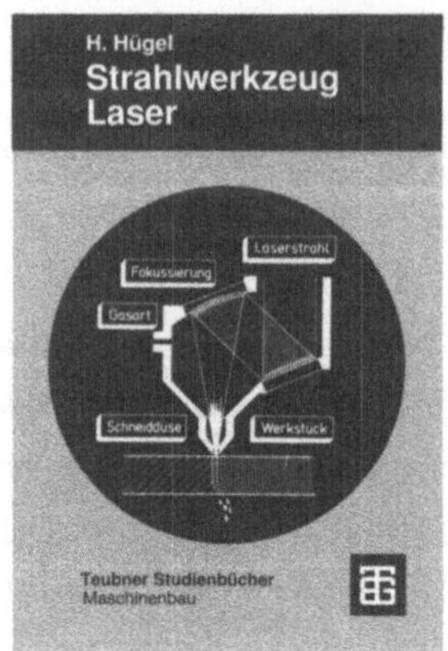

Mit der wachsenden Bedeutung des Lasers in der industriellen Fertigung steigt der Bedarf an qualifizierten Mitarbeitern, die den Einsatz dieses Werkzeugs schon bei der Konstruktion eines Produktes und der Planung des Fertigungsablaufs in Betracht ziehen. Dazu ist das Verständnis der Funktion des gesamten Systems der Werkzeugmaschine Laser ebenso erforderlich wie die Kenntnis der Vorgänge am Werkstück und die daraus resultierenden fertigungstechnischen Möglichkeiten.

Demgemäß umfaßt der Stoff alle relevanten Teilaspekte von der Entstehung der Laserstrahlung bis hin zum Bearbeitungsverfahren. In anschaulicher Form werden sowohl die wichtigsten physikalischen und technologischen Grundlagen wie auch die erforderlichen technischen Einrichtungen dargestellt.

Bei der Behandlung der Verfahren stehen allgemeingültige Zusammenhänge zwischen den Prozeßparametern und den Bearbeitungsergebnissen im Vordergrund.

Das Buch wendet sich an Studierende ingenieurwissenschaftlicher Disziplinen – insbesondere des Maschinenbaus – und an bereits auf diesem Gebiet tätige Ingenieure. Es soll ihnen ein fundiertes Grundlagenwissen zu einem modernen Werkzeug vermitteln.

Von Prof. Dr.-Ing. habil.
Helmut Hügel
Universität Stuttgart
Institut für Strahlwerkzeuge

1992. X, 357 Seiten
mit 305 Bildern.
13,7 x 20,5 cm.
Kart. DM 39,–
ISBN 3-519-06134-1

Teubner Studienbücher

Preisänderungen vorbehalten.

Aus dem Inhalt

Grundlagen des Lasers: Erzeugung von Laserstrahlung, Resonatoren und ihre Moden, Polarisation – Laser für die Materialbearbeitung: CO_2-, Nd:YAG- und Excimer-Laser – Strahlführung und Strahlformung – Bearbeitungsstationen – Wechselwirkung Laserstrahl/Werkstück – Verfahren der Materialbearbeitung: Schneiden, Abtragen, Schweißen, Härten und Legieren – Wirtschaftlichkeitsbetrachtungen – Sicherheitsaspekte